"十四五"国家重点研发计划项目"低碳生态乡村社区建造关键技术研发与应用示范"(2024YFD1600400)
中建股份科技研发课题"更新片区城市体检评估关键技术研究"(CSCEC-2022-Z-10)

U0747975

城镇社区空间再生
——数据驱动的更新体检与评估诊断策略

REGENERATION OF URBAN COMMUNITY SPACE
DATA-DRIVEN STRATEGIES FOR UPDATING INSPECTION AND DIAGNOSTIC EVALUATION

杨 瑛 肖建庄 胡月明 丁松阳 著

中南大学出版社
www.csupress.com.cn
·长沙·

图书在版编目(CIP)数据

城镇社区空间再生：数据驱动的更新体检与评估诊断策略／杨瑛等著. --长沙：中南大学出版社，2025.3. --ISBN 978-7-5487-5899-0

Ⅰ. TU984.11

中国国家版本馆 CIP 数据核字第 2024UJ5107 号

城镇社区空间再生
——数据驱动的更新体检与评估诊断策略
CHENGZHEN SHEQU KONGJIAN ZAISHENG
——SHUJU QUDONG DE GENGXIN TIJIAN YU PINGGU ZHENDUAN CELÜE

杨瑛　肖建庄　胡月明　丁松阳　著

□出 版 人　林绵优

□责任编辑　汪采知

□责任印制　唐　曦

□出版发行　中南大学出版社

　　　　　　社址：长沙市麓山南路　　　　邮编：410083

　　　　　　发行科电话：0731-88876770　　传真：0731-88710482

□印　　装　湖南省众鑫印务有限公司

□开　　本　710 mm×1000 mm　1/16　　□印张 17.25　　□字数 310 千字

□版　　次　2025 年 3 月第 1 版　　□印次 2025 年 3 月第 1 次印刷

□书　　号　ISBN 978-7-5487-5899-0

□定　　价　69.00 元

序

数据引领，重构空间

在时代的洪流中，城市如同一个不断生长的有机体，其每一次更新演化都映射着社会发展的轨迹与变迁。进入 21 世纪以来，随着全球经济格局的深刻重构与国内发展阶段的历史性跨越，中国城市的发展轨迹正经历着从高速增量的规模扩张向高质量发展的内涵提升的深刻转变。这一转型期，不仅标志着城市发展模式的根本性转变，也预示着风险挑战与发展机遇并存的复杂局势。城市更新，作为这一转型期的重要命题，不仅承载着空间形态重塑与功能优化的使命，更是政府职能转变、社会治理创新的生动实践。其中，尤为引人注目的是数字化转型浪潮。在大数据、人工智能等现代科技手段的赋能下，城市空间数据的收集、分析与应用能力得到了前所未有的提升，为城市体检评估诊断提供了强大的技术支持。通过构建数据驱动的城市体检评估诊断体系，能够更加精准地识别社区空间存在的问题与短板，科学制定更新策略，提升城市抗风险能力，实现社区空间的精准治理与高效再生。

本书立足于中国社区空间由增量发展加速向存量转变的背景时期，深刻剖析了城市更新背景下治理的变革特征，特别是政府职能转变的迫切需

1

求与实现途径。在当前世界复杂多变的内外大环境里，城市更新已不再是简单的物质空间改造，而是涉及经济、社会、环境等多维度的综合治理过程。在这一过程中，空间治理模式的转变成为推动城市更新、实现高质量发展的关键所在。同时，正如德国著名社会学家乌尔里希·贝克在其著作《风险社会》中所揭示的，"我们生活在文明的火山上"，精准地捕捉到了现代社会中风险无处不在与难以规避的特质。在城镇社区更新的过程中，社区不仅仅涉及物质空间的改造，更关乎社会结构、居民生活方式、文化传承等多方面的深刻变革，潜藏着复杂多变的现实风险，因此，在空间治理过程中强化风险意识与防范显得极为重要。

本书聚焦于城镇社区空间再生的三大核心趋势——制度化、社会化与技术协同，旨在探索并推广社区空间治理的新思路、新策略与风险防范措施。面对治理主体的多元化，书中尤为重视公众参与在制度建设中的作用，以及空间经济社会属性对再生过程的影响。基于空间再生的社会化趋势，本书倡导构建一个包含政府、企业、社会组织及居民在内的多元治理体系，共同参与社区空间再生的规划与实施，实现全过程的协作与互动。本书进一步提出，将空间评估、社会调查、风险评估等工作进行深度协同与融合。其中，空间评估融合地理空间大数据、人工智能等数字化技术手段，深入剖析物质与社会空间的运行状况，评估空间使用的效率与公平性；社会调查紧密围绕居民需求与社区文化，确保再生方案贴近民心；风险评估则前瞻性地识别并防控潜在的环境与社会风险，保障项目平稳推进。这一多方协作模式颠覆了传统的单向管理模式，推动空间再生向更加开放、包容、协作的方向发展。它强调以体检评估为先导，以问题为导向，采用"先体检—再设计—后评估"的循环工作模式，确保规划设计既科学合理又切实可行，真正将更新评估与诊断策略融入实践，为城镇社区空间再生注入新的活力与动力。

《城镇社区空间再生——数据驱动的更新体检与评估诊断策略》一书，不仅是对社区空间再生理论与实践的总结与提炼升华，更是对未来城市治理模式的探索与前瞻。在数据引领的时代背景下，本书作者希望与读者一道充分利用现代科技手段，广泛汇聚社会力量，推动社区空间实现更高质量、更可持续地再生与发展，携手并进，共筑空间再生的新篇章！

目　录

书稿中图片可扫码查看彩图

第 1 章

概　论

1.1　城市更新：从"增量"到"存量"

1.1.1　增量时代开启的"新纪元"

　　我国在经历了几十年的快速城市化进程后，逐渐显现出城区老旧、基础设施滞后、环境污染等一系列城市问题。这些通常是城市发展过程中积累的一些历史遗留问题，也是城市管理和服务的薄弱环节。因此，城市更新逐渐受到政府和社会的关注。2019 年，中央与地方政府纷纷颁布城市更新相关政策，这既标志着"城市更新元年"的正式开启，又反映了我国在城市发展中的重要举措和政策导向。自此，城市更新从以往的装饰性补充，逐渐演变为推动城市高品质、持久发展的战略举措。

　　城市更新，亦称为城市再开发、城市活化、城市复兴或城市再生，是指在城市土地资源受限、追求高品质生活需求无法得到充分满足的情况下，城市建设的重心从增加新的开发转向优化现有存量的一种发展模式。自改革开放至今，我国在城市发展方面取得了显著的成果，这使得对城市改造的要求也相应提升。自 21 世纪初以来，北京、上海、深圳等城市踏上了现代化的征程，其他城市如广州、杭州等的城市建设也相继取得了显著进展。长江三角洲、珠江三角洲及环渤海等沿海区域正在逐步演变为大都市聚集地带。此后，随着西部大开发战略的持续推进，重庆、西安、昆明等西部城市也在积极寻求更广阔的发展空间。然而，历经几十年的迅猛发展后，中国城市的高速、粗放型增长阶段已接近尾声，资源和环境的制约作用日益凸显，特别是城市新增空间资源日趋紧张，城市空间无法持续按既往的模式无序蔓延。随着新的城市问题频繁出现，城市更新的序幕随即拉开。

中国建设统计年鉴显示，1981—2019 年我国城市人口从 14400.5 万人增加至 43503.7 万人，城市建设用地面积从 6720 km² 扩大至 58307.7 km²。城市人口增长 2.02 倍，城市建设用地面积却扩大 7.68 倍，土地城镇化明显快于人口城镇化，建设用地开发粗放低效。在土地资源受限的前提下，过往那种"大规模建设、高资源消耗、重污染排放"的城市扩张模式已不可为继，必须调整城市土地资源分配，改善城市空间布局，推动城市更新改造，将城市发展的重心转向以提升城市品质为核心的存量优化方向，致力于实现土地的高效利用和城市的绿色低碳发展。根据第七次全国人口普查结果，截至 2020 年末，我国常住人口城镇化率达到 63.89%。根据城市发展的一般规律，我国城市发展已逐步从"大规模增量建设"迈入"存量提质改造和增量结构调整并重"的阶段。

2013 年中央城镇化工作会议、2015 年中央城市工作会议以及《2019 年新型城镇化建设重点任务》等一系列国家会议和文件，都体现了"严控增量、盘活存量"的城市发展思想。随着城镇化的迅猛推进，过去那种不断扩张的城市发展模式已不再适应当前的城市发展阶段，必须转而关注并解决现有城市建设中的一系列问题，优化城市功能，调整城市空间布局，启动"城市更新行动"，以促进实现更加有深度、内涵式的发展。中华人民共和国住房和城乡建设部（简称住房城乡建设部）于 2017 年 3 月发布《关于加强生态修复城市修补工作的指导意见》，着重强调了实施生态恢复与城市修补工作的重要性。随后，住房城乡建设部明确倡导开展城市更新行动，旨在促进城市开发建设模式由外延式粗放型向内涵式集约型转变，使建设重心由以房地产开发为主导的增量建设，逐渐转移到注重提升城市品质的存量优化改造上来。2020 年中央经济工作会议着重指出，为了明确提升城市发展质量的方向，必须推行城市更新行动，并促进老旧小区的改造工作。中央经济工作会议将推进老旧小区改造与实施城市更新行动相提并论，提出以建设便捷生活、和谐包容、活力充沛的居住社区为目标，积极推动城镇老旧小区的更新工作，打造优质的生活环境，进而成为实现城市更新行动的切入点和有力手段。

当前，在全国范围内，城市存量土地的供应比例正逐年攀升，这一现象在东部城镇化进程较快的大城市尤为突出。随着城市发展迈入更新阶段，北京、上海等一线城市未来规划中的城乡建设用地规模正逐渐减小，同时，深圳、苏州等部分城市的存量供地占比已超过 50%。2022 年末，我国城镇化率已超过 65%，步入城镇化较快发展的中后期。从国际经验和中国现实发展需要来看，未来城镇化发展的方向可以归纳为从"高速"转向"高质"，城市空间利用从"低效"转向"高效"，经济潜力提升从依托"增量"扩大转向依托"存量"挖掘。总体来说，城市发展由大规模增量建设转为存量提质改造和增量结构调整并重，从"有没有"转向"好不好"。

1.1.2 国内外城市更新发展脉络

城市更新的历史源远流长，而真正意义上的现代城市更新则是自工业革命时期开始的。20 世纪五六十年代，欧美国家遭遇了因过度郊区化而引发的中心城市衰落问题，从而掀起了名为"消除贫民窟"的运动。自此以后，世界各国也纷纷效仿，开展了大规模的城市更新运动，并且以推倒重建为主要手段。20 世纪 70 年代以后，西方国家开始认识到大规模地推倒重来并不能根治城市病，因此转向了小规模、逐步推进且分步骤实施的城市更新策略。如今，城市更新已逐渐成为城市发展的全球性策略。在西方发达国家，随着郊区化的不断推进，逆城市化带来的城市分散化问题开始显现。越来越多的人倾向于重返市中心，尤其是在老旧城区居住，这引发了对重塑老旧城区城市结构的迫切需求。从另一角度来看，城市更新被视为针对城市无序扩张和老旧城区衰落现象的一种应对方案。

城市更新概念的形成是一个长期的过程。就其发展演变而言，国外城市更新概念的发展主要分为三个阶段。

一是理论形成期。19 世纪末至 20 世纪初叶，是城市更新理论的初步形成时期。其以霍华德所提出的"田园城市"理论为基础，核心目标是构建一种新颖的、类似乡村的规划理念，借助绿化带遏制城市人口向外部无序蔓延。伊·沙里宁之后提出的"有机疏散"理论，在"田园城市"理论的基础上做了进一步的完善。该理论依然立足于传统的"形体决定论"思想，将城市视为一个静态的存在来应对城市发展中的挑战。这一理论摒弃了早期过于理想化的城市规划方法，取得了显著的进步，并且将更新范围从单一的居住空间扩展到了整个城市空间。

二是城市建设期。20 世纪初期至中期，城市更新理论经历了一个重要的发展阶段。此阶段倡导的是通过构建独立的城市单元，有序地拓展城市空间，而非无节制地扩大城市面积，也强调政府在城市建设中的主导地位。因战争的影响，西方国家在此时期的城市更新主要表现为大范围的拆毁与重建。

三是可持续发展期。自 20 世纪 60 年代起，城市更新理论迈向了以人的需求为核心的可持续发展阶段，这标志着其第三阶段的到来。在当下，受到凯恩斯主义及简·雅各布斯、克里斯托弗·亚历山大等学者的学术理念影响，人们越来越关心公共服务、社会公正以及公共福利的问题。随着可持续发展理念的兴起，它与以人为本的思想相融合，强调优化人类的居住环境，并进一步演变为对城市历史文化和历史建筑的保护与传承。这一理念在当代城市更新中迅速崭露头角，成为新时期城市更新的核心指导思想。

国内城市更新理念是在充分总结和吸收国外城市更新历史经验的基础上形成的，也可分为三个阶段。

一是经济起步期。此时城市的更新单元主要是老旧城区，由此我国学者陈占祥认为城市更新主要是城市"新陈代谢"的过程，认为城市更新既有老旧城区的推倒重建，也包括历史传统街区和历史旧建筑的修缮与保护，但受限于新中国恢复经济的历史背景，城市更新以旧城重建为主。

二是经济发展期。在经历了 20 世纪 80 年代的经济飞速发展后，城市追求快速发展而忽略了对中国特色地方文化建筑和传统历史街区的保护，使其迅速消失，各种城市问题也因城市的无序发展而显现出来。吴良镛先生提出了城市"有机更新"的规划理念，强调了城市历史文化街区的保护和发展的重要性。

三是可持续发展期。进入 21 世纪以来，我国的城市建设和规划研究学者们开始综合考虑，注重城市的可持续发展，对"有机更新"的内涵进行了新的解析，包括张平宇的"城市再生"理论、吴晨的"城市复兴"理论、于今的"城市更新"理论等。这些对"城市更新"的新解读提出，在城市更新政策制定时就应充分研究老旧城区的原有空间结构和社会网络，在结合历史原因和当前状况的情况下采取多种方式和手段进行综合治理、整体考量，因地制宜地对城市进行再开发和更新改造。

1.1.3 社会风险下的中国城镇发展困境

在城市发展由增量模式向存量模式"转轨"的过程中，社会发展模式转变带来的"阵痛"在所难免。随着城市发展趋于成熟，增量资源减少，存量资源的利用成为关键。然而，长期依赖土地的经济发展模式短期内难以找到替代方案，许多城镇在存量资源的挖掘和利用上存在不足，导致资源浪费严重。例如，城市中的老旧建筑、闲置土地等未得到有效利用，影响了城市的整体发展效率。资源总体利用效率降低意味着城市发展速度放缓，会引发社会分化加剧、资源配置失衡、就业压力增大等一系列问题。中国城镇社会经济发展面临着前所未有的困境。

在发展困境背后，社会风险逐渐显现。乌尔里希·贝克在《风险社会》中描述了风险社会的两个突出特征，"具有不断扩散的人为不确定性逻辑"与"现有社会结构、制度以及关系向复杂、偶然和分裂状态转变"。贝克所阐述的风险社会的两大核心特性——风险的普遍性与不可避免性，与当前中国城镇所经历的发展不确定性和深刻的社会结构变迁现状高度契合。一方面，新的存量模式打破了改革开放以来形成的经济增长经验，原有的助推经济发展的政策工具逐渐失去适用条件，制度风险激增。城市土地开发从大规模扩张转向对既有空间的优化改造，土地资源的稀缺性更加凸显，土地价值的提升必然带来利益格局的重新调整。原本依赖土地扩张获取利益的群体，如房地产开发商、地方政府等面临收益下滑的困境，长期以来城市发展所依赖的土地财政"红利"逐渐消失，在新的增长支柱尚未形成的情况下，探索新的发展路径充满了未知风险。另一方面，中国城镇发展模式正由传统的增量扩张模式向空间关系错综复杂的存量更新模式转变，城市更新的实施导致原有的社会结构加速变化，多主体间的利益博弈变得更加活跃，从而增加了风险形成的可能性，例如征地拆迁矛盾导致的社会风险、城中村改造项目潜在的财务风险问题等。此外，在更新改造的区域中社会文化沉淀丰富，其物质空间承载着历史遗迹与文化记忆，居民长期交往所形成的社交网络紧密而稳固，但更新改造中开发商热衷于经济效益而对历史文化、人际关系漠视，在资本主导下造成的历史建筑被破坏、社会网络破碎等不可逆转或恢复的社会事件屡见不鲜。这也造成了精神上的文化认同感的削弱、共同价值的匮乏等文化风险，对社会经济造成的影响绝不亚于物质方面的破坏。

在新的发展增量时代，中国城镇正面临复杂多元的环境风险与发展挑战，迫切需要在城市更新过程中科学评估、精准决策、降低风险，构建一个全面、系统化、安全韧性提升、有效防范风险的更新治理体系。当前中国城镇在更新过程中所面临的困境及风险主要来自政策制度、管控机制、技术规范、经济财政等方面。

1. 政策层面：更新制度尚不完善

从全球视野来看，政策制度扮演着稳定社会秩序、平稳过渡的核心角色。城市更新，既是城市发展的必经之路，也是推动社会经济变革的重要力量。尽管中国在城市更新的顶层设计上进行了大量的规划和部署，但新形势下社会经济发展的不确定性与日俱增，更新政策的时效性需要时间的检验。政策制度的挑战也发生在执行层面。由于我国地域辽阔，人口众多，不同地区间的发展差异和不平衡导致政策执行方法、程度存在诸多不一致，不仅影响了政策效果，甚至会引发一系列社会问题。加之政策实施缺乏有效的监督和评估机制，使得执行情况难以得到及时、准确的反馈和调整。城市更新涉及多领域、多层次的交叉融合，任务艰巨且复杂。基于这种背景，对国内城市更新的研究必须直面来自政策制度的挑战。

2. 管控层面：缺乏多主体协同管控机制

（1）全过程监管机制未建立。

面对城市更新这一复杂而庞大的系统工程，监管机制的缺失成为制约其健康有序发展的主要因素。全过程监管不仅关乎项目实施的透明度与公正性，更是保障各方利益、预防腐败与违规行为的重要防线。当前，许多城市在推进更新改造项目时，往往侧重于前期的规划与审批，以及后期的成果展示，而忽视了项目实施过程中的动态监管。这导致了一系列问题：一是信息不对称，政府、市场、社区及管理委员会等主体间缺乏有效的沟通渠道，难以形成合力；二是责任不清，各主体在监管过程中的具体职责界定模糊，容易出现推诿扯皮现象；三是反馈滞后，对于改造过程中出现的违规操作、工程质量不达标等问题，难以及时发现并有效处理。因此，建立多主体协同监管体系，明确政府、市场、社区及管理委员会等主体的角色定位与职责分工，形成政府主导、市场运作、社区参与、管理委员会专业监管的协同监管格局，对总体防范城市更新中的各类风险至关重要。

（2）跨部门协同阻力大。

以现状调查为例，深入细致地探查、摸清更新片区的现状是更新工作的首要前提，但调查任务工作量大且综合程度高，包括土地利用现状、物业的权属情况、建筑状况（涵盖建筑层数、建筑结构、建筑功能及建筑风貌）、建筑内部布局（含户型结构和消防状况）、文物保护状态、其他市政和公共服务设施等方面。上述调查内容同时涉及多个主管部门的业务范围，如住建、国土、公安消防、城管及市政等，需要这些部门共同介入，通力合作。但当前上下级部门、不同体系部门之间"条块"分割现象普遍存在，实现跨部门协同合作依然任务艰巨。

（3）公众参与实效性不强。

虽然 2008 年实施的《中华人民共和国城乡规划法》明确将公众参与作为规划的重要环节，通过听证会、论证会等多种途径来征集民意，但是该法律缺乏具体的操作指南，同时大部分民众对规划内容知之甚少，这使得公众参与往往只停留在表面形式，难以有效地收集到真实的公众反馈。新时期的公众参与应倡导多元化引导、全程贯穿、多途径参与，以此打破以往单一的参与模式。如通过电视、网络及实地展览等途径来推广宣传，宣传内容要简明扼要贴近民众，使广大民众能够轻松理解规划内容，并激发他们的积极参与意识。征求意见的方式应多种多样，公众除了可以通过参与座谈会、听证会等现场活动表达意见外，还能利用网络平台、传媒渠道及电话热线等途径反馈意见。

3. 技术层面：缺乏多领域协同的技术支撑

城市更新的实施必须依靠切实有效的规划方案、建设行动、运行管理等多领域的技术手段。同时，更新项目涉及领域众多，时间跨度大，不同阶段对技术的需求不同，需要形成有效衔接。多层次的更新规划被视为统筹更新全过程的载体。目前国内对更新规划技术体系已开展大量研究与实践，但统一、完善的技术体系尚未建立。建立更新规划技术体系，一方面要在政策技术上与法定规划相结合，作为法定规划在管控城市更新上的有益补充；另一方面在于引导多领域技术专业的协同行动，形成一种自上而下的指导框架，共同推动城市更新行为的有序进行。宏观层面的更新计划作为目标引导的核心，确定城市更新的大方向，建立全面的更新标准，着重关注城市资源的合理配置、生态环保的维护及社会结构的稳定；中观层面的更新计划则聚焦于空间布局和各类基础设施的更新升级，将宏观层面的更新目标和政策具体化，此层面的更新计划扮演着桥梁角色，需明确协调各专业系统在微观层面上的项目落地；微观层面的更新计划致力于构建以人为本的城市环境，充分考虑各利益相关方的需求，减少因技术衔接不当形成的技术风险。

4.经济层面：社会资本尚未被充分挖掘

我国的城市更新未能实现全面市场化运作，政府资金在城市更新过程中特别是在前期投资中所占比重过大，这无疑增加了全社会的经济风险。城市政府应当秉持"积极不干预"的行为守则，通过政策扶持（如财税奖励）以及规划引导等手段，来激发和吸纳企业家的投资，充分引导社会资本流入，减少政府投入，分担项目风险。一方面，要通过规划引导，基于综合利用评价模型，引导社区业主或企业家按照规划的指引实施，包括是否更新拆迁改造、是否提升整治功能、注入何种城市功能和发展何种商业业态等内容。另一方面，需要政策支持，如进行小规模拆迁改造，为灵活处理物业的权属（产权和产别）问题，可出台特许经营政策和业态监督管理政策，最大限度地协调经营方与社区业态发展的关系；若需大规模拆迁改造，应采用多元化的财税鼓励政策，不能一味采用容积率补偿方式，还可以采用税收减免、提供低息开发贷款等方式，来鼓励社会资本参与城市更新。

1.1.4 城乡融合背景下城镇空间再生机遇

进入 21 世纪以来，随着我国城镇化的快速推进，城乡差距扩大、城乡二元结构矛盾明显的问题日益突出。为了从根本上减轻农民负担，缩小城乡差距，中国政府开始致力于城乡关系的调整。2000 年 3 月，中共中央、国务院发出《关于进行农村税费改革试点工作的通知》，开始执行农村税费改革试点，此后从 2004 年起，每年均以农业农村问题作为中央一号文件，凸显了中央对"三农"问题的高度重视。党的十八届三中全会以来的一系列政策文件，逐步建立了城乡统一的政策和制度体系。2021 年，国家"十四五"规划和 2035 年远景目标纲要正式提出"城乡融合发展"的发展目标，要求以城乡生产要素双向自由流动和公共资源合理配置为重点，"以工补农、以城带乡，推动形成工农互促、城乡互补、协调发展、共同繁荣的新型工农城乡关系，加快农业农村现代化"。

在城乡融合发展的目标要求下，一系列顶层设计层面的体制机制创新改革在乡村公共财政投入、基本公共服务均等化、社会权益保障方面产生促进作用，给城镇空间的再生发展带来新的机遇。笔者通过对城乡关系的观察，提出了实现城乡融合发展的一种"疏城聚乡"的解决思路，即通过疏散大都市区域的功能与人口解决"城市病"的问题，同时加强城郊与乡村区域的集聚能力，承载生产要素与人口的转移。在这一过程中，小城镇是聚集城乡的关键载体，而空间再生是提升小城镇聚集能力的重要手段。当前中国的小城镇人口承载能力普遍不足。这是因为中国乡村社会长期受到二元体制的限制，曾经作为中国城镇化的"蓄水池"的小城镇，由于大中型城市的虹吸作用，生产要素资源严重流失，导致人口空心化、产业衰退、消费匮乏、财税减少，进而无法支撑基础设施、公共服务设施的运营维护，发展滞后。城乡融合发展理念倡导的是一种城市与乡村相辅共生、共享、融合的新型社会关系，从新型城乡关系的角度，既要强调城市对乡村广大区域的带动作用，也要立足于我国土地集约利用的基本国情，不能贪大求全、一味给予，更需要充分利用"以工补农、以城带乡"所带来的资源红利，择优选择在生态环境、自然人文、交通区位上优势明显的小城镇，采用适度集中、空间再生的策略提升能级，培养特色产业，提升小城镇自身造血能力，为城市提供多样、差异化的功能服务。基于以上观点，本书将在城乡关系中发挥重要作用的"城镇"作为研究的重要载体，以期以空间再生为契机提升有条件发展的小城镇的能级，促进城乡要素双向流动，进而推动城乡空间的融合发展。

1.2　空间再生：破"旧境"立"新境"

城市空间正经历着一场深刻的变革。一方面，旧有空间日渐衰败；另一方面，随着社会进步，新空间需求蓬勃兴起。在此背景下，空间再生以其独特的理论视角和策略方法，推动城市空间发展与延续。在发展的视角下，空间再生不是简单的"新"和"旧"的叠加或罗列，而是一种脉络与发展的整合过程。再生过程中旧有的空间环境特质与新的设计需求交织在一起，如何基于旧有空间元素利用再生策略打破"旧境"，塑造一个更加宜居、高效、和谐的"新境"，是当代所有建筑规划师需要思考的问题。

1.2.1 核心概念：社区、空间与再生

1. 社区概念

"社区"源于拉丁语，意思是"共同的东西和亲密的伙伴关系"。"社区"一词是在 20 世纪 30 年代初，由中国社会学和人类学奠基人之一的费孝通先生引入中国的。他在翻译德国社会学家滕尼斯的一本著作 *Community and Society*（《社区与社会》）时，将原著中的英文单词"community"翻译为"社区"，而后"社区"一词被广泛使用，沿用至今。在英文中，"community"一词含有公社、团体、社会、公众，以及共同体、共同性等含义，强调群体的经济、社会、心理关系，带有非地域特征。在中国，因其在最初翻译时与"区域"关联，所以有了相比于西方学界概念更为浓厚的地域含义。在我国，由于社区概念的空间内涵，其也被用于行政区划以及设施资源配置的单元层级。在行政层面，"社区"常作为"社区居民委员会"的代称。社区居民委员会（简称"居委会"）是中国大陆地区街道、行政建制镇的分区即"社区"的居民组织。《中华人民共和国城市居民委员会组织法》第二条规定居民委员会是居民自我管理、自我教育、自我服务的基层群众性自治组织，即城镇居民的自治组织。此外，社区是社会治理的基本单元，在统筹社区建设、规划时，会将其作为基础资源配置的分区单元。2021 年 6 月，自然资源部发布的《社区生活圈规划技术指南》（以下简称《指南》）引入"社区生活圈"的概念，并将它定义为"在适宜的日常步行范围内，满足城乡居民全生命周期工作与生活等各类需求的基本单元"。本书将社区作为研究的基本单元，一是强调城市更新不能采用"头痛医头，脚痛医脚"的片面、局部的做法，而是要以社会有机体的理念在相关区域范围内通过对地理、经济、社会、文化等要素内容进行全面、综合分析，有目标、有计划地开展更新工作；二是对研究范围进行具体的界定，以行政意义上的居委会辖区范围为参照，以《指南》明确的社区生活圈为基础单元开展相关研究。

"片区"是本书中另一个与"社区"概念相近的名词概念。在城市规划中，城市片区介于城区和单个居住区、商务区等功能区域之间，是相对独立的、具有特定范围和多种功能的区域，因此，片区通常作为规划的一个单元。例如，四川省提出以片区为单元编制乡村国土空间规划。而在传统的城市规划中，将控制性详细规划的一个编制范围命名为"片区"。就本书而言，"片区"强调了

地理空间上的连续性和功能上的多样性；"社区"不仅是一个地理空间的概念，还包含了经济、社会、文化等方面的联系和互动。在空间范围上，一个片区比一个社区大，一个片区可能包含多个社区，而社区作为基本单元在行政管理、服务提供等方面在所在片区内保持一定的独立性，同时，两者在功能上互补、空间上关联。需要说明的是，后文中部分章节时而使用"片区"概念，是表明研究对象在空间上关联多个社区，或是在相关政策规定、要求时使用"片区"，因此与本书主旨概念"社区"的相关联系不再赘述。

2. 空间概念

空间是描述物体之间位置差异和变化的客观存在形式，它通过不同的维度和形状来体现，是事物抽象概念的基础，并在多个领域中有着广泛的应用和解释。首先，空间具有物理意义的空间实体，构成了空间的其他抽象概念的基础。在这个意义上，空间可以按照人的干预程度分为自然空间和人工空间。其中，规划和建筑学领域所指的空间就是人为建造的物质实体。《道德经》中就曾对实体空间进行描述："埏埴以为器，当其无，有器之用。凿户牖以为室，当其无，有室之用。"其中的"器"与"用"、"有"与"无"反映了空间的基本属性之——功能性。而功能主义正是现代主义建筑理论所倡导的空间本质。《管子》中的《宙合》篇记录了古人对空间方位的描述，即"四方上下曰合"。"合"由"四方上下"着眼进行定义，强调的是其三维性，即尺度性。由于空间所具有的功能性和尺度性，产生了稳定的功能和形体，从而构成了空间设计学科的核心概念。因为实体空间不同于自然空间，它是基于人的存在而建立的，所以具有主体性，并且表现为人与人、人与社会的关系。

起源于十九世纪三四十年代的社会学在持续关注物理空间的构建和变化的研究中，强调空间与社会、文化、经济等因素的相互作用和共生关系，从而挖掘出空间的社会属性。社会学的空间生产理论强调空间的构建是多种社会力量共同作用的结果。这些社会力量包括政治、经济、文化、技术等方面，它们共同塑造着空间的形态和功能。在此意义上，空间与社会的整体发展紧密相连，随着社会的变迁和进步，空间不断地发展和演变，以适应新的社会需求和发展趋势。此外，随着科技的日新月异，新兴事物层出不穷，空间呈现出多种表现形式，如网络空间、思想空间、数字空间等，这些空间虽然不直接对应物理世界的三维空间，但同样具有空间的概念，即存在不同的位置、关系和变化。

3.再生概念

(1)"再生"的空间内涵。

"再生"一词源自生物学领域,其核心概念是生物体在遭受损伤或失去部分结构后,具有自我修复和替代的能力。"再生",自古有之,《庄子·达生》记载,"弃世则无累,无累则正平,正平则与彼更生,更生则几矣",其所述的"更生"就是现代意义上的"再生"。空间的再生观念阐述了空间始终处于发展变化的哲学内涵。从发展的角度来看,空间再生是对空间进行改造和更新并赋予其新的生命和价值的过程。这种再生不仅仅是物理上的重建或修复,更重要的是对空间的社会、文化、经济属性的重新挖掘和塑造,从而实现空间的永续利用和社会的繁荣进步。

(2)"再生"与"更新"的辨析。

前文提到的"城市更新"是当前中国社会发展的时代主题。在探讨"再生"与"更新"这两个概念时,尽管在广义上它们常被视为同义词,即促进系统、结构或环境的优化与提升,但实际上,两者在实践操作、内涵深度及时空维度上展现出一定的差异。总体上,"更新"与"再生"可视为同义,但如果秉持这种泛泛的理解,就忽略了两者在具体应用中的差别,而在不同语境下,细致区分这两个概念对于理解社会变迁过程至关重要。

①制度框架与具体行动。

从实际工作的角度来看,国内使用"更新"概念与政府的宏观规划和政策导向密切相关,表现为一种自上而下的行为模式。政府通过立法、财政投入等手段推动城市区域的物理改造、功能升级或环境整治——统称为"城市更新",侧重于宏观的政策性与结构性,旨在实现既定的社会经济发展目标。相比之下,再生则更多地体现出一种自下而上的自主性,它可能源于社区内部的自我修复能力、居民的自发行为或私营部门的创新实践。因此,相比于"更新"概念,"再生"具有微观、具象、动态的行为特征。

②统一标准与广泛多样。

从更新、再生所作用的行为内涵层面来看,更新行动是由政府或统一组织主导的,具有统一性和标准化模式,这种模式能够确保更新行动的效率与可控性,但同时也可能限制创新性和多样性。更新在行动层面上往往聚焦于显性的物质层面,如建筑改造、道路拓宽等,而忽视了社会结构、文化传承等非物质层面的深层变革。相反，再生则强调对事物本质状态的恢复与提升，其行动内容更为广泛和多样，不仅包括物质环境的改善，还涉及社会经济结构的调整、文化传统的传承与创新、生态环境的修复等多个维度。

③时空变化与普遍意义。

从时空维度考察，城市更新作为当前时代的产物，其名称（如"旧改""复兴"等）和具体实践均随时代变迁而演变，深刻反映了不同时期的政治、经济和社会需求。这种时代性使得更新具有某种政治意义。再生则超越了特定时代的局限，它关注的是事物自身恢复活力、实现可持续发展的普遍规律。无论是自然界的生态恢复、社会系统的自我调整，还是个体生命的自我修复，再生都是对生命力和创造力的一种肯定与追求，具有跨越时空的普遍意义。

1.2.2　融合社会特征的社区空间

社区空间绝非单纯的地理概念，而是承载着丰富的社会意义与功能。空间再生不仅仅是物质层面的更新与改造，更是社会属性的塑造与升华。与空间的物质性的"可见"相比，空间的社会属性则是"无形"而又无处不在的，它不仅包含了人与人之间的关系网络，还涵盖了社会结构、文化习俗、权力分布等复杂因素。空间的社会属性成为区别"再生"与"新生"的鲜明特征之一。笔者认为这种特征具体表现在空间制度、空间权属、空间决策等社会属性方面。

1.空间制度：城市更新的内在机制

为了确保城市空间再生的顺利实施和可持续发展，城市需要建立起一套完善的关于规范再生行为的支持体系和采取配套措施，具体表现为一系列的空间政策，涉及政策、资金、技术、管理等多个方面，以确保改造更新类项目顺利实施。

"空间再生"的再生机制与"城市更新"的更新机制在核心理念和运作方式上基本一致。两者均旨在通过系统性地规划和实施，推动城市空间优化。一般而言，空间再生的机制强调对空间进行再生改造，以恢复或提升空间的活力、功能和价值；而更新机制则侧重于政策对城市空间改造的指导作用，用以适应新的社会、经济和环境需求。因此，"空间再生"比"城市更新"更为具体，其内涵也更为丰富、广泛，不仅涵盖了城市空间的物理改造，还强调对空间社会属性、文化内涵和历史价值的深度挖掘和再创造。无论是空间再生还是城市更新,都需要遵循一定的规范或规律,以确保活动的有序进行。从这一角度来看,两者的本质内涵都是建立一套可持续发展的空间发展机制。相较而言,在我国政策环境里"城市更新"的表述更为明确。本书主要介绍法规机制、土地制度、经济机制/财税制度和公众/多方参与四个方面。由于城市更新与空间再生在制度层面的内涵是统一的,后文中所提到的城市更新相关政策同样适用于空间再生。

(1)法规机制。

关于空间再生的法制构建要素包括法规体系、行政体系、管理体系和实施体系。法规体系是指支持城市更新工作的法律、法规、标准、规范、政策等;行政体系是由专门化、层级完整的行政机构组成的,包括专业化主管部门、职能化的地方管理机构等;管理体系可以为城市提供管理工具,包括以更新类规划为抓手的空间管控工具和以行政审批为抓手的过程监管工具;实施体系主要关注城市空间再生的行动和程序,包括更新行动计划和示范试点、标准化和规范化的实施操作流程等。

(2)土地制度。

空间依附于土地,世界各国及地区都将土地制度作为空间发展的重要组成部分,如德国的土地重划、地界调整和强行征购,日本的共同分让、市地重划。周其仁与陶然团队对深圳以城中村改造为代表的城市更新实践进行过总结,并将其与中国土地制度改革联系在一起进行探讨。周其仁认为,城市更新是综合解决"合法外土地"和"违法建筑"等历史遗留问题以及推行土地确权并将非法用地重新纳入合法利用轨道的一个政策突破口。陶然等学者分析了城市更新中土地产权的作用、土地征收中政府拿地比例与抽税方式,并延伸探讨了土地权利赋予带来的"反公共地悲剧"。陈晨、赵民等学者对广东省的与"三旧"改造相关的土地政策也有较多研究,分析其中的政策创新,探索了如何完善现行土地制度框架下的土地产权制度、土地供应方式、土地流转方式、土地确权方式及土地收益分配方式等具体制度。土地管理领域的何芳等,将土地用途的改动视为土地管理的一部分,她指出,城市现有土地变更规定的空白,造成了土地的非法改动、国有资产的损失及土地使用的混乱无序。同时,她认为当前制度运行效率低下是造成现有土地难以有效变更和活化利用的主要原因。因此,她主张建立一套针对现有土地利用变更的制度体系。

有不少学者就土地产权、土地发展权、土地开发权等概念展开讨论,认为土地产权在城市改造中具有核心地位，甚至试图以此为核心建构城市更新理论，认为"城市更新的过程本身就是一个产权的交易和再分配过程"。这一理论将城市更新这一复杂工程构建在一个抽象的产权概念基础之上，形成完整的城市更新理论，不免又陷入了前述的"将复杂问题简单化"的倾向，但在广义的讨论中，土地产权已成为空间再生的重要议题。

（3）经济机制/财税制度。

国内经济学科领域对城市更新的直接关注较少，而且实践中的经济数据也较难获取，相关财税制度也并不完善，只在部分发达地区有所涉及。杨静阐述了英美两国在城市更新政策方面的历史变迁，具体包括美国推行的授权区（EZs）、税收增值融资（TIF）及商业改良区（BID）等措施，同时也介绍了英国所采用的财政补贴制度和城市开发公司的做法。黄静对上海市旧区改造中的"毛地出让"与"土地储备"两种模式的经济可持续性进行了深入探讨，认为"毛地出让"模式导致动迁纠纷频发、大量土地闲置等问题凸显，而"土地储备"模式则受限于融资难题。此外，她还借鉴了美国城市更新中三方合作模式的成功经验，提出应构建政府引导下的三方合作架构，鼓励公众自始至终积极参与，成立具有准公共性质的旧区改造公司，并设立公开竞标、持续循环的旧区改造基金。

相关机构针对佛山市顺德、禅城、南海三地的"三旧"改造政策进行了深入的比较和审查，并从实际操作角度出发，对三地在产业扶持激励、旧村居改造补贴、税费优惠、出让金分配等关乎利益均衡的政策方面进行了对比分析。杜福昌在深入剖析上海市中心城区旧区改造资金运作的现状后，明确指出了七大核心问题。他通过参考国内外城市在旧区改造资金运作机制上的历史变迁，有针对性地提出了平衡融资和投资的对策建议，并详细论述了旧区改造资金运作的不同模式。王国斌测算了城市更新规划方案中的开发容量及公益性城市空间的供给能力，试图通过优化公益性与经营性城市用地的配置，平衡城市更新中的公共利益与商业利益。

（4）公众/多方参与。

走向"公众参与"是中国城市更新研究的重要方向之一，特别是借鉴西方城市更新经验是不可避免的趋势，而更深入的研究则导向了对此概念的反思。汪坚强认为，设计过程中的询问座谈、设计完成后的方案宣传教育、房产购买时的投资参与这三种方式都只能归为象征性参与。陈浩认为，市民阶层与权利主体是存在本质差异的两个概念，其他规划中的公众参与，同更新中的权利主体参与存在显著区别。赵燕菁对"公众参与"（public participation）与"利益相关人参与"（stakeholder engagement）做了审慎的区分，认为后者才是"真参与"，而区分前者与后者的重要标志是参与的公众是否是真的利益相关人。

近年来，局部地区的规划变更对周边居民财产价值的影响越来越大，"真正的公众参与"开始迅速进入城市规划决策过程，而当前的规划制度恰恰对这种"真正的公众参与"缺少应对之策。"多方参与"既是"公众参与"中的高级形式，也是进一步引入了非本地利益相关人的其他组织，例如投资者、非营利组织、专业团体等的状态。对多方参与的研究通常会进入管理学领域，并与治理、组织架构、博弈理论等相关联。在探究城市更新决策过程中的多方参与和管治时，核心焦点通常是政府、私有部门和社区公众这三大利益集团在决策中的地位、功能，以及他们之间的相互利益博弈，进而剖析由此形成的决策执行机制，这三方的参与程度与权力的变化是西方城市更新政策演变的重要内容。经常与"多方参与"相关联的另一个概念是"伙伴关系"（partnership）。"伙伴关系"来自项目管理学领域，是继设计-管理（DM）、建设-运营-移交（BOT）、设计-采购-建造（EPC）等模式之后的，处理长期复杂工程并努力实现参与各方共赢的项目管理模式。国内对英美等国家城市更新中公、私、社区三方合作伙伴关系的研究已有较多引介。在城市更新的多方参与这一性质上，有大量的理论研究可供参考。在公共管理领域，打破公私部门界限，将市场模式、参与模式、弹性模式、解制模式纳入市场与社会力量是新公共管理运动的热点。在经济学领域，博弈分析和策略分析方法经常被运用于解释和预测更新项目参与各方的行为。在项目管理学领域，对 BOT、EPC 等模式的理论和实践也为更新项目提供了较为成熟的制度框架。综上所述，对中国城市更新机制的研究正在不断拓展新的视角，同时在土地管理、财税体制、公共政策、组织管理与多方参与等方面逐渐深入。

2. 空间权属：多主体治理下的新范式

城市治理的多主体理论揭示了城市空间再生进程中多元主体的角色与特征。关于城市治理主体的研究，学界存在多种观点，包括主张政府、企业、社会三大主体的"三元治理结构论"，倡导政府、非政府组织、私人企业和社会公众共同参与的"四元治理结构论"，以及提出多中心治理，强调治理主体为包含政府在内的网络体系的"多中心治理理论"等。随着市场化推动力的不断增强和现代民众参与意识的普及，在城市更新进程中，参与主体呈现多元化、复杂化趋势。从不同层面和视角出发，城市利益主体的划分存在差异。其主体部分尤为关键，涵盖了国家层面（即中央政府）、地方政府层面（特别是城市政府）、企业实体（如开发商和房地产商）及城市居民。以下是从多种主体角度对其在城市更新与治理中所扮演角色的具体阐述。

（1）政府。若将中央和地方部门视作理性地制定与执行政策的行动者，那么政策工具的效果就将在一定程度上取决于地方部门在与中央部门的合作中能否觉察到具体的利益，以及这种利益的多少。其中，地方政府作为空间规划决策规则的制定者和实际决策权力的掌控者，在领导和核心地位上坚如磐石，不容动摇，政府行政权力的推动与保障是规划方案得以执行与实施的首要体现。

（2）城市居民。城市居民一直被视为处于弱势地位的主体。作为势力单薄的利益单位，他们既缺乏制度化手段将个人利益汇聚成集体利益，也无力承担此过程中所需的高昂成本。总体而言，城市居民在政府和开发商面前，既缺乏进行博弈的实力，也没有相应的资本，因而处于极为不利的社会地位。

（3）开发商和房地产商。开发商和房地产商是拥有显著利益追求和强大影响力的关键参与主体。在城市更新的过程中，开发商和房地产商作为最为积极的参与者，出于追求利益的本能，可能会采用多样化的手段来左右决策的方向。

多主体治理模式最大的挑战在于如何权衡多方利益，选择能够共同实现既定目标的信息空间，以及确定与之相对应的分散决策和结果函数。然而，社区作为一个涵盖多方面内容的复杂社会集合体，其空间权属具有共有共享特征，由于存在多样的利益相关者以及复杂的权属结构，为社会资源的重新分配增加了复杂性和挑战。同时，在处理城市更新中的权属问题时极易引发纠纷，导致社会问题，从而增加社会风险。从多主体治理的各方角色来看，我国城市更新的显著特征是政府力量强大，在其中扮演着主要推动者、协调者、制度设计者的多重角色。由于在多元主体中居民和社区力量相对薄弱，政府作为制度设计者应充分发挥主导作用，基于实事求是的原则建立基于空间权属的协调机制，积极保障作为弱势方的社区居民的合法权利，继而在多元利益主体的共同介入参与下合理地制定更新方案，共同构建多主体治理框架，完善监督与评估机制，从而确保城市更新的公平性和可持续性。

3. 空间决策：强化民主程序的多元议程

空间决策走向民主化与科学化是空间再生的一个重要特征。空间再生的决策面向的是一个具体实际的空间对象及群体，方案能否满足群体需求，科学民主的决策过程至关重要，对于实现城市可持续发展、促进社会和谐稳定，以及优化资源配置和提高效率具有重要意义。通过科学规划和综合考虑各方利益，空间决策更倾向于制定既符合城市长远发展需要，又满足空间群体现实诉求的行动纲领。就路径而言，可以分为以下几个阶段。

（1）形成空间方案：构建社区空间再生的更新规划方案。此阶段的核心职责在于深入理解城市更新的难题并将其纳入政策讨论的范畴。必须指出的是，城市更新涵盖经济、文化、社会等诸多领域，因此在制定议程时应尽可能全面考虑各领域，以减少偏颇的可能性。

（2）制定更新目标：确立社区空间再生的更新目标。更新目标应是一个多重目标并存的目标体系。在宏观层面上，构建这一体系时，必须兼顾城市的社会目标、空间整合及经济发展等多个方面，确保其与城市发展的功能定位紧密相连，同时与区域的整体发展策略相互协调；而在微观层面上，城市更新的推进需要细致考虑各利益主体的具体目标，并妥善协调各方利益。

（3）收集与处理意见：信息的收集与加工处理。这一阶段奠定了更新规划方案的重要基石。通过建立有效的信息交流与反馈机制，政府应深入掌握各利益主体在城市更新方面的具体需求和意愿。作为决策流程的一环，政府同样需要向公众承诺确保信息的公开和透明。在此过程中，政府需全面掌握所需信息，同时各利益主体亦能有机会深入领会和认识相关政策，从而降低执行难度、增强政策科学性和提高透明度。从另一个角度来看，为了让各相关决策主体能够表达自身的利益需求，政府在城市更新的过程中需为各主体搭建必要的交流平台。为了降低决策的信息成本并确保政策的顺畅实施，需解决决策过程中的"机会不均等"问题，并避免因强势主体与弱势群体在博弈中地位不平等而加剧社会不公的风险。此外，政策执行效果的好坏取决于政策如何妥善、实际地安排、处理各方诉求，即政策内容是否能最大限度地体现相关政策执行主体（尤其是政策目标群体）的利益。

（4）确定再生方案：即制订并最终敲定更新策略。全面权衡各方的信息与利益需求后，设计出一套既合理又切实可行的利益分配方案。各利益主体积极参与城市更新有赖于城市更新方案中的"激励相容"措施。在初始方案制定完成后,应优先关注成本与效益的权衡,通过对比分析,确定能够实现最大更新效果的方案。在此阶段,政府对于社会公平和历史文化保护的要求及专家和公众的相关建议应在方案中充分体现。

(5)实施再生策略并提交相应的反馈。城市更新的不确定性决定了更新过程必须保持动态有序。实施更新规划时一旦遇到问题,应立即反馈并根据相应法律程序对方案作出调整。更新规划方案要实现最优均衡并从根本上保证设计目标的实现。城市更新的实际效果受到更新方案的可行性及执行过程的影响,需要在多重利益的策略性博弈中不断地进行权衡与调整。

总体而言,社区空间再生的整个流程即决策、实施、监督和反馈等环节,各类主体之间应建立起健康的合作与互动机制。多元主体之间的有效互动不仅有助于优化政府职能,同时也对城市的健康发展起到了积极的推动作用。

1.2.3　空间再生:历史的必然过程

"空间再生"作为一种发展策略,它不仅关注城镇空间的经济复苏,更着眼于城市空间功能的再规划和再利用。一方面,作为一项空间战略性政策,空间再生致力于通过科学规划和有效实施,促进城市空间的优化升级与可持续发展。另一方面,作为一种具体的实践行动,空间再生涉及土地整治、土地利用规划、低效用地开发等多个空间利用环节。此外,空间再生强调环境空间、建筑空间再塑造的空间设计,运用再生设计理念和技术手段,充分利用原有空间资源、文脉,重新赋予空间新的场所情境与价值。空间再生的实施阶段是对空间的直接"干预"或"创造","再生"的实施效果可以从工程适用性、经济性、绿色低碳等多方面进行评价反馈,从而积极引导空间发展的良性循环。

从唯物辩证法的观点来看,时间和空间是运动物质的存在方式,具有客观实在性,空间再生则是空间及其承载的事物随时间由衰亡到重组的状态变化。对于城镇而言,这种变化不仅局限于物理空间,还涵盖社会、经济、文化等多个领域。在物理空间中,空间再生与老旧建筑、老旧城区的改造及复兴息息相关。随着时间的推移,一些建筑或区域因为功能过时、环境恶化或经济衰退而逐渐衰亡。然而,通过规划、设计和重建,这些空间可以被赋予新的生命和功能,实现空间的再生。例如,废弃的工厂可以改造成创意产业园区,老旧的街区可以焕发新的商业活力。历史经验表明,空间再生具有一定的必然性。

自 20 世纪 50 年代起，众多西方先进国家因经历了工业时期的城市大规模扩张，出现了人口流失、经济结构失调等严重城市问题。为了激活城市活力并重新确立其在国家或区域社会经济发展中的核心地位，这些城市开始采纳并实施"城市再生"策略。城市空间再生的概念随着不同时期人们对衰败区域再开发的认识而演变。从西方城市的发展历史来看，城市空间再生是由"重建""振兴""更新"等城市发展理念发展而来的，旨在对现有城市空间进行深度挖掘和利用，以及通过设计和规划，将废弃或低效利用的空间转化为充满活力和吸引力的新区域。实施"空间再生"策略需要城市决策者先进行详尽的城市空间分析，识别出那些具有潜力的空间，如旧工业区、废弃的仓库、历史建筑等；然后，根据这些空间的特性和周边环境，制定具体指向空间问题的再生计划。

20 世纪 50—90 年代，西方城市开发理念经历了几次显著变革，分别是：50 年代的城市重建（urban reconstruction）、60 年代的城市振兴（urban revitalization）、70 年代的城市更新（urban renewal）、80 年代的城市再开发（urban redevelopment），以及 90 年代的城市再生（urban regeneration）。这些变革反映了从简单的物理环境改造到综合性、战略性的城市发展观念的转变。在 20 世纪 50 年代，为了解决战后城市重建的问题，西方国家实施了宏大的城市重建计划。这些计划的主要目标是改善住房条件和生活设施，同时对内城区土地进行置换和对郊区进行开发。这一时期的城市建设取得了显著成效，但也暴露了一些问题，比如忽视了对社区文化和历史建筑的保护。进入 60 年代，人们对城市重建计划产生了不满情绪，认为仅仅通过物理环境的改造无法真正解决城市问题。于是，城市振兴计划取代了城市重建计划。城市重建计划强调私营部门的作用和社会福利水平的提高。这一阶段的空间开发特点表现为将城市开发与区域发展结合起来。步入 70 年代，城市问题的复杂性显著提升，涵盖了经济、社会与政治关系的结构性根源，以及区域、国家乃至国际经济架构的深刻变迁。在此背景下，城市开发战略逐步转向更为精细且务实的内涵式城市更新路径。1977 年，英国推出的《内城政策》白皮书标志着其城市再生政策的重要转折，该时期的核心目标聚焦于邻里社区的复兴，力求在社会发展与公众参与之间寻找平衡点。进入 80 年代，城市再开发进程持续推进，虽然在一定程度上延续了 70 年代的政策导向，但更多地表现为对既有政策的调整与完善。此阶段以一系列大规模的"旗舰项目"为显著特征，这些项目不仅彰显了私人部门的积极参与，还促进了自助式开发模式的兴起。至 90 年代，全球范围内可持续发展理念深入人心，它促使城市开发迈入了一个更加注重综合性与整体性策略的新阶段——城市再生。在此期间，合作伙伴关系的构建成为主导性的组织形式，它不仅强化了城市开发的战略视角，还开始着重平衡公共部门、私人实体与志愿者组织之间的利益与贡献。可持续发展理念成为这一时期的标志性特征，深刻影响着城市再生的方向与实践。

中国城市再生理念的形成与发展晚于西方，是伴随着跌宕起伏的城镇化进程而逐渐形成、建立起来的。有国内学者研究了新中国成立以来的城市更新的演进阶段，认为我国城市更新经历了以下四个阶段：

①1949—1977 年，以改善人居环境为重点、政府主导为特征的阶段。

②1978—1989 年，以规模化的城中村改造为主的政企合作探索阶段。

③1990—2011 年，以经济高质量发展为核心的市场主导阶段。

④2012 年至今，强调以人为本、激活城市活力的多元治理阶段。

从以上四个阶段来看，城市再生作为一种城市发展策略始终贯穿于城市发展的各个阶段，第一阶段的主要策略是以最基本的设施改建为主，对空间再利用的需求相对较低；第二阶段的改革开放加快了城镇化进程，从而为城市的再生与发展奠定了坚实基础，但以物质改造为主，缺乏对社会文化的重视；在第三阶段，城市再生策略引入市场主体，空间的再利用潜能被充分挖掘与释放，传统村落改造、工业厂房改造等优秀空间再生案例不断涌现；2012 年以后，在以人为本、可持续发展的导向下，关注空间的社会文化成为空间再生的重要议题。在追求经济效益与环境保护相协调的同时，空间再生策略的制定越发注重挖掘空间背后的社会文化价值，实现空间的社会化再生与活化，"有机更新""微更新"成为这种理论思想的表征并见诸政策文件。综上所述，笔者认为在当下，空间再生的内涵包括以下几个方面。

（1）社会关系的重塑：空间不仅是物理环境的集合，更是社会关系的体现。通过对空间的改造和更新，可以重塑社会关系，促进不同社会群体之间的交流和互动，增强社会的凝聚力和向心力。

（2）文化传承与创新：空间承载着丰富的历史和文化信息。通过对空间的再生，可以保护和传承历史文化遗产，同时注入新的文化元素和创新精神，推动文化的繁荣和发展。

（3）经济发展与转型升级：空间是经济活动的重要载体。通过对空间的再生，可以优化产业布局和资源配置，推动经济转型升级和可持续发展。同时，空间的再生还可以创造新的就业机会和经济增长点，促进经济繁荣和发展。

（4）改善人居环境与可持续发展：空间的创造和再生需要考虑到人居环境的影响。通过对空间的合理规划和管理，修复、提升人居环境质量。

1.2.4　空间再生的新方法与新技术

空间再生是一个历经兴盛与衰亡、循环不息的演进过程，这一过程不仅是对物理空间的重新规划与构建，更是对文化记忆的唤醒、传承与创新，体现了人类对美好生活情境空间的更高向往与追求。空间设计是一个深度融合自然、社会、人文、科技及政治等多维度因素的复杂而富有创造力的过程。基于空间再生的思想，运用新方法、新技术，设计师能够更加精准地把握空间使用者的需求，科学、有效地采取相应的空间策略。同时，通过策略引导设计，将人的情感融入空间之中，推动"旧"情境向"新"情境跃迁。

首先，空间的构建始于对特定时空背景下复杂关系的深刻理解与洞察。设计师需回归事物本质，深入日常生活情境，将那些看似无关却潜在关联的自然元素、社会现象、人文情怀、科技进展及政治导向等，巧妙地融入设计之中。这种融合不是简单的堆砌，而是通过对情境的深度分析，将愿望、动机、回忆、联想等心理因素转化为情境因素，使空间成为承载特定文化情境的载体。其中，地方文化和元素是塑造空间情境的独特而重要的路径引导，是人在体验与感知空间情境时的内在情感连接。对这些文化内容的发掘与综合运用，使空间不再是一个冷冰冰的物理存在，而是一个充满情感、故事与记忆的文化场所。人们在这样的空间中行走、停留、交流，能够深刻感受文化的气息与魅力，体验空间背后的深厚文化底蕴。

其次，基于空间特性采用适宜的空间策略是空间再生成功的关键所在。城市更新的空间对象并非一张白纸，而是社会、经济、政治、人文要素与空间交融的客观存在。适宜的空间策略强调善于在纷繁复杂的事物中采用灵活、散漫、动态的设计语言，弱化"强"形式的束缚，追求与环境的和谐共生。笔者结合多年来的从业经验，总结了以下塑造情境的空间策略。

1. 敏感关系的把握

精准把握建筑与场地之间的微妙关系，利用技术手段加强建筑与环境的协同，使建筑在场地中发挥新的功能与价值，同时保持对环境的尊重与保护。

2. 视野与视角的拓展

引入更广阔的视野与视角，打破传统空间布局的限制，创造自由多变的空间形态，使人在其中能够自由游走、观赏、体验。

3. 轻介入、低姿态的设计

关注建筑与周围环境（如道路、坡地、植被等）的和谐共存，采用轻介入、低姿态的设计手法，减少对环境的破坏，实现建筑与自然的完美融合。

4. 掩饰与融合的设计策略

明确建筑对场地的影响，通过巧妙的掩饰手法，使建筑与环境相互融合，或采用迥异的设计姿态，创造出引人入胜的空间形态。

5. 现代技术与材料的运用

利用现代技术与材料和方法，创造人与自然共生的情境空间，建立诗意的形式秩序，既传承和发扬传统文化精髓，又体现现代设计的创新精神。

新技术是重塑新空间的重要新生力量。进入 21 世纪以来，信息技术的日新月异对空间的塑造产生了极为重要的影响。数字技术以其独特的优势，为空间再生注入了新的活力，成为推动空间再生的重要力量。首先，数字技术能够实现对空间再生的虚拟塑造。通过数字技术，可以构建出与现实世界相对应的虚拟空间，这些空间可以是城市的三维模型、建筑的内部构造，甚至是人们的社交活动场所。这种虚拟性使得人们可以在不受物理空间限制的情况下，对城市空间进行深入的探索与实验。设计师和规划师可以在虚拟环境中进行空间布局、交通流线设计，通过模拟不同方案的效果，选择最优方案。这种虚拟性不仅提高了空间设计的效率，也降低了试验成本，为城市空间再生提供了更多的可能性。其次，数字技术能够实现所有参与者的交互。传统的城市空间设计往往是一种单向的过程，由设计师或政府主导，居民只能被动地接受。然而，在数字虚拟空间中，居民可以积极参与空间的设计与改造。通过社交媒体、在线论坛等平台，居民可以表达自己的意见与建议，与设计师、政府进行实时互动。这种交互性使得空间决策更加民主化，能够更好地反映居民的需求和意愿。同时，数字虚拟空间的交互性也促进了信息的共享与交流，使得空间再生过程中的各种资源得到更加有效的利用。再次，数字技术还具有实时性。传统的城市空间信息更新往往滞后于实际变化，导致决策者在制定空间政策时缺乏及时、准确的数据支持。而数字空间通过实时收集和处理各种空间信息，能够为决策者提供强大的数据支持。例如，通过遥感技术可以实时监测城市的空间变化，通过大数据分析可以了解居民的出行习惯、消费偏好等信息。这些实时数据为城市空间再生的决策提供了有力的依据，使得决策更加科学、精准。最后，数字技术的特色还体现在其丰富的服务与应用上。随着云计算、物联网、人工智能等技术的不断发展，应用场景越来越广泛。例如，通过智能家居系统，可以实现对家庭环境的智能控制；通过智能交通系统，可以优化城市的交通流线，减少拥堵和污染；通过智慧旅游系统，可以为游客提供更加便捷、丰富的旅游体验。这些应用不仅提升了城市空间的品质与效率，也为居民带来了更加便捷、舒适的生活体验。因此，可以预见，在未来，随着技术的不断进步和应用的不断拓展，数字空间将在空间情境再生中发挥更加重要的作用，推动城镇空间向着更加智能、绿色、可持续的方向发展。

1.3　评估诊断：育"再生"于数据

1.3.1　数据赋能城镇空间发展决策

1.城市体检：精准引领城市更新的决策基础

城市体检，作为全面系统了解城市发展规律的有效方法和以问题为导向推动转变城市发展方式的切入点，被视为城市更新的"前置条件"，并被赋予了重要的时代使命。通过城市体检，可以精准查找城市建设管理中存在的问题和短板，及时发现和防治"城市病"，提高城市治理的针对性、有效性。系统、全面、细致的城市体检结果，可以有效指导城市更新改造规划的制定，指导项目重点和时序的确定，是统筹城市规划建设管理、推进实施城市更新行动、促进城乡风貌整治提升、推动城市建设发展模式转变的重要抓手。为了深入推进城市更新工作的实施，国内多个省市树立了"无城市体检不更新项目"的工作思路。更新社区（片区）是落实城市整体更新策略的具体单位，是更新项目实施的基本依据，是开展城市更新工作的基本单位。当前，城市体检多以城市为单位，涉及中心城区或全市（县）域，针对更新社区（片区）的体检体系尚未构建。针对更新社区（片区）的城市体检评估，不仅是城市更新这一风口行业大量更新项目的前置基础，更是城市微观尺度下的创新型治理手段，同时也是支撑未来城市高质量、可持续发展的有效手段。

城市体检作为一种常态化的机制，通过对城市建设状况及规划实施成效的深度剖析与评价，已成为促进城市健康发展、增强规划效能及提升人居环境品质的关键工具。在当代社会，在需求多元化与城市社会空间分异趋势加剧的背景下，对城市问题的识别已从基础的存在性判断，跃升至适宜性与品质性等更高层次的考量，这对城市体检工作提出了更为严苛的要求。具体而言，它要求城市体检能精准识别并定位资源配置与建设品质发展中所存在的不平衡、不充分问题，进而促进城市规划建设向更加人性化、精确化与公正的方向迈进。另外，近年来城市体检评估的相关研究成果揭示，既有的规划建设往往更侧重宏观层面的城市整体，而对片区层面的关注则相对欠缺。尽管城市体检能在宏观层面为城市发展战略提供支撑，但在反映城市局部，尤其是城镇社区（片区）的具体情况时则显得力不从心，这极大地限制了基层群众对满意度与幸福感等真实、具体问题的有效反馈。因此，以更新社区（片区）为导向的城市体检指导，对于推动片区城市更新改造而言，已成为一项紧迫的任务。面向更新片区的城市体检评估，为其提供了坚实的支撑。量化评估更新片区的体检指标，进而提出有针对性的片区更新治理对策，探索城市体检工作向更新片区尺度的深化传导，不仅是精细化实施城市体检工作的有益尝试，也是推动城市规划建设迈向更高水平的重要途径。

2. 大数据：城市体检走向更高水平发展的推动力

在传统的更新工作中，问题识别主要基于现场踏勘、问卷、座谈等方法，存在诸多局限，例如官方统计数据少且精度低，现场调研工作量大且数据代表性不足，工作团队主观评价性强而难以支持横向对比和纵向监测等，这导致难以破解甚至加剧了基层规划建设碎片化、连贯性和持续性不足等难题。针对更新片区体检要求的指标体系更具体，数据粒度更高，而且数据获取的难度也更大。近年来，信息与通信技术（ICT）、大数据和地理信息系统（GIS）等为在城市微观尺度上多源采集数据并开展精细化分析提供了有力支持，在城市体检中得到了广泛应用。大数据技术对于城市体检的意义深远，尤其在解决当前城市体检在精准识别和资源效益分布差异化、特色化方面存在的不足时，其支持作用尤为突出。

首先，大数据技术能够显著提升城市体检的精准度。传统的城市体检方法往往受限于数据收集和处理的能力，难以深入社区、生活圈等中微观尺度进行细致的分析。而大数据技术能够实现对海量数据的实时收集、整合和分析，从而更准确地反映城市内部的资源和效益分布情况。通过挖掘这些数据中的潜在规律和模式，可以更有效地识别出城市内部的差异化和特色化元素，为城市规划和管理提供更加精确的依据。

其次，大数据技术有助于建立城市体检指标与特定属性之间的关联机制。在传统的城市体检中，即使能够识别出重点问题区域，也往往难以将这些问题与更新片区治理主体、使用群体和空间单元等特定属性有效地关联起来。而大数据技术可以通过构建复杂的算法和模型，分析各种指标之间的相互影响和关系，从而建立起一套科学、系统的关联机制。这样不仅可以更全面地了解城市问题的本质和根源，还可以为更新片区规划建设和治理工作提供更加直接和有效的指导。

最后，大数据技术还可以为城市体检提供更加科学和易操作的指标体系。通过数据挖掘和机器学习等技术，可以筛选出对城市体检具有重要影响的关键指标，并根据实际情况进行动态调整和优化。这样不仅可以提高城市体检的效率和准确性，还可以为政策制定者提供更加直观和易用的决策支持工具。

综上所述，大数据技术对于强化城市体检的精准化和系统化具有重要意义。通过运用大数据技术，可以更加深入地了解城市的内部结构和运行机制，为城市规划和管理提供更加科学、有效的支持。因此，在城市体检工作中，应充分利用大数据技术的优势，推动城市体检向更高水平发展。

1.3.2 体检诊断理念的转变与发展趋势

国内城市体检诊断理念在发展与完善方面，与国际上对规划评估的认识及价值判断相符，即从偏重方案评估向实施过程监测全覆盖的模式转变，评估标准和内涵也从规划方案与结果的一致性向多元标准、多个专题内容的方向演进。对城市体检诊断而言，虽然管理和决策部门沿袭了以往城市规划、土地规划等经验做法，但这一工具的使用情境和目标内涵已超出了物质空间范畴，几乎涵盖了与城市发展密切相关的大部分要素，逐渐转向了城市治理的综合性政策工具。

（1）从碎片化走向综合性。城市体检诊断发展为两套不同的制度，背后的原因是在中央建立城市体检诊断制度的要求下，两部委基于自身事权对中央要求作出回应而建立的能够服务自身职能的制度工具。其中，住房城乡建设部回应居民日常生活的实际需求和城市管理的事项，以优化人居环境、治理"城市病"为目标；自然资源部是以检验规划实施情况为目标，但在这两个不同的目标下存在很多内容交叉的部分。我国政府结构和事权划分的时代局限性，造成了两种城市体检诊断的目标差异与重叠，进一步引发了在制度运行过程中工作组织、技术方法等方面的碎片化差异。对地方政府而言，部委的不同要求与地方自身的发展需求也存在偏移，使得地方政府对待两种体检诊断的工作态度有所不同。由于顶层设计缺乏必要的目标整合，地方政府会优先支持与自身发展需求适配性更强的工作内容，这会影响评估主体间的协作和成果的应用与转化。因此在体检诊断目标层面，存在目标分散交叉、缺乏整合等局限性，未来需要在特定的管理层级对部委和地方的愿景、需求、目标进行整合，为后续的工作指明方向。

（2）从宏观城市向中微观的片区、房屋延伸。随着城市体检诊断理念的不断深化与实践的广泛展开，关注点逐渐从宽泛的宏观层面细化至具体的微观层面。这一转变体现了对城市发展问题认知的深化以及治理能力的提升。在宏观层面，城市体检诊断往往侧重于对城市整体运行状况的评价，包括经济、社会、环境等多个维度的综合考量，旨在把握城市发展的总体趋势和存在的主要问题。这种宏观视角虽然能够全面概览城市状况，却往往难以触及具体问题的症结所在，也难以为精准施策提供有力支撑。新时期建立的国土空间规划体系，秉承多元主体协商的规划模式，将公众作为规划利益关系中的重要组成部分，强化社区（村）作为城市空间治理的最小单元，提升了空间精细化治理效能。在规划实施阶段，各地在探索以城市体检为先导的土地开发模式过程中，延伸出更新片区（单元）城市体检等多种中微观模式。例如，长沙市城市人居环境局编制《长沙市城市更新片区（单元）城市体检和策划技术指引》，贯彻"无体检不项目"的工作理念，坚持以更新片区为单位，以城市体检为基础，全面统筹推进城市更新。此外，住房城乡建设部（住建部）深刻洞察住房发展态势，明确从"总量短缺"向"结构性供给不足"转型的关键节点，已率先启动房屋体检、房屋养老金及房屋保险三项创新制度的研究与构建工作，旨在打造覆盖房屋全生命周期的安全管理体系。各级政府部门与专业机构积极响应，从技术维度深入探索房屋体检的有效路径与方法，例如厦门市发布了《厦门市房屋安全体检技术导则》(试点版)，宁波市也推出了《宁波市房屋体检技术导则(初稿)》。这些开创性的举措不仅是城市体检诊断理念在建筑微观领域的深化实践，更是向精细化、科学化管理迈出的重要一步。

（3）从单一主体转向多主体。城市体检诊断的参与主体有中央部委、地方政府、地方部门、社会公众、第三方机构和规划设计咨询机构，但在主体构成上缺乏市场和其他社会组织意愿的表达和介入，并且社会公众的参与度较低。此外，地方缺乏统一协调各部门的力量和行动，仅依据行政任务和自身实际需求驱动，难以在部门间形成有效的互动协作，影响城市体检诊断工作的效率。整体而言，城市体检诊断主体存在主体间难以协同、主体类型不够多元、公众参与度不高等局限性，减弱了体检诊断的客观性和代表性，未来需要与社会治理相协调，多主体网络化地参与体检诊断。

（4）全面融入城市治理体系。城市体检诊断制度的独立性较强，与其他城市治理行动的关联性较弱，因此其行政意义突出而支撑治理的实际意义偏弱，与严肃性更强的治理工作尚未形成有效的衔接机制，只在部分城市有较好的成果应用和较强的转化能力，能够真正做到动态反馈。大多数情况下，城市体检诊断报告在与空间细部的建设管理对接、与特定范围的城市更新等治理行动对接反馈方面，仍有较大差距，虽然基本做到了动态监测，但还没有建立起可行、有效的动态反馈机制。此外，在制度层面也缺乏规范、独立且客观的监督保障机制，第三方体检的监督检验作用尚未真正发挥。因此在体检诊断机制层面，存在高位衔接机制缺乏、动态反馈机制不完善难以实行、监督保障机制也不健全等局限性，未来需要进一步提升机制的有效性、可行性。

（5）采用新技术，增强体检诊断与风险防范能力。现代医学理念已由传统的治病转向疾病的预防和早期发现，该理念同样适用于城市的治理。在存量时代背景下，城镇发展面临的风险显著加剧，城市管理者意识到仅仅依靠问题出现后的补救措施是远远不够的，必须建立主动的风险防范机制。城市体检正是这样一种主动、有效的管理工具。通过全面、系统、科学、精准的城市体检诊断工作，可以及时发现并解决城市发展中的潜在问题，助力管理者整体上把握城市的发展状况，识别出可能引发风险的各个环节和因素。城市体检能否提供科学和精准的决策依据，是识别风险、制定措施能否成功的关键，因此，城市体检需要重视新技术的运用，不断提升监测技术和分析方法的先进性，如通过运用大数据、云计算、人工智能等先进技术，实现对城市运行状态的实时监测和智能分析，在数据的收集、处理、分析和决策的各阶段构建合理、有效的技术体系，从各个环节保证分析结论的科学性、准确性，增强城市治理风险的防范能力。

1.3.3 "诊断"社区空间的技术框架

目前，国内城市体检评估正处于探索阶段，相关技术体系可谓百花齐放，其中所涉及的指标体系与数据平台也各有千秋。不少学者、设计人员希望构建更为全面的更新评估指标体系来尽可能覆盖更新评估所涉及的技术内容。然而，这些内容无论是在定性方法、量化技术上都不同程度地突破了规划的专业范畴。因此，从评价体系到评价标准，再到技术方法，都需要更为全面的探索研究与应用实践。

1. 察其所在：更新潜力评估技术

（1）健全更新潜力评价体系。有效地进行更新改造潜力评价的核心在于建立一套既科学又合理的评价指标体系。这样的评价不仅能真实地反映现有城镇空间的使用状况和使用效率，而且还能准确地预见城镇空间未来的发展趋势，从而为更新规划提供有针对性的指导，增强其实际效果。尽管在选取评价指标时，缺乏统一标准或明确规定是普遍现象，但现有的研究通常首先会对城市更新、旧城改造、土地整治等概念进行明确定义和深入解析，随后基于这些定义来选择相应的评价指标。城市更新活动的评价体系通常包括三个层次：一级维度层、二级要素层和三级因子层。这一框架旨在从更新目标、评价维度和更新潜力三个方面进行评估。在此过程中，应遵循从宏观方向把握到中观系统统筹，再到微观社区营造的自上而下的方法。目前城市更新、改造及土地整理整治等方面的潜力评估指标，主要涵盖了自然因素、区位条件、土地利用现状、公共设施完善度及交通状况等多个维度。

（2）完善评价技术方法。在探讨指标权重的设定方面，国内外的研究普遍倾向于运用诸如熵权法、变异系数法、德尔菲法及均方差法等多种主客观权重确定技术。在探讨城市更新改造潜力评价的研究中，诸如多因素综合评价法、层次分析法（AHP）、模糊综合评价法等多种主客观权重分配评价的方法都被普遍采用。土地潜力评估技术通常集中在农用地的整治潜力上，但有一部分也涉及土地的高效和节约利用评价技术。然而，对于城市存量建设用地的整治，研究方法相对匮乏。目前，主要的测算技术方法包括基于调查资料的分析、以容积率为基准的计算方法和城镇土地利用结构分析等。这些方法普遍存在的问题是评价指标过于单一，缺乏对综合因素的全面考虑。同时，研究工作往往以整个行政区域为对象，很少深入具体社区及地块层面；即便有针对个别地块进行的微观定性潜力评估，也难以形成具有实践指导意义的系统性成果。

（3）拓展大数据应用。我国在城市更新潜力评估模型方面的学术研究并不多见，且这些研究在评估维度上存在差异，对大数据的应用也显得有限。与此同时，当前社会数据共享、管理机制并不健全，众多数据在应用方面存在涉密、侵犯隐私的风险，这使得相关数据应用受限，研究难以达到城市精细化治理的标准。

2. 视其所由：空间体检诊断技术

（1）更加精细化、量化的评估论证。目前，城市更新规划在进行体检诊断时，主要还是依赖于主观和定性的分析评价方式，而全面、深入、精细化的数据分析则严重不足。尽管对于城市更新区域，往往能获取到某些总体的数据和一些零散的节点信息，但要对每个地块进行全面、系统的数据收集和采样是不现实的。尽管针对城市更新的某些特定方面已经存在相对完善的量化评估手段，但针对整个城市各领域全面的数据收集和健康状况诊断却并不常见，尤其是对于难以量化的城市特色和风貌、公共空间等专项内容更加缺乏深入细致的分析和判断。

城市更新地段通常具有较久的建设历史、复杂的权属状况、频繁的历史数据更新和极为繁杂且分散的信息。在逐步完善数据的过程中，往往会发现数据类型繁多且数量庞大。而且这些数据在统计口径、统计时段及统计范围上都存在显著差异。更令人担忧的是，许多基层的数据记录还未实现信息化。因此，仅仅通过东拼西凑现有数据，难以构建出相对完整的城市建设现状数据样本。同时，当前城市建设的决策模式通常是以各职能部门为中心的分散式，这使得现状数据被分散在多个城市建设主管部门和各类建设单位之中，信息的整合受到阻碍，数据极度分散和碎片化。此外，各城市建设主管部门在职能划分、管理范畴以及管理准则等方面存在不一致性,使得数据在部门内部及不同部门间无法实现有效联动,进而造成相关信息数据难以在统一的空间和标准体系框架内进行评价与分析。

另外,城市更新在建设过程中会遇到大量与数据相关的问题。例如,在数据收集过程中,会遇到大量数据保密问题。国家和地方对国土资源数据都有非常严格的规定,常见的法律法规有《中华人民共和国保守国家秘密法》和《国土资源管理工作国家秘密范围的规定》(国土资发〔2003〕147 号),以及各地方政府制定的《通信、办公自动化及计算机信息系统保密管理规定》《网上信息发布保密管理规定》《移动存储设备保密管理规定》《中间计算机使用管理规定》等。这些法律法规出于公共安全的考虑在公共数据的使用上一般会作出限制,最直接的体现就是在工作过程中项目组成员与政府技术单位、团队沟通获取数据进行共享时,一般单位会同意在签订保密协议的情况下为更新项目提供数据,但提到利用大数据进行公共服务时,一般单位都无法提供数据,甚至无法提供获取数据的途径。这就导致项目建设过程中接触数据非常多,但真正能用于项目的数据量可能不足十分之一。

通常可获取的与城市有关的大数据主要是开放的众包数据集,例如百度地图、腾讯用户、POI 等网络开放数据。其他数据源如手机信号、社交媒体、商业、供水供电等数据,甚至是具有敏感性的房产数据,均难以获取并用于研究。本书在城市更新改造研究过程中,针对数据科学领域,主要是基于网络开放数据,利用 Python 开源程序包,部署和调试程序进行大数据采集,为地理空间大数据的管理、可视化、空间分析等研究奠定了基础。

(2)新老城区差异化的体检诊断标准。老旧城区作为城市更新的重点区域,却面临着一个问题:当前国内大部分建设标准规范都是针对新建区域而制定的,而对于老旧城区改造的评价标准则相对匮乏。若以新建区的标准规范来衡量老旧城区现有的建设状况,那么老旧城区在各项指标上都会显著低于这些规范标准。老旧城区的局限在于空间资源匮乏、人口高度密集及建设历史悠久,这使得其公共服务设施、市政基础设施和停车设施等难以迅速达到新建区的标准。若以新建区的标准来评估老旧城区的建设质量,将不可避免地导致大规模的拆除和重建,从而影响未来的规划成果。

目前,针对老旧城区更新所遇到的繁杂产权信息和各种城市挑战,必须采用周密的规划和治理措施。这些措施的有效实施都建立在对城市进行精细化体检和制定诊断标准的基础之上。随着城市更新需求的不断攀升，城市更新规划中的体检诊断标准也日趋多元化。徐勤整、历奇宇等学者建议，在历史街区的更新规划中，可以构建一套包含人口、功能、交通、风貌空间等多个层面的"街区诊断"三级指标体系，深入挖掘街区的"病根"，揭示表面现象背后的核心问题，并据此有针对性地制订规划工作方案。卓想等学者则主张通过"城市双修"规划评估来精确识别建成区存在的现状问题，进而结合国家经济和社会发展规划，具体落实各层级的重点项目。"智库观察"提出将城市体检与城市更新融为一体，通过整体规划体检、更新和"城市双修"等环节，秉承"精细"发展思路，确立改善城市机能、优化公共设施及提高城市品质的具体目标、准则与方法，详尽规定公共资源配置的准则与细节，以实现和谐、持久的有机更新与绿色优质发展。

（3）技术应用与推广。随着城市更新改造领域以大数据为代表的新技术不断发展和被广泛认可，行业将普遍认识到这些技术和方法的重要性。为了全面普及新技术及其在城市更新改造中的有效应用，不仅需要攻克一些行业共同的挑战，例如精确估算建筑物占地面积、预测拆迁工程量、探索计算机人工智能自动提取地物信息等，而且应当遵循"研究—发现—知识—教育—应用—示范—产业"的发展路径，以创造有利的"环境条件"。这包括数据的采集、生产，专项技术的研究与开发，以及相关数据、流程的标准化。同时，实施一系列典型工程打造标杆，对技术的应用与推广具有重要的示范意义。通过对城市更新改造项目中典型案例的深入探究，旨在弥补新技术在此类工作中的缺失，同时评估体检诊断技术所产生的社会、经济与环境等多重效益，进一步展示技术应用的积极成果。在大数据时代的背景下，技术方法变化多样，新的概念和方法正在不断产生。大数据、人工智能等新技术对于社区空间体检诊断技术应用所起到的支持作用，以及如何推动相关技术走向更加智能化的发展，仍然是一个值得深入探讨的议题。

1.3.4 探究从评估到再生策略的路径

1.再生策略：从城市体检到空间更新

从现有的城市更新实施效果来看，城市体检在推动城市更新、建筑改造设计上往往更多地关注城市的表面问题，比如建筑外观、公共设施等，而忽视了城市区域及社会深层次问题，比如交通网络、社会习俗等。这使得城市体检推动的改造设计往往只是治标不治本，难以从根本上解决城市发展中存在的问题。在一定程度上，这反映出目前的更新改造设计缺乏整体规划和战略性思维。如果城市体检缺乏整体规划和战略性思维，则改造设计往往是片面的、零散的，缺乏系统性和长远性。这导致改造设计只是临时性的、局部性的，难以形成整体性的城市发展战略和规划。尤其是城市体检所强调的"针灸治疗"，在注重某些点状改善的同时，也需要加强线性、面状影响的统筹考虑。虽然这样的改造设计可能带来积极效果，但也需要注意提升改造效果的整体性和协调性。城市体检在指导社区空间改造设计时由于缺乏综合考虑而影响实施的空间策略的实效，如应对环境问题时在能源效率、碳排放等方面的缺失，将导致改造设计可能存在能耗高、资源浪费等问题，影响改造效果的可持续性和环保性。

例如，目前老旧城区的绿色化改造普遍推进力度有限。尽管城市更新中已融入绿色低碳理念，但在实际执行时仍显得力不从心，受到多种制约因素的影响，老旧城区在绿色改造方面的进展仍然较为缓慢。在 2016 年，国家发布了《关于深入推进城镇低效用地再开发的指导意见（试行）》（国土资发〔2016〕147 号），该文件从国家角度出发，强调了必须坚定秉持创新、协调、绿色、开放、共享的新发展理念。在推进城镇老旧小区改造的过程中，2020 年国务院办公厅颁布了《关于全面推进城镇老旧小区改造工作的指导意见》（国办发〔2020〕23 号），强调要同时着手开展绿色社区的创建工作。而在地方政策方面，深圳市于 2012 年发布的《深圳市城市更新办法实施细则》（深府〔2012〕1 号）明确规定了城市更新项目必须遵循集约用地、绿色节能及低碳环保的原则来实施。2015 年颁布的《广州市城市更新办法》（广州市人民政府令第 134 号）中，明确提出了倡导节能减排，推动城市向低碳绿色方向进行更新的理念。2015 年颁布的《上海市城市更新实施办法》（沪府发〔2015〕20 号）中，明确提出了要着重优化生态环境，并大力推进绿色建筑与生态街区的建设工作。在 2021 年，为了推进城市更新行动，北京市人民政府发布了《北京市人民政府关于实施城市更新行动的指导意见》（京政发〔2021〕10 号），该文件着重强调了打造具备安全性、智能化及绿色低碳特质的人居环境。

从该类改造的例子来看，一方面，尽管绿色低碳理念在城市更新中的重要性已被认识，然而关于其具体实施方式、监管责任归属及评估指标的确立等方面，目前仍缺乏明确统一的规范，这导致老旧城区在绿色化改造方面的进展仍然相对有限。另一方面，传统建筑改造设计在考虑建筑性能和环境影响方面往往不够充分，缺乏对能源效率、材料选择、再生利用等可持续性因素的考虑，导致改造后的建筑可能存在能耗高、资源浪费等问题。传统的建筑改造设计往往只注重单一方面，比如外观装修或内部空间的调整，而忽视了建筑的功能性、可持续性和用户体验等综合因素。这导致改造后的建筑可能在某些方面有所改善，但整体效果不尽如人意。这主要是受制于固有的设计思维和方法，缺乏创新性和前瞻性，使得改造后的建筑容易陷入传统模式的局限，难以满足当代社会和用户的需求。因此，显然，更新改造设计应及时提升理论水平与相应的技术手段，将更新理念延伸、贯彻至建筑设计层次，形成与城市更新的真正融合。

针对这一问题，本书提出一种结合城市更新理念、在城市体检支持下的空间再生策略。再生策略是空间设计的导向，是一种重新利用和改造现有空间的方法和理念。它强调为现有空间重新注入生命和活力，使之适应新的功能、需求和环境，从而延长空间的使用寿命，并在保留历史文化价值的同时实现可持续发展的目标。再生策略致力于最大限度地保护和再利用现有的空间资源，以减少资源浪费和减轻环境负担。在此策略指导下，空间的再生设计需要尊重建筑的历史文化价值，并在改造过程中保留和强化建筑的独特性和特色，以传承历史文化遗产。但是，再生策略不仅仅是维持现有空间，更重要的是使之适应新的功能和需求。这可能涉及空间布局的重新规划、功能性能的提升，以及空间技术的更新等方面。最为重要的是，通过最大限度地延长原有空间的使用寿命，有助于减少能源消耗和碳排放，实现可持续发展的目标。当然，在实施空间再生策略时，还需要综合考虑技术、经济和社会因素，包括建筑技术的可行性、改造成本的控制，以及社会对建筑再生的接受程度等。

在城市更新评估和诊断完成后，再生策略是将这些评估和诊断结果转化为具体行动的重要环节。再生策略需要充分考虑评估和诊断的结果，以确保更新方案能够有针对性地解决城市存在的问题，并实现城市更新的目标。再生策略可以综合利用评估结果，深入了解建筑及其周边环境的特点和问题。评估结果可能涉及建筑结构、历史文化价值、环境影响等方面的信息，再生策略需要将这些信息纳入考量，选定相应的设计方法。合理、可行的空间再生策略应针对评估和诊断中发现的问题提出解决方案，并在具体设计方案中融入创新思路。

例如，如果评估发现建筑存在结构老化问题，再生策略可以提出采用新型材料或技术进行结构加固和改造，以提高建筑的安全性和耐久性；如果评估和诊断结果显示建筑具有重要的历史文化价值，再生策略则注重保留和弘扬这些价值，设计师可以通过合理利用原有建筑结构、修复历史元素、保留原有风貌等方式，实现对建筑历史文化的传承和保护。根据评估和诊断结果，再生策略应提出符合环境友好和可持续发展原则的建议，并反映在设计方案之中，指导设计师通过采用节能环保的建筑材料、引入自然通风和采光系统、设计绿色景观等方式，减少对环境的影响，提高建筑的可持续性。在再生策略制订过程中，应充分考虑社会参与和沟通的需求。建筑再生设计师可以与当地政府、居民、业主等相关利益方进行沟通和协商，听取他们的意见和建议，确保设计方案能够得到广泛的认可和支持。

综上所述，空间再生策略在城市更新中起着至关重要的作用，其落实评估和诊断结果并指导下一步方案设计的能力直接影响着更新实施效果和城市发展的成效。再生策略需要紧密结合评估和诊断的结果，制定具体的设计策略和方案，以实现城市更新的目标和愿景。

2. 指标体系：衔接空间评估、风险评估、诊断策略与空间设计

城市评估和诊断在城市更新改造设计中扮演着引领和指导的重要角色。这些评估和诊断的过程旨在全面了解城市的现状、问题和挑战，并为城市更新改造设计提供重要的参考和依据。一个城市的健康发展涉及众多方面，包括经济、社会、环境、文化等多个方面，全面的评估指标体系可以帮助人们全面了解城市的发展状况，而不局限于某一个方面。城市体检评估指标体系的首要任务是为城市规划和政策制定提供参考，通过对城市各项指标的评估，可以更好地发现城市发展中存在的问题和不足，为城市规划和政策制定提供科学依据和指明方向。不同城市的发展情况可能存在差异，通过全面的指标评估，可以进行城市之间的比较和学习借鉴，推动城市之间的良性竞争和相互促进。城市体检评估指标体系应该引导公众关注城市发展，全面的城市体检评估指标体系可以帮助公众更加关注城市的发展状况，增强公众参与城市建设的积极性。同时，全面的城市体检评估指标体系可以促进城市的可持续发展，从而实现城市长期繁荣和稳定。在城市更新改造设计的过程中，城市评估和诊断为城市规划者、政策制定者和设计师提供了重要的参考和依据。通过对城市现状的全面了

解，可以发现城市的优势和不足，确定城市更新改造的重点和方向。同时，城市评估和诊断也可以帮助预测城市未来的发展趋势，指导城市更新改造项目的长期规划和发展。在空间规划中，风险评估对于确保规划方案的可行性和安全性至关重要。指标体系通过设定与风险相关的指标（如自然灾害风险、生态环境风险、社会经济风险等），可以帮助规划者全面识别潜在风险，并量化评估其可能带来的损失和影响，从而制定相应的风险防范和应对措施。因此，空间评估诊断、风险评估与城市更新改造设计之间存在着密切的联系和相互作用。通过充分利用评估和诊断的结果，可以提高城市更新改造设计的科学性、可持续性和社会接受度，推动城市向着更加健康、宜居和可持续的方向发展。

城市体检评估指标体系的局限性将影响其在进一步引导更新改造设计过程中的作用，这些局限性包括指标选择不够全面、指标权重设置不合理、数据质量不足、更新周期较长、缺乏可比性、评估方法不够科学，以及缺乏社会参与和反馈机制等问题。例如，指标选择不够全面可能导致评估结果的片面性，忽视某些同样重要的方面。比如，过于注重经济发展而忽略环境保护，或者偏重社会指标而忽略文化传承等，这会使得评估结果失去全面性和客观性，影响城市更新改造设计的科学性和实效性。指标权重设置不合理也会影响评估结果的准确性。如果某些指标被赋予了过大或过小的权重，可能导致评估结果偏离实际情况，无法准确反映城市的发展状况和问题。因此，需要科学合理地设置指标权重，确保评估结果的客观性和可靠性。数据质量不足也是城市体检评估指标体系面临的重要问题之一，数据来源不可靠、数据收集不完整等问题都会影响评估结果的真实性和可信度，从而降低体检评估指标体系的有效性。因此，加强数据质量管理，提高数据的准确性和完整性至关重要。此外，缺乏可比性会影响评估结果的比较和学习借鉴。如果不同城市的体检评估指标体系存在差异，难以进行跨城市的比较和分析，就无法有效地借鉴其他城市的经验和做法，会限制城市更新改造设计的创新性和发展潜力。评估方法不够科学也会影响评估结果的准确性和公正性。如果评估方法存在主观性或片面性，就无法客观地反映城市的实际情况，导致评估结果失去科学性和可信度。最后，缺乏社会参与和反馈机制可能导致评估过程的公正性和合理性受到影响。如果体检评估指标体系的建立过程缺乏社会参与，公众意见和反馈得不到充分考虑，就会影响评估结果的公正性和合理性，从而降低体检评估指标体系的可接受性和可行性。因此，解决城市体检评估指标体系存在的问题需要采取综合措施。这包括加强数据质量管理、优化指标选择和权重设置、提高评估方法的科学性、提高评估的时效性和可比性，以及积极促进社会参与和反馈机制的建立。只有不断完善体检评估指标体系，才能更好地发挥城市体检评估的作用，引导城市更新改造设计向更加科学、可持续的方向发展。

城市体检评估指标体系的另一个重要任务是将城市更新评估、诊断与实际的城市更新改造设计衔接，以实现城市发展的连续性和可持续性。这意味着城市体检评估指标体系应当与建筑改造设计形成较为统一的评估标准，确保评估的客观性，并涵盖改造设计可能涉及的指标内容。这种一致性有助于在评估和设计过程中减少偏差和误解，从而更好地指导城市的更新改造。同时，城市体检评估指标需要与更新改造设计相关指标建立数据共享和交换机制，为两者的融合提供实质性的数据支撑。在这种数据融合驱动下，城市体检评估、诊断与更新改造设计在流程和方法上得以整合，以确保评估结果的真实性和实用性。此外，数据融合还可以促进城市体检评估机构与城市规划、建设等相关部门之间的协作与沟通，建立信息共享平台，从而实现城市更新项目设计、实施与城市体检评估结果的一致性。城市体检评估指标体系应该是一个动态的系统，需要不断监测和评估城市发展的变化和趋势。在数据融合的驱动下，评估指标和方法得以及时调整和优化，以适应城市更新项目的需求和城市发展的变化。借助数字化的可视化表达与交互性，数据融合还可以强化社会参与和反馈机制，吸纳公众意见和建议，提高城市更新项目的可持续性和社会接受度。因此，在城市更新评估、诊断和更新改造设计过程中，必须加强社会参与和反馈，确保公众的利益得到充分考虑，促进城市更新项目的顺利实施和可持续发展。

第 2 章

评估诊断制度体系

2.1　制度与政策梳理

前文论述了城市更新所面临的来自政策制度、管控机制、技术规范、经济财政等方面的困境与风险。对现有更新制度和政策的全面梳理是认识更新工作并前瞻性地化解其中风险的有效途径。例如，城市更新制度关于资金来源、投资回报、成本控制等方面的详细规定，能够指导相关主体在社会风险评估方面有意识地关注居民安置、社区关系协调等问题，从而规避可能的风险。为了规范城市更新行为，确保社会经济能够沿着长期稳健的轨迹发展，国家及省市层面已密集出台了一系列法律法规与相关政策文件，这些制度政策共同构筑了坚实的顶层设计框架，为城市更新提供了明确的指导方向和操作准则。作为一项具体策略或行动，空间再生必须在当前城市更新的政策框架下进行。全面理解本书的"社区空间再生"，需要首先对国家—省市—地方的制度政策进行了解，以此作为开展评估诊断、策略制订、风险防控的基础。

2.1.1　国家层面

在"城市更新"概念提出之前，我国前期推行的棚户区改造行动、老旧小区改造，广东省特有的"三旧"改造工程等，均属于城市更新的范畴；但与"棚改""旧改"相比，城市更新涉及的范围更广、市场化程度更高，除了居民住宅，城市更新的对象还包括工业厂房、商业设施等。中央层面在城市更新上的认识和推动正持续深化，从推动棚户区改造，进一步到老旧小区改造，再拓展至"三旧"改造，并最终提出了实施城市更新的战略。我国城市更新在各个阶段有着不同的发力重点。

1. 棚户区改造

2008 年，中央全面推动保障性安居工程标志着全国棚户区改造（简称"棚改"）正式启动。之后，中央关于棚户区改造的城市更新相关政策密集出台，改造范围从局部到全面逐步实现全覆盖。2009 年，住建部等五部门联合发布《关于推进城市和国有工矿棚户区改造工作的指导意见》（建保〔2009〕295 号），目标是从 2009 年起，结合保障性住房建设，5 年内基本完成集中成片城市和国有工矿棚户区改造，鼓励有条件地区 3 年完成，并强调加快国有工矿棚户区改造进度，同时继续推进现有政策下的国有林区、垦区和煤矿棚户区改造。2012 年 12 月，七部门（住建部、发展改革委、财政部、农业部、林业局、国务院侨务办及全国总工会）联合发布《关于加快推进棚户区（危旧房）改造的通知》（建保〔2012〕190 号），强调加速集中连片与非连片棚户区改造，同时关注老旧城镇住宅区整治、城中村改造，以及资源型城市、独立工矿区棚户区改造。目标至"十二五"期末，全国基本完成成片棚户区（危旧房）改造，改善住房功能与完善基础设施，提高居民居住质量。2013 年 7 月，《国务院关于加快棚户区改造工作的意见》（国发〔2013〕25 号）提出全面推进城市、国有工矿、国有林区棚户区改造及国有垦区危房改造，旨在改善住房困难群体居住条件改善，拉动投资消费，推动相关产业发展，助力新型城镇化与经济民生持续改善。2014 年《国家新型城镇化规划（2014—2020 年）》强调老旧城区改造需兼顾保护与更新，完善机制，加速老工业区搬迁改造。2015 年，国务院发布意见，明确三年计划改造1800 万套棚户区住房，覆盖城市危房、城中村等，同时加强配套基础设施建设。

棚改过程中的一系列举措体现出国家对棚户区改造工作的重视。随着棚改政策的加强，后期导入综合整治与配套建设任务，与城镇化战略逐步结合，成为这一时期中国推动城镇化进程的重要手段之一。据相关统计，从 2013 年到2017 年，国内棚户区改造工程共计改造了 2645 万套住房，受益群众达 6000 万人。然而，棚改模式导致的大规模拆建引发贫富分化加剧、房价过度上涨等弊端逐渐显现，国家相应收紧相关政策。2018 年，以后全国棚改规模急剧下降并逐年降低，直至 2020 年，2018 年由国家发展改革委制定的"三年棚改攻坚计划"的收官，标志着棚改时代"圆满结束"。

2. 老旧小区改造

老旧小区改造，作为城市更新的重要组成部分，特指对 2000 年底前建成的住宅区域进行的一系列改造升级工作。住建部、发展改革委、财政部在《关于做好 2019 年老旧小区改造工作的通知》里，明确了老旧小区是那些在 2000 年之前建成的住宅区域。这些住宅区由于建设年代久远，公共设施大多破旧不堪。随着生活水平的提高，居民改善居住环境的愿望也日益强烈。因此，对这类老旧小区的基础设施进行改造升级，改善居住质量，并根据实际需求增添相应的公共服务设施，成为老旧小区改造的主要工作内容。与棚户区改造相比，老旧小区改造具有以下特点。首先，老旧小区改造摒弃了"大拆大建"模式，这意味着原住居民无须搬离，日常生活不会受到太大影响。其次，老旧小区改造提倡"留改拆"并举，在不改变建筑的使用功能及土地所有权的前提下，解决居住环境和住宅问题。这显著控制了拆迁规模，避免了资金成本高、过度抬升房价的问题，从而稳定了房地产市场，社会影响面相对较小；同时，更加注重"绣花"功夫，在保留原有的城市特色和民俗文化的基础上突出地方特色。

自 2019 年起，我国城镇老旧小区改造工作获得了中央财政专项资金支持，标志着这一领域进入了新的发展阶段。同年 12 月，中央经济工作会议强调了保障城市困难群众住房需求，加速城市更新与存量发展，特别是老旧小区和租赁住房的改造升级。2020 年，随着棚改攻坚战的逐步收尾，老旧小区改造成为政策新焦点，中央政府发布了《关于全面推进城镇老旧小区改造工作的指导意见》，明确了至"十四五"期末，2000 年底前建成的需改造老旧小区将基本完成改造的目标。2021 年，老旧小区改造力度进一步加大，新开工项目达到 5.3 万个，较上年增长显著。同时，"十四五"规划缩小了棚户区改造的总体规模，鼓励城市根据自身需求制定改造方案。尽管棚改力度有所降低，但住房城乡建设部仍选定了 10 个城市作为棚改工作激励对象，体现了政策的持续性与灵活性。

"十四五"规划和 2035 年远景目标纲要及《2021 年新型城镇化和城乡融合发展重点任务》均强调了城市更新的重要性，涵盖老旧小区、厂区、街区和城中村的全面改造，以及基础设施的扩建。针对老旧小区，不仅进行了物理改造，还探索了建筑节能等绿色改造方案。此外，针对老旧小区改造中遇到的规划、协调、居民参与、施工管理、长效管理机制及资金筹措等问题，住房城乡建设部发布了《关于印发城镇老旧小区改造可复制政策机制清单（第四批）的通知》，通过梳理成功案例，为各地提供了政策参考和范例。综上所述，城镇老旧小区改造已成为城市更新的关键领域，不仅改善了居民生活环境，还提升了城市品质。在"十四五"规划期间，得益于中央政策的扶持，老旧小区改造工作全面加速，进一步凸显了城市更新在未来城市发展中的核心地位。

3."三旧"改造

"三旧"改造，作为广东省特有的城镇存量低效建设用地再开发政策，源于2008 年国务院发布的《关于促进节约集约用地的通知》。该通知鼓励提高建设用地利用效率，广东省积极响应，特别是在时任国务院总理温家宝的期望下，与原国土资源部合作，率先探索节约集约用地模式。基于佛山市的成功经验，双方于 2008 年底签署合作协议，正式启动"三旧"改造，即针对城市内的旧村庄、旧厂房、旧城镇进行改造，这成为这一时期城市更新的一种典型模式。

2009 年，广东省政府发布 78 号文，明确了"三旧"改造的范围和目标，旨在通过改造低效用地，增加建设用地供应，促进土地高效利用，同时优化城市景观和提升居民生活质量。随着土地资源日益紧张，"三旧"改造成为确保发展用地、改善城市环境的关键策略。为进一步推进"三旧"改造，广东省政府分别于 2016 年和 2018 年发布了 96 号文和 3 号文，细化了改造措施，如连片改造、利益共享、报批方式改进等，并优化了数据库管理和监管机制。2019 年的71 号文则在规划管理、降低成本、利益分配等方面进行了创新和调整，持续深化"三旧"改造工作。在广州市，"三旧"改造被纳入更广泛的"城市更新"范畴，自 2015 年起，由新成立的"城市更新局"接管相关工作。这一转变反映了"三旧"改造在推动城市更新、解决土地资源供需矛盾、促进土地节约集约使用及提升城市品质方面的重要作用。因此，"三旧"改造不仅被视为广东省独特的城市更新尝试，也是城市更新实质和扩展意义的具体体现。

4.城市更新

（1）发展脉络：历史必然与现实需求。

城市更新是推动城市高质量发展的重要举措，自 2020 年起，城市更新成为国家重要政策议题，从国家战略提出到具体实施，再到经验推广，体现了国家落实城市更新战略、推动城市高质量发展的坚定决心。本书梳理了其发展脉络。

2020 年 10 月，中国共产党第十九届五中全会通过《中共中央关于制定国民经济和社会发展第十四个五年规划和二〇三五年远景目标的建议》，首次提出实施城市更新行动，标志着城市更新被提升至国家战略高度。同年 11 月，住房城乡建设部时任部长王蒙徽解读了城市更新的目的、重要性及原则，明确了"十四五"期间城市更新的目标。

2021 年 3 月，政府工作报告强调"十四五"期间将实施城市更新行动，提升城镇化发展质量。随后，国家发展改革委发布文件，明确提出在老旧城区实施城市更新行动，重点改造老旧小区、老旧厂区、老旧街区及城中村。同年，多部委联合发布通知，加强城镇老旧小区改造配套设施建设，推广资金保障经验，并梳理可复制的政策机制，以加速老旧小区改造。

2021 年 8 月，住房城乡建设部发布通知，强调在实施城市更新行动中防止大拆大建，明确拆除、扩建、搬迁的限制，保留城市记忆，稳妥推进更新。同时，中共中央办公厅、国务院办公厅发布《关于在城乡建设中加强历史文化保护传承的意见》，要求在城市更新中注重历史文化保护。

2021 年下半年，住房城乡建设部选定 21 个地级市作为首批城市更新试点，探索整体规划机制、可持续更新方式及配套制度。各试点城市积极应对难题，归纳有效经验，并定期上报进展情况。

2022 年上半年，中央多次提及有序推进城市更新，将其视为推动城市高质量发展的重要战略。国务院新闻办提出城市更新建设方案，涵盖七大领域。《政府工作报告》中明确提出推动城市更新进程，增强基础设施能力，继续改造老旧小区。发展改革委公布的实施方案重申要有序推动城市更新，严格限制改造方式。

2022 年上半年，住房城乡建设部办公厅发布首批城市更新可复制经验做法清单，从规划体系、推进模式及扶持政策三个维度概括试点城市的经验。与2021 年相比，中央政策转向强调"防止大拆大建"和"有序推进"，显示城市更新取得实质性进展，政策逐步具体化，由规划转向实施方案。以上国家政策文件的陆续出台，标志着城市更新已正式成为国家战略，彰显了其在未来城市发展中的核心地位。

（2）目标与原则：系统观念与问题导向。

随着更新政策的不断完善，城市更新目标愈发清晰明确，表现为提升城市品质，优化城市空间结构，改善居民生活环境，同时保护和传承历史文化资源。一方面，更新更加注重整体规划和协调发展。国家"十四五"规划和 2035 年远景目标提出，要加快转变城市发展方式，统筹城市规划建设管理。这要求在城市更新过程中，必须综合考虑城市的经济、社会、文化等多方面因素，实现城市发展的全面协调可持续。另一方面，更新注重针对具体问题采取具体措施。例如，针对老旧小区、老旧厂区、老旧街区和城中村等不同类型的更新对象，需要制定差异化的改造方案。同时，在改造过程中，必须严格遵守"六个必须"原则，确保党对城市工作的领导地位不动摇，将人民的发展需求作为核心指导思想，坚定不移贯彻新发展理念，坚持"一个尊重、五个统筹"，加快改革创新步伐，用统筹的方法系统治理"城市病"。

（3）更新行动：精细化操作与历史文化保护。

在城市更新的具体实施过程中，精细化操作和历史文化保护是两大关键要素。首先，精细化操作要求在城市更新过程中注重细节和质量。例如，在老旧小区改造中，需要综合考虑建筑安全、居民需求、社区功能等多方面因素，制定科学合理的改造方案。同时，在改造过程中，需要加强对施工过程的监管和管理，确保改造质量和安全。其次，历史文化保护是城市更新的重要任务之一。住房城乡建设部发布的《关于在实施城市更新行动中防止大拆大建问题的通知》明确要求，在城市更新过程中要保留城市记忆，保护历史建筑和具有保护价值的老建筑。这要求在城市更新过程中，必须以细致入微的"绣花功夫"进行织补、修复与更新，以维持老旧城区的原有布局，传承并彰显城市的历史脉络与独特风貌。

（4）探索与实践：经验总结与模式创新。

在城市更新的探索与实践中，各地积累了丰富的经验。住房城乡建设部办公厅发布的《实施城市更新行动可复制经验做法清单（第一批）》概括了首批试点城市在推行城市更新过程中积累的可供借鉴的经验和做法。这些经验和做法包括构建城市更新的全面规划体系，形成政府引领下的市场化及社会化协同推进模式，以及探索与城市更新相适应的扶持政策等。这些经验和做法的总结与推广，有助于推动城市更新工作的深入开展和持续改进。同时，在城市更新的实践中，各地也在不断探索新的模式和方法。例如，一些城市通过引入社会资本参与城市更新项目，实现了政府与社会力量的有效合作；一些城市通过采用先进的科技手段和管理方法，提高了城市更新的效率和质量。这些创新模式的出现和应用，为城市更新工作注入了新的活力和动力。

2.1.2　省市层面

在中央政策的带动下，各地积极响应，加大城市更新力度，政策密集发布。根据住房城乡建设部数据统计，截至 2021 年底，我国已有 2.3 万个城市更新项目遍布各地，在 411 个城市得到实施。已发布的地方性条例、管理措施及指导建议超过 200 个。各地在实践过程中持续革新实施方式，发布了超过 200 个地方性法规、管理措施和导向性意见等，不断优化扶持现有资源更新的政策措施，逐步摸索出政府引导、市场主导、民众参与的可持续路径。

1. 棚户区改造

在 2015 年至 2018 年期间，我国棚户区改造工作步入了至关重要的实施阶段。为了加速这一进程，地方政府显著加大了对棚改货币化安置的推广力度。具体而言，杭州市政府发布了《杭州市人民政府办公厅关于大力推进住房保障货币化的指导意见》，强调需进一步加大征迁货币安置的力度，并合理引导被征收（补偿）对象利用所获得的货币补偿款，通过市场机制自主购置住宅。与此同时，南京市政府亦出台了《市政府办公厅关于加快推进棚户区（危旧房）改造货币化安置的意见》，旨在加速棚户区及危旧房的货币化安置步伐。该意见在提高货币化安置比例的同时，对选择货币补偿且符合特定条件的家庭，提供了不超过房地产评估总额 20% 的额外奖励。

在此期间，城市有机更新的理念逐渐深入人心，其内涵已不再局限于传统的大规模拆迁与重建活动。上海市《关于深化城市有机更新促进历史风貌保护工作的若干意见》明确提出，应秉持整体保护的理念，将"保护保留为主、拆除为辅"作为总体工作方针，以此推动历史风貌保护工作，进而优化市民的居住环境。宁波市则通过构建"三维空间结构"的城市有机更新模式，积极推进城市空间的优化与重构，实现了旧区与新区相互融合、协同发展的战略布局。

从更广泛的角度来看，城市更新在多数城市的发展阶段中，主要聚焦于棚户区和旧村的改造工作。然而，截至 2019 年，棚户区改造已接近完成，棚改套数显著减少，与 2018 年相比减少了近一半。此外，部分重要城市的城市更新政策也被归纳总结，形成了系统的分析框架（见表 2-1），为之后的城市更新工作提供了有益的参考。

表 2-1　2015—2018 年特定城市所推行的一些关键更新政策

时间	地区	政策	政策主要内容
2015 年 5 月	杭州	《杭州市人民政府办公厅关于大力推进住房保障货币化的指导意见》	提出要加大征迁货币安置力度。在国有土地征迁中，被征收人选择货币补偿且按期搬迁的，征收部门在对被征收人住宅房屋按照评估价格给予补偿的基础上，再按评估价格的 20% 给予其货币补贴
2016 年 9 月	南京	《市政府办公厅关于加快推进棚户区（危旧房）改造货币化安置的意见》	提高了奖励标准，被征收人、直管公房承租人在签约期限内搬迁，若只选择货币补偿，并主动放弃申购征收的安置房与保障性住房，那么将有机会获得不超过所评估房地产总额 20% 的额外奖励
2017 年 11 月	上海	《关于坚持留改拆并举深化城市有机更新进一步改善市民群众居住条件的若干意见》	"十三五"期间，实施各类旧住房修缮改造 5000 万 m^2，其中三类旧住房综合改造 1500 万 m^2；完成中心城区二级旧里为主的房屋改造 240 万 m^2

2. 老旧小区改造

自 2019 年迄今，在中央政府的领导下，众多地区纷纷加大了对老旧小区改造的推进力度，相关政策也频繁出台。随着我国城市更新的不断推进，老旧小区的更新改造已成为接下来的重要一环，其涉及的规模不容忽视。住房城乡建设部摸排数据显示，全国范围内在 2000 年之前建成的老旧小区数量接近 17 万个，影响居民人数超过 1 亿。未来更新改造的规模可见一斑，其涉及的户数超过 4200 万户，建筑面积约 40 亿 m^2，市场空间极为广阔。2019 年以来部分省份老旧小区改造政策如表 2-2 所示。

表 2-2　2019 年以来部分省份老旧小区改造政策

时间	地区	政策	政策主要内容
2019 年 11 月	河南	《河南省人民政府办公厅关于推进城镇老旧小区改造提质的指导意见》	在 2021 年 6 月末之前，全面完成 2000 年以前建成的城镇老旧小区的改造和提质工作，以达成老旧小区设施配套、功能完善、环境整洁且管理到位的总体目标。改造提质工作涵盖以下方面：对配套基础设施进行改建，改造提升人居环境，改善优化居民服务，改进规范社区管理模式
2020 年 3 月	山东	《山东省深入推进城镇老旧小区改造实施方案》	至"十四五"规划结束之际，目标是在全面完成 2000 年前建造的老旧小区更新工作的前提下，努力实现在 2005 年前建成的老旧小区改造工作的基本完成，打造宜居整洁、安全绿色、设施完善、服务便民、和谐共享的"美好住区"
2020 年 9 月	四川	《四川省人民政府办公厅关于全面推进城镇老旧小区改造工作的实施意见》	2020 年全省新开工改造城镇老旧小区 4193 个，涉及居民 46.2 万户，开展 40 个省级试点示范；到 2022 年，全省基本形成城镇老旧小区改造的制度框架、政策体系和工作机制；到"十四五"期末，力争基本完成四川省 2000 年底前建成的需改造城镇老旧小区改造任务
2020 年 12 月	浙江	《浙江省人民政府办公厅关于全面推进城镇老旧小区改造工作的实施意见》	以改造带动全面提升，实现基础设施完善、居住环境整洁、社区服务配套、管理机制长效、小区文化彰显、邻里关系和谐。到 2022 年，累计改造不少于 2000 个城镇老旧小区，基本形成城镇老旧小区改造制度框架、政策体系和工作机制；到"十四五"期末，基本完成 2000 年底前建成的需改造的城镇老旧小区改造任务

续表 2-2

时间	地区	政策	政策主要内容
2020 年 12 月	安徽	《安徽省人民政府办公厅关于印发全面推进城镇老旧小区改造工作实施方案的通知》	到 2022 年，各地形成较完备的城镇老旧小区改造制度框架、政策措施和可持续发展工作机制。到"十四五"末，2000 年底前建成的城镇老旧小区应改尽改；有条件的市、县，力争完成 2005 年底前建成的城镇老旧小区改造任务
2021 年 1 月	广东	《广东省人民政府办公厅关于全面推进城镇老旧小区改造工作的实施意见》	2021 年，全省开工改造不少于 1300 个城镇老旧小区，惠及超过 25 万户居民，基本形成城镇老旧小区改造制度框架、政策体系和工作机制；到"十四五"期末，基本完成我省 2000 年底前建成的需改造城镇老旧小区改造任务，有条件的地区力争完成 2005 年底前建成的需改造城镇老旧小区改造任务
2021 年 3 月	湖北	《湖北省人民政府办公厅关于加快推进城镇老旧小区改造工作的实施意见》	重点改造 2000 年底前建成的老旧小区，适当支持 2000 年后建成的老旧小区；整治老旧小区居住环境，完善基础设施功能，提升公共服务水平，加强物业管理服务，建设智慧平安小区，建立长效工作机制，实现宜居安居目标。到 2025 年，全省完成 1.5 万个以上城镇老旧小区改造任务
2021 年 7 月	黑龙江	《黑龙江省人民政府办公厅关于全面推进城镇老旧小区改造工作的实施意见》	全省 2021 年新开工改造老旧小区 1439 个，涉及居民近 40 万户；力争到"十四五"期末基本完成改造范围内的老旧小区改造任务。改造范围包括：城市、县城、原农垦、森工系统二级机构所在地，2000 年底前建成需改造的老旧小区或单栋住宅楼。对 2000 年后建成并被鉴定为安全 C 级住宅楼，以及无独立厨房、卫生间等非成套住宅楼，可以一并纳入改造范围

续表 2-2

时间	地区	政策	政策主要内容
2021 年 9 月	湖南	《湖南省人民政府办公厅关于全面推进城镇老旧小区改造工作的实施意见》	2021 年新开工改造城镇老旧小区 3529 个，涉及居民 50 万户；到 2022 年，基本形成城镇老旧小区改造制度框架、政策体系和工作机制；到 2025 年，力争基本完成 2000 年底前建成的需改造城镇老旧小区的改造任务

　　随着城市更新的不断深化，近年来房地产市场中新增房源的数量呈现出逐渐减少的趋势，存量房源逐渐成为市场供应的主体。在这一背景下，老旧小区作为城市中的重要组成部分，其规模庞大且改造需求迫切。为确保老旧小区改造工程的顺利推进，各地政府纷纷出台相关政策进行指导和规范。北京和上海作为一线城市，率先颁布了《北京市老旧小区综合整治工作手册》和《上海市旧住房综合改造管理办法》，这两个规定强调了改造过程中必须充分尊重业主的自主意愿，为老旧小区改造提供了明确的操作指南和法律依据。

　　杭州市作为新一线城市，也积极响应国家号召，陆续推出了多项新政策来推进老旧小区改造项目。这些政策不仅涵盖了改造的内容、规模和质量标准，还强化了对整个改造进程的监督与管理，确保改造工作的有序进行。同时，杭州市还设定了明确的目标，计划在 2022 年底前完成约 950 个老旧小区、1.2 万幢楼房、43 万套住房、总面积达 3300 万 m^2 的改造任务，这一目标的设定无疑为杭州市的老旧小区改造工作注入了强大的动力。除了北京、上海和杭州外，银川、台州、郑州等多地也相继出台了旨在推动老旧小区改造的政策（见表 2-3）。这些地方政府积极策划改造方案，明确改造范围、内容，并在实施过程中不断识别和解决各种问题，以确保改造工作的顺利进行。

表 2-3　2019 年以来部分城市老旧小区改造政策

时间	地区	政策	政策主要内容
2019 年 4 月	郑州	《郑州市老旧小区整治提升工作实施方案》	实施范围：郑州市市内五区 2002 年以前建成投入使用的住宅小区列入整治提升范围。已列入棚户区改造、三年内征收拆迁、"三供一业"改造移交计划的老旧小区除外。其他区可根据辖区实际，参照本方案执行，所需资金自行解决。改造内容：改造基础设施、整治居住环境、完善功能设施、提升物业管理
2019 年 8 月	杭州	《杭州市老旧小区综合改造提升四年行动计划（2019—2022 年）》	重点改造 2000 年（含）以前建成、近 5 年未实施综合改造且今后 5 年未纳入规划征迁改造范围的住宅小区；涵盖部分 2000 年（不含）以后建成，但小区基础设施和功能明显不足、物业管理不完善、居民改造意愿强烈的保障性安居工程小区。至 2022 年底，全市计划改造老旧小区约 950 个、12 万幢、43 万套、3300 万 m²
2019 年 8 月	杭州	《杭州市老旧小区综合改造提升工作实施方案》	对影响老旧小区居住安全、居住功能等群众反映迫切的问题，必须列入改造内容，确保实现小区基础功能；结合小区实际和居民意愿，实施加装电梯、提升绿化、增设停车设施、打造小区文化和特色风貌等改造，落实长效管理，提升小区服务功能等
2020 年 2 月	上海	《上海市旧住房综合改造管理办法》	办法提出旧住房综合改造应当遵循"业主（公房承租人）自愿、政府扶持、因地制宜、分类改造"的原则。办法自 2020 年 3 月 15 日起施行，有效期至 2024 年 12 月 31 日

续表 2-3

时间	地区	政策	政策主要内容
2020 年 3 月	银川	《银川市城区老旧小区改造工作实施方案》	优先安排对基础环境差、群众期盼高、弱势群体多的老旧小区进行改造。通过初步摸底，计划分三年对 746 个老旧小区实施改造，2019 年全市完成老旧小区改造 135 个（已完成）；2020 年计划改造小区 429 个，其中金凤区、西夏区全部完成改造任务（兴庆区改造 213 个、金凤区改造 112 个、西夏区改造 67 个、永宁县改造 13 个、贺兰县改造 5 个、灵武市改造 19 个）；2021 年计划改造小区 182 个（兴庆区改造 159 个、永宁县改造 13 个、贺兰县改造 10 个）
2020 年 4 月	北京	《北京市老旧小区综合整治工作手册》	明确老旧小区在实施改造前，要建立长效机制、确定改造整治内容、确定改造设计和实施方案。特别是，关于老楼加装电梯，手册首次明确，当三分之二业主同意且其他业主不持反对意见时就可加装电梯
2020 年 4 月	台州	《台州市人民政府办公室关于推进全市城镇老旧小区改造工作的实施意见》	建立健全台州市城镇老旧小区改造的体制机制和政策体系，加快推进城市有机更新，积极推动老旧小区在设施、功能、文化、服务等方面综合提升，提高城镇居民生活品质，让广大群众有更多获得感。至 2022 年，完成全市城镇老旧小区三年改造计划，改造小区 100 个以上，改造面积达 300 万 m² 以上，每个县（市、区）都打造 1 个以上高标准改造样板。要按照"实施一批、谋划一批、储备一批"原则，建立动态调整项目库，形成今后每年项目储备的滚动接续机制，持续实施城镇老旧小区改造提升工作

3. 城市更新

随着城市更新的不断发展，规范性文件日益增多，如管理办法和实施细则等正陆续发布。在城市更新办法由深圳和广州率先颁布之后，上海也于 2015 年推出了自己的《上海市城市更新实施办法》。该更新办法包含 20 个条款，详细规定了城市更新的目的、定义、适用范围、工作准则、任务要求、管理责任、制度框架及规划和土地政策的指导方向，从而更加严格地监督和管理上海的城市更新进程。在 2019 年 12 月召开的中央经济工作会议上，"城市更新"这一概念被着重提出。紧接着，南京、武汉、西安、重庆、长沙等城市纷纷响应中央号召，相继颁布了各自的城市更新管理实施细则（见表 2-4）。随着我国政策的日趋完善，城市更新将迈向更加系统化的发展阶段。

表 2-4　2020—2021 年重点城市更新计划汇总

时间	地区	政策	政策主要内容
2009 年 10 月	深圳	《深圳市城市更新办法》	规定了城市更新的范围、基本原则等，自 2009 年 12 月 1 日起施行
2015 年 5 月	上海	《上海市城市更新实施办法》	明确区县政府是实施城市更新工作的主体；城市更新区域评估应当形成区域评估报告；城市更新规划政策内容；城市更新土地政策内容等。实施办法制定了有针对性的规划土地政策，有条件地在用地转性、高度提高、容量增加、风貌保护、生态环保等方面予以适度引导，在符合区域发展导向和相关规划土地要求的前提下，允许用地性质的兼容与转换，鼓励公共性设施合理复合集约设置
2015 年 12 月	广州	《广州市城市更新办法》	明确了工作原则、分工机制、城市更新的范围、城市更新的方式、城市更新主体、城市更新资金筹措与使用等内容
2020 年 9 月	重庆	《重庆市城市更新工作方案》	方案明确，到 2022 年，持续推进老旧小区改造提升，老旧工业片区、传统商圈提档升级，公共服务设施与公共空间优化升级以及存量住房改造提升、存量房屋盘活利用等，全市城市更新工作初见成效。到"十四五"期末，力争基本完成 2000 年底前建成的 1.02 亿 m² 需改造城镇老旧小区改造提升任务

续表 2-4

时间	地区	政策	政策主要内容
2021 年 2 月	厦门	《厦门市 2021 年城乡建设品质提升实施方案》	确定将实施 6 大类 35 项重点任务，内容涵盖住房、交通、水环境、风貌品质等多个民生领域。其中值得注意的是，2021 年要完成改造 2.5 万户 2000 年以前建成的老旧小区，棚改方面要新开工安置型商品房项目 10 个
2021 年 3 月	长沙	《长沙市人民政府办公厅关于全面推进城市更新工作的实施意见》	"十四五"期间，全力推进主城区"一线二带多区数点"的城市更新：一线——高铁、普铁沿线；二带——湘江风光带、潇湘风光带；多区——重点包括国土空间总体规划确定的重大功能平台、轨道站点周边、城市门户地区和景观廊道沿线涉及的存量用地；数点——老旧小区、老旧厂房、老旧市场改造，零星 C、D 级危房改造和重点医院、学校周边城市斑点治理
2021 年 8 月	北京	《北京市城市更新行动计划（2021—2025 年）》	包括首都功能核心区平房（院落）申请式退租和保护性修缮、恢复性修建，老旧小区改造，危旧楼房改建和简易楼腾退改造，老旧楼宇与传统商圈改造升级，低效产业园区腾笼换鸟和老旧厂房更新改造，城镇棚户区改造等，因地制宜，有序推进

4. 小结

受多种因素影响，包括经济发展水平、地域特性、更新的深度和广度等，各地政策呈现出显著差异，形成了多元化模式、跨学科探索及多维度治理的全新态势。一些典型城市因地制宜，在政策上形成特色模式，如上海从"拆改留"模式进入"留改拆"模式，从增量阶段的刚性规划进入存量阶段的弹性控制的探索，城市规划管理的地位开始上升；深圳政策体系复杂，政策数量多，其城市更新从无为而治的市场化到市场化、政府统筹双轮驱动；广州的城市更新由政策主导到政府统筹管控，从单纯的推倒重建和物质空间改善转向更多元综合、更关注城市整体综合治理及城市改造。

在城市更新的地方实践中,各地政府展现出了全面而深远的规划视野,在居住、环境、文化和产业四大核心领域紧密融合,旨在全面提升城市的综合品质和功能。在居住更新方面,政府不仅关注住房条件的改善,还致力于完善社区配套设施,提升居民生活的便利性和舒适度,体现了以人为本的发展理念。在环境更新上,政府通过构建高效的交通网络、强化基础设施建设和推进生态修复,显著增强了城市的承载力和生态宜居性,为市民提供了更加安全、便捷、绿色的生活环境。历史文化保护方面,政府注重保护和活化历史建筑街区,打造特色文化空间,不仅保留了城市的历史记忆和文化底蕴,还促进了文化的传承与创新,增强了城市的文化软实力。在产业更新上,政府通过紧密结合城市更新与产业转型升级,推动传统产业的改造升级和新兴产业的培育发展,为城市经济发展注入了新的活力和动力,提升了城市的综合竞争力和可持续发展能力。这些举措体现了政府对于城市发展的全面考虑和长远规划,值得其他城市借鉴和推广。

2.2　更新评估与诊断相关制度及政策

当前,我国城镇化率已超过 60%,城市建设已转向优化现有资源、提升效率的阶段。人民享有高品质生活是实现城市高质量发展的主要目标,而城市体检成为精确查找问题、科学制定规划、提升城市治理能力的关键手段。为推进城市人居环境的优质提升,并努力打造无"城市病"的宜居都市,国家近年来主动引导将国家战略层面的城市体检工作细化至推动城市高质量发展的实际行动中,积极尝试构建以"每年一体检、每五年一评估"为核心的城市体检评估机制。

2.2.1　国家层面

1.城市总体规划实施评价工作试点阶段

2000 年至 2007 年期间,"城市规划实施评价"这一概念激发了众多从业者、学者及院校的研究兴趣,形成了一股研究热潮。然而,当时的评价工作仅限于总体阶段，并未涉及其他法定规划的评价，核心任务在于检验城市规划的"按图实施"程度，构建了城市规划实施评估的初步模式，为随后制定的《城市总体规划实施评估办法》打下了坚实基础。

2. 城乡规划实施评估法定化并全面铺开

2008 年，《中华人民共和国城乡规划法》实施，城市规划外延为城乡规划，同时明确要求，负责编制省域城镇体系规划、城市总体规划及镇总体规划的组织机构，有义务召集相关部门和专家，对规划的实施状况进行定期评估审查。此项法律规定明确地阐明了开展总体规划实施评估工作的不必要性。每隔一年就会进行一次实施评估工作，这一规定在随后出台的《城市总体规划实施评估办法（试行）》中得到了明确。

3. 国内首次提出"城市体检诊断"概念

我国首先提出"城市体检"这一概念的城市是深圳。2011 年，深圳市在《深圳城市发展（建设）评估报告 2011》中提出了"城市体检"的概念与思路框架。报告指出城市体检是综合化、定量化与动态化的规划实施评估，是对各层次城市规划、公共政策对城市发展实施效果进行监测与评价，旨在对各阶段的城市规划及公共政策对城市发展的实际影响进行系统地检测与评估。

4. 中央及住房城乡建设部要求"定期评估"

在 2015 年 12 月召开的中央城市工作会议上，明确提出了"建立城市体检诊断机制"的号召，旨在增强城市的承载力，提升城市对抗自然灾害和防范风险的能力，推动城市健康、有序且高质量地发展，并确立了城市体检诊断的常态化机制。2017 年，习近平总书记在北京视察工作时的讲话中强调，必须持续进行评估工作，以及时揭示城市发展和规划执行过程中的不足，进而依法对规划进行补充和优化，保持规划的活力和适应性。住房城乡建设部在 2017 年 9 月发布的《关于城市总体规划编制试点的指导意见》中，明确提出了规划评估机制，即每年进行一次"体检"，每五年进行一次全面评估，评估结果需上报审批机关和同级人大常委会，并向社会公众公开。

5. 城市体检诊断开展试点工作

2018 年 11 月发布的《2017 年度北京城市体检报告》，为特大城市总体规划的健康检查提供了有力的借鉴与范例。为了促进城市全面、高质量发展，2019 年 4 月，住房城乡建设部在全国范围内挑选了 11 个城市，包括沈阳、南京、厦门、广州、成都、福州、长沙、海口、西宁、景德镇、遂宁，召开了全国城市体检试点工作座谈会，并决定在这些城市开展城市体检试点工作。在同一年，一场关于"更有效的城市体检诊断"的学术对话活动在中国城市规划年会上如期举行，地点选在了重庆国际博览中心的两江厅，此次活动吸引了众多业界和学界的专家，他们共同探讨了如何实施实用、高效且易于操作的城市体检诊断方法。

自 2020 年起，36 个典型试点城市系统地开展了城市体检工作。随后在2021 年，城市体检的覆盖范围进一步扩大，样本城市数量增加至 59 个。同时，对于那些具备条件的省份，也在其设区城市内全面推广了城市体检工作。自2021 年 6 月起，自然资源部所颁布的《国土空间规划城市体检评估规程》（以下简称《评估规程》）开始生效，其中规定，我国各城市须自本年度起实施每年一次的体检及每五年一次的全面评估。《评估规程》通过制度和指标来推动城市体检的全国落地，使城市体检工作上升至国家战略层面。

6. 全面推进城市体检工作

2020 年初，新冠疫情暴发及蔓延，全球 200 多个国家受到影响，给人们的生产、生活和生命安全带来极大威胁，给城市治理带来严峻的考验。习近平总书记在《国家中长期经济社会发展战略若干重大问题》一文中指出，城市发展不能只考虑规模经济效益，必须把生态和安全放在更加突出的位置，统筹城市布局的经济需要、生活需要、生态需要、安全需要。在制定城市发展规划时，必须始终坚守以人民为中心的发展理念，从社会的整体进步和人的全方位发展着眼，以习近平生态文明思想和总体国家安全观为指引，致力于构建宜居、韧性、智能的城市，进而建立高质量的城市生态与安全保障系统。这对我国城市体检提出了更高的标准和要求，为我国城市治理高质量发展指明了方向。

2021 年 4 月，住房城乡建设部发布 2021 年城市体检工作实施方案，根据该方案，将挑选代表性城市实施体检。城市体检的核心涵盖生态宜居、健康舒适、安全韧性、交通便捷、风貌特色、整洁有序、多元包容、创新活力 8 大维度，共计 65 项具体指标。体检结果将综合城市自我评估、第三方专业机构检测及社会公众满意度调查的数据。样本城市人民政府负责开展城市自体检工作，该工作主要基于官方统计数据，对城市各项体检指标进行深入分析，以识别城市人居环境方面的问题，并提出相应的对策和建议。住房城乡建设部委托的第三方机构将进行独立的体检与社会满意度调查，对城市体检的各项指标进行细致的测算与分析，综合评价所选样本城市的人居环境质量，全面掌握民众对当前城市人居环境的满意度情况，并深入挖掘存在的主要问题和不足之处。《评估规程》通过六个方向——安全、创新、协调、绿色、开放和共享，详细规定了城市体检诊断的各项指标，这些指标全面覆盖了生态、生产、生活等多个领域。

在进行城市体检诊断时，各城市必须选用的基本指标共有 33 项，包括但不限于人均年用水量、地下水水位、耕地保有量、建设用地总面积及城市常住人口密度等。此外，还有 89 项推荐指标供各城市选择使用，具体选择可以根据城市自身的发展阶段和优先任务来确定。围绕这些指标，城市可以与其他城市做横向比较，也可以与自己的过去做纵向比较，找差距、找短板。在 2022 年的城市检查中，评估工作主要聚焦在 8 个领域，包括生态宜居性、健康舒适度、安全韧性、交通便捷性、风貌特色、整洁有序度、多元包容性及创新活力，共涉及 69 项具体指标。随着城市发展需求的变化，相关的指标评估体系也日趋完善，呈现出越来越规范化和专业化的发展趋势。

目前，我国多数城市建设的重点开始转向对存量空间资源提质增效的阶段。随着我国城镇化水平的提高，城市规模和人口数量不断扩大，城市的基础设施、人居环境、公共服务等配套资源已接近承载能力的临界点。城市的产业结构、空间布局及基础配套等方面的欠缺和老化，已经成为城市提质增效发展面对的新问题。同时，随着我国城镇化建设的规模化发展，很多城市不可避免地出现了不同程度的"城市病"。当前，给城市定期做"体检"有着非常必要的现实意义。

2.2.2　省市层面

为深入实施党中央、国务院关于构建国土空间规划体系并加强其实施监督的重大决策，积极推动"一年一检查，五年一评审"的国土空间规划健康检查与诊断机制的迅速建立，自然资源部办公厅于 2019 年 7 月 18 日发布了《关于开展国土空间规划"一张图"建设和现状评估工作的通知》，要求各地以目标为指引，以问题为导向，以操作为依据，全面开展规划的健康检查与诊断工作。

1. 北京城市体检诊断

（1）工作机制：建立"监测—诊断—预警—维护"的工作机制。遵循党中央、国务院颁布的《关于建立国土空间规划体系并监督实施的若干意见》的指引，北京参考了《市县国土空间开发保护现状评估技术指南（试行）》，创新性地建立了城市体检的闭环工作机制，即"监测—诊断—预警—维护"；借助实时运作的数据采集和监测平台，有效反映城市总体规划的实时执行情况；辨识是否有偏离城市功能定位、突破发展底线、违反指标目标方向等问题出现；对总体规划实施成效进行全面回顾、趋势分析和问题预警；提出对策建议并将其反馈至下一年度的实施工作中，确保体检结果与下一年度的实施计划相互衔接，推动规划的持续滚动实施。

（2）工作组织：建立"自评估+第三方评估+公众参与"的组织形式。北京在进行城市体检诊断时，采取了将自我评估和外部第三方评估相结合的方式，旨在通过多元化的评估主体和社会化的参与，确保整个体检过程的客观性、公正性以及公开透明。北京市规划和自然资源委与北京市统计局主导了自评估工作的实施，而各部门及各区政府则按照相应要求进行了自我评估。北京积极倡导"自觉检查"，大力促进形成"向上反映问题的体检"观念，秉持"和衷共济、诉求通达"的思想，激发各自评主体的参与热情。在进行自我评估的同时，还筛选并委托了多个第三方技术团队来实施专项评估任务。为了提高公众的参与度并确保体检报告能够体现广泛的共识，北京城市体检工作结合了全面的居民满意度调查和特定街道、社区的深入调研，通过这种点面结合的方式来广泛征集和吸收公众的意见和建议。

（3）工作内容：确定"五个一"核心+年度重点专项。

首先，确立以"一张表"为核心的体检内容指标体系，该表涵盖总体规划中117 项指标的持续监测，同时结合"一张图""一清单""一调查""一平台"进行综合评估。基于明确区分各圈层的差异化评价标准，利用空间发展"一张图"进一步深入研究并判断了各圈层中"人、地、房、业"等核心指标的变化情况。根据《北京城市总体规划实施工作方案（2017—2020 年）》所明确的 102 项重点执行工作任务，结合其设定的完成时限，来评估"重点任务—清单"的推进状况。

在三次实施"宜居北京"问卷调查之后,为了更全面地了解北京市民对于城市总体规划和城市工作的年度反馈,设计了名为"国际一流和谐宜居之都社会满意度年度调查"的居民满意度调查。该调查不仅获取了市民的即时评价,还通过长期建设的数据库,持续记录并追踪市民满意度的变化趋势。在2018年,对全市范围内的182个街道和445个社区进行了全面调查,成功收集了10705份有效样本。"体检大数据一平台"通过广泛汇聚城市运行的多维度大数据,构建了一个多源数据相互支撑、相互补充、相互验证的综合性工作平台。

其次,设定体检的强制检查项与自选项,重点关注总体规划的改革与创新、关键变化要素及政府重点工作。北京新总体规划所明确的长期改革创新方向,特别是强化底线约束、推进减量发展转型、进行功能疏解与重构、提升城市治理等关键要素,已被设定为必选专项的核心关注点和持续追踪的主题,确保每年的体检都紧密围绕总体规化的改革创新和重大变革来进行。此外,要集中关注那些对城市进步具有显著作用的规划管理要素,详尽地探讨人口与就业状况、土地建设利用与建筑规模情况,以及"两线三区"等各方面的变动趋势。通过整合政府工作报告和相关政策文件,可以清晰地把握政府年度工作重点,并将其与可选专项紧密结合。在此基础上,进一步梳理总规实施脉络,依据文件中的关键行动、特定政策、重大事件及投资建设方向等要素进行分析。

2. 上海城市体检诊断

(1)评估的整体架构。以全市"十四五"规划纲要和国土空间近期规划编制为基础,开展综合实施评估工作,旨在实现规划编制、审批、实施及监管全流程的闭环管理,进而构建出与时间和空间相协调的"空间合一、时间合拍"的规划体系。

(2)组织保障。加强市级层面的整体规划与各部门之间的协同合作。构建以"政府引领,各部门协同合作"为基础的工作体系。在市政府的统一领导和动员下,始终秉承政府主导的原则,组织协调全市各部门合力推进监测评估工作;同时,为加强部门间的协作配合,市规划和自然资源局与市统计局共同牵头,负责年度监测的数据采集和报告编制任务。市级各相关部门则根据自身职责分工,及时上报所需的指标数据和信息资料,并对最终成果进行联合审查定稿,以确保所有数据最终汇入全市的规划监测评估主题数据库,寻求一种稳定且一致的数据获取方法。为了确保数据的准确性、实时更新性及资源的共享性，上海市规划和自然资源局与上海市统计局紧密协作，借助市社会经济数据平台和大数据中心的数据交换平台，努力寻求建立一种稳健有效的人口、经济、社会及行业数据收集机制。

（3）公众参与。秉持"公开透明地进行评估"的工作理念。一方面，为了全方位聆听市民与社会各界对"上海 2035"规划实施的心声和建议，上海不仅借助论证会和公众满意度专项调查等多种实质性手段来广泛汇集民意，还特地委托专业调查机构通过问卷调查来深入剖析公众对总体规划实施的满意度。这些宝贵的数据和见解将被整合进监测评估报告中。另一方面，为了增强监测评估工作的专业性和针对性，上海积极强化专家咨询机制，采取召开专家咨询会议、邀请相关领域专家深度参与专题研究等多种方式，针对总体规划实施过程中的重大难题及监测评估得出的结论，进行详尽的"把脉问诊"，从而为监测评估工作提供有力的专业指导和高效的决策咨询服务。为确保监测评估结果的全面性、客观性、科学性和公开公正性，特此委托拥有相应规划编制资质的第三方研究机构编制监测评估报告。同时，构建一个开放式的参与格局，市相关委办局、编制技术团队以及专题研究团队等多方共同参与。

（4）方法创新。遵循"上海 2035"所倡导的"目标—指标—策略—机制"思维模式，落实《市县国土空间开发保护现状评估技术指南（试行）》（以下简称《指南（试行）》）的相关要求。在借鉴了纽约、伦敦、东京、首尔等国际大都市的规划指标体系后，结合《指南（试行）》所规定的基本和推荐指标，针对"上海 2035"的实施特色，上海围绕"创新之城、人文之城、生态之城"三大核心发展目标和空间绩效，从创新、协调、绿色、开放、共享、安全这六个关键角度出发，构建了一套"可动态跟踪、可持续维护、可国际对标"的监测评估指标体系。

在聚焦指标动态变化的同时，上海在评估工作实施中，一方面，对标国际最高标准、最好水平，通过收集和持续跟踪各世界知名城市指数评价，对上海目前在国际舞台上的位置及发展阶段进行全面评估，同时探讨上海所拥有的发展优势及必须强化的薄弱环节。另一方面，借助先进的信息技术工具，全面整合多样化的数据资源，聚焦关键领域进行空间分析，实施"精确监控—综合诊断—全面评估"的流程，不断提升监测评估工作的效率、精确性和可视化水平。这既为规划决策提供了坚实的科学依据，又确保了数据和分析成果能够融入国土空间信息平台，进而逐步建立起稳定的数据更新机制和渠道。

（5）城市建成区的规划实施评估——15分钟生活圈。15分钟生活圈是指在市民步行15分钟可抵达的区域内，提供满足市民日常生活需求的基础服务设施和公共活动场所，从而打造出一个安全且宜居的环境。在推进社区生活圈建设的评估过程中，以多元化的数据融合为基础，从设施供给和市民需求两个角度出发，对15分钟生活圈的实施状况进行了全面而深入的"复合诊断"。具体来说，将监测评估细化并落实到包括各类社区公共服务设施的15分钟步行可达率、公共服务设施用地的实施率、人均住房建筑面积及市民对社区文化生活的满意度等在内的多项指标上。这样的做法有助于准确识别出存在的短板和缺口，从而为社区生活圈的有序实施提供有力的指导。在评估城市建成区的规划实施方面，"上海2035"着重强调了探索渐进式、可持续的有机更新模式的重要性，旨在通过优化存量资源来满足未来城市发展的空间需求。该规划将构建15分钟社区生活圈——一个"宜居、宜业、宜学、宜游"的综合体，作为有效配置公共资源和推动城市有机更新的核心单元。通过将设施配置与市民的日常活动紧密结合，确保空间布局与社会属性相匹配，从而高效分配公共资源，提升服务效能，不断增强城市的综合竞争力和市民的幸福感。

3. 深圳城市体检诊断

（1）体系框架。深圳以对"空间—自然—社会"属性特征的理解为基础，建立了涵盖调查数据采集、监测分析评估，以及应用支持的全流程架构体系。基于前述基础，构建了一个以矩阵形式呈现的生态空间监测评估内容框架。

（2）评估内容。从空间维度出发，对生态环境状况进行全面、持续的基础信息调查与监测；从自然角度出发，强调"深度"预防控制，对生态环境在宏观和微观层面上的价值及影响进行监测评估；从社会角度考虑，展现"温度"关怀，监测评估生态空间与人类活动之间的相互作用关系。

（3）检查技术流程及内容。为实施生态空间本底调查，深圳整合了涵盖山水林田湖等自然资源和环境要素的现状数据，形成了独特的技术路径。构建一套以应用为导向的调查内容架构，整合国土空间基础信息为"一张图"，从而以直观、高效且综合的方式掌握各要素的状况及其动态演变。

（4）实施成效。深圳对城市生态空间进行每年一次的体检，此举不仅体现了对国家提升空间治理能力要求的积极响应，同时也是深圳为了完善自身生态空间管理、提升城市环境质量而采取的实际行动，有力地促进了生态保护理念在空间规划编制和管理决策过程中的落地实施，具体包括以下几个方面：

①保护生态环境安全格局。借助定期执行的"源地—廊道"生态网络监控，上海在过去三年里探测到大约 90 个环境敏感地带，并为每个区域分别构建了空间数据库。规划了旨在提高生态系统连通性和稳定性的短期与长期实施方案，以共同支持深圳努力打造的"四带、八片、多廊"全面覆盖的生态安全格局。

②加强空间监管与治理工作。根据监测评估所揭示的问题，构建联动的"监测—监管"工作体系。该体系将有针对性地推动生态恢复、现有建设的有序撤出，以及对疑似违规建设的迅速查处。这一举措助力了盲婆坑矿山整治、西湾红树林修复等关键项目的顺利实施，从而全面提升了管理和保护生态空间的能力。

③辅助规划编制决策，借助生态空间调查监测评估手段，从生态和人文要素等多个角度出发，得出综合评估结论，这些结论为深圳的国土空间规划、生态保护红线划定、城镇开发边界确定、控制性详细规划的编制工作，及资源环境承载能力的评价和规划实施效果的评估提供了有力支持。

④支撑政策制定、修订。生态空间体检以翔实的空间数据和科学评估为基础，不仅能够精准地揭示城市生态的鲜明特色，而且能够紧扣现实和管理环节进行深入细致的探讨，从而为政策制定和修订提供坚实支撑。以此为基础，针对"症"的问题，上海提出了包括生态空间用途管制、完善用地分类处置手续等在内的政策建议。这些建议在生态空间顶层政策设计中获得了充分的回应，并为《基本生态控制线管理规定》《关于进一步规范基本生态控制线管理的实施意见》《关于城市更新促进公共利益用地供给的暂行规定》等政策的编制与修订提供了有效支持。

4.广州城市体检诊断

基于"三调""四标四实"及基础信息平台等工作成果，广州对人、地、房、企、设施进行全面盘点，辨别出包括"三旧"（旧城、旧厂、旧村）、"三园"（村级工业园、低效物流园、传统批发市场）及"三乱"（乱搭建、乱排放、散乱污）等在内的各类存量空间，实行差别化评估，并针对提升产业功能、维持低成本空间、保障多元人群发展等方面提出规划建议。

开展全市范围内的人、地、房、企及设施情况的全面清查，实现家底数据的集中整合。以"三调"标准为基础，通过三重校核来确保用地底图的严密性。为推进城市精细化治理，提高用地信息的精确性，广州进一步深入细化了第三次全国国土调查工作，从而掌握了全市各类资源的详细基础数据和地图。一是做到调查标准"三提高"：使用 0.1 m 高分辨率遥感影像图作为调查底图，在国家标准基础上优化细化 65 个地类，建设用地最小上图面积从 200 m² 降低到 80 m²。二是对调查结果采取"三校核"：核对权籍与审批数据，核对 30 余类现状设施，核对地块实际用途。

推进"四标四实"行动，彻底查清人、地、房、企、设施的基本情况。以"标准作业图、标准地址库、标准建筑物编码、标准基础网络"为支撑，对全市实际居住人口、现存房屋、在册单位及现有设施的信息进行全面搜集，实现数据间的相互对应并构建数据库。

时空云平台实现了空间数据的集中汇聚，并通过图层叠加的方式展示信息。构建智慧广州的统一时空云平台，整合各区域、各部门的数据资源，实施全市地理空间信息的"集中共享，分层分级管理"策略，打造包括"基础地理、土地现状、空间规划、自然资源、'四标四实'及专题数据"在内的全方位服务支持架构。

在城中村问题上，政府秉持多元尊重的态度，致力于综合提升。城中村的多重价值在评估工作中被着重凸显，并非以单一的"整治"或"拆除重建"为主导方法，而是侧重于根据空间和人群特点进行有区别的治理。

针对人、房、楼栋和地进行细致入微的空间分析，进而做出综合性的评估判断。借助空天地一体化测绘技术，结合"三调""四标四实"等多方面的调查资料，对各类数据实施综合建模与整合。以广州最大的城中村，同时也是全国著名的淘宝村——大源村为例。对占地面积、户籍人口、实际服务人口、现状总建筑面积、每栋楼平均面积、人均享有的公园绿地面积及道路网密度等进行详尽的调查和了解。借助遥感技术进行水质监测，以反演方式辨识河涌水质的污染程度和分布状况。在确保人员入住房屋、房屋归属于各个楼栋的前提下，采取审慎的治理策略，结合拆除与保留两种方式，以维持低成本的空间竞争优势。同时，借助互联网实时 API 数据，构建时空圈模型来评估生活圈内的设施需求，精准识别人群特征及需求。对于城中村居住的多元人群，广州通过整合多源数据，对城中村居住的不同人群进行特征摸查和需求评估。

针对批发市场，应采取包容性发展的策略，并实施分区域管理。城市交通和环境等方面也因批发市场的存在而受到不良影响。故而，批发市场治理的核心在于探寻新途径，以延续商贸传统、维持低成本优势，并达成品质提升与转型升级的目标。

对"流""业""城"三者与市场之间的关系进行深入剖析，作为评估的重点。在广州进行的批发市场评估中，着重考虑了三个维度的关系。首先是市场与城市的相互作用，也就是探究市场如何与城市功能产生联系；其次是市场与流动要素之间的关系，包括市场如何有效地协调人流、物流和交通流；最后是市场与产业发展的协同，即评估市场应如何进步以更好地适应和容纳新兴业态。基于广州的空间布局、占地面积、人流分布、货车行驶轨迹及批发市场的经济效益等数据，广州市对批发市场用地与建筑、商业业态、人流物流及交通之间的相互作用进行了深入分析。

实施区域化管理，持续发挥价值。经过对批发市场价值与问题的深刻认识，广州市摒弃了以往以关停并转为主的做法，转而采取分区治理的策略来管理批发市场，包括对历史城区进行转型和疏解、优化并提升中心城区品质，同时，促进外围城区的集聚发展。优先发展的集群将包括规划打造的北部枢纽批发市场集聚区、东部枢纽专业批发市场集聚区及南站展贸中心等。

对于村级工业园，应采取量化评估和分类施策的策略。作为广州多年城镇化与村镇工业化并行发展的结果，村级工业园规模可观，为城市经济和就业提供了一定程度的支撑。然而，由于其空间品质不尽如人意，其发展潜力受到了限制。对于村级工业园的评估，核心在于综合各类数据源，构建高效的绩效评估模型，以实现科学化的评估和分类提升。

进行全面调查，建立评估体系。该区域面临着建筑物陈旧、产业结构落后、土地利用不足、土地规模与经济效益不协调，以及环境保护和消防安全方面的严重问题，还有大量的违法建筑等挑战。以容积率、设施密度、产出效益和交通联系等作为基础，广州构建了开发强度模型和土地绩效模型，旨在对村级工业用地的使用效率进行量化评估。

在综合考虑当前绩效水平和空间规划的基础上，采取分类别的策略措施。基于评估结果及国土空间规划的开发边界等因素，广州明确了分类整治方案，具体涵盖保留整治、改造提升及拆除清退三大类别。针对建筑质量上乘、产业效益显著的村级工业园，主要采取保留并加以整治的策略；针对那些分布零散、效益不高但交通便利的村级工业园，则采取连片整合和改造的方式，以推动工业园的转型升级；至于那些位于农业和生态发展区域内的村级工业园，将逐步引导其退出并恢复绿化，进而发展绿色产业。

5. 南京城市体检诊断

（1）突出重点，兼顾地方特色，建立科学的指标体系。基于《市县国土空间开发保护现状评估技术指南（试行）》的框架，南京市从自身城市特色和国家、区域所赋予的新时代责任出发，以打造"美丽古都，创新名城"为愿景，对实际开发与保护工作中的难点、热点和重点进行了深刻的分析与探讨。为了精准反映评估核心要点并展现地域独特性，挑选了一系列指标，最终形成了包含6大方面和46项指标在内的全面而精细的体检诊断框架体系。

（2）通过拓展渠道，汇聚庞大数据，提高所获取数据的品质。南京构建了一种融合了传统数据和大数据综合解析的数据采集框架：该框架囊括了以国民经济发展、基础测绘信息、地理国情全面调查、城乡规划及其实施、自然资源权属确认和不动产登记等为主体的，覆盖地上、地表、地下各层次，具备内容完备性、标准权威性、动态更新性和时态多样性的传统数据。此外，为了深入利用城市运行的大数据，将充分整合诸如POI、手机信令、夜间灯光及网络人口流动等反映社会动态的大数据与空间数据，再通过人工智能的分析手段，精准地揭示当前状况及存在的难题。

（3）部门协作联动，跨专业领域合作，全要素交织式剖析。为了增强评价结论的专业性和准确性，全市20余个行业主管部门联合行动，建立了一套完善的工作机制。在此过程中，各部门积极参与，反复进行对接与协调，深入细致地明确了各项指标的具体含义，并按条目逐一报送相关数据。同时，各部门之间还相互比照、相互验证，以确保评价结论的准确性和专业性。此外，汇集了规划、土地、GIS等多个领域的专业技术团队，通过多维度交叉分析多源要素，将客观评估与主观评价相结合，再对评价结果进行人工审核，实现了精细化作业。

（4）以应用为导向，强化预警响应机制，优化空间治理水平。构建了全流程工作体系，包含"数据整合""实时监控""风险警示""反馈完善"四大环节。基于体检诊断的监测数据，研究构建"一张图"规划实施监督系统，在科学评估的基础上，整合体检诊断数据以实施监督。在规划实施阶段，对城市发展要素间的互动、匹配和协调问题进行实时预警，深入剖析这些问题背后所反映出的城市从建设到治理的内在机制，并有针对性地提出解决策略，以推动精准有效的政策实施。

6. 西安城市体检诊断

（1）打造多样化的保护机制，以拓展保护范畴。在自然地理条件及行政区划的基础上，通过空间布局、保护对象类别、保护措施三个层面的综合分析，系统地整合各项保护要素，从而建立起完备的历史文化名城保护架构，以强化对广大地域范围内的山水风貌、文化廊道、帝王陵墓等重要元素的有效保护。

（2）提升展示效果，塑造独特标识，以呈现其特色名片。以"片区—线路—节点"的网络化形式为重点，构建展示利用体系，突出呈现历史轴线与风貌载体特色。

（3）完善保障体系，促进措施的有效执行。一是健全保护机构，成立"西安市历史文化名城保护委员会"；二是完善法规体系，开展《西安历史文化名城保护条例》的修订工作和各类历史文化遗产保护管理办法的制定工作；三是制定"保护体检一览表"和"重点实施项目清单"，做到规划实施可衡量、可评估、可监督。

（4）构建信息交流平台，实施科学化管理与控制。整合各类文化遗产数据资源，构建名为"大西安历史文化保护信息平台"的综合系统，该系统包含公众参与、行政审批等9大核心功能模块，并将遗存管控界线以矢量化的方式融入其中，从而绘制出历史文化名城保护的"一张图"，以此实现实时动态分析与科学有效的管控。

7. 成都城市体检诊断

（1）体系框架。在构建体检诊断框架时，应着重强调核心要点，并充分展现地域特色。基于《市县国土空间开发保护现状评估技术指南（试行）》的框架，成都市根据新时代所承担的国家与地区使命及其独特的城市风貌，建立了符合当地实际的健康检查与诊断系统。

结合国家要求和成都的战略定位，包括建设全面体现新发展理念的城市及美丽宜居的公园城市，对体检诊断的维度进行了拓展和调整，最终形成了包含6大方面和21个维度的独特体检诊断框架。参考《中国创新型城市发展报告》等文献，同时借鉴国内外先进城市的实践经验，并结合成都市的实际情况，将综合创新水平的衡量标准划分为四个不同的方面，即创新主体、创新载体、创新投入及创新效益。

（2）成果应用。通过结合规划编制流程，提高规划编制过程的科学性和准确性。针对体检诊断所揭示的五大发展短板和五大关键阶段，成都市国土空间总体规划在多个层面，包括国土空间开发保护格局的构建、控制线的明确划定，以及自然资源的全面保护等，都提出了一系列综合性的解决策略。针对市域结构性难题，充分利用空间结构调整的关键时机，通过国土空间规划编制促进市域内五大功能区各自的特色发展，并采取因地制宜的要素配置策略。通过将城市治理纳入综合分析，提高行动计划制定的准确性。根据体检诊断结果的综合分析，成都市正大力推行专项整治行动，以促进持续深入的改善。

基于体检诊断所揭示的问题，成都市规划了一项问题整治与提升行动方案，该方案聚焦于 9 个显著难题，并厘清了多项核心治理任务。为弥补民生公共服务设施的不足，成都市全面开展名为"三年攻坚"的行动计划，旨在进一步提升人民群众的幸福感与获得感。通过结合年度规划，进一步提高资源分配的合理性。基于监测指标的趋势分析和问题预警，成都市将把体检诊断结论与下一年度的执行方案及相应指标紧密结合起来。在实施土地利用政策时，采取"增存挂钩"机制，即坚持将盘活利用的指标与新增计划指标相互关联。具体做法是，根据各区（市）县在盘活存量土地方面的实际表现，对新增计划指标进行相应的挂钩奖励或扣减调整。这样做旨在促进存量土地的有效盘活和增量土地的合理利用，进而提升土地的产出效益，同时提高节约和集约用地的水平。

通过将绩效考核与战略目标传导相结合，增强绩效考核的有效性。将信息系统融入体检诊断指标体系，对规划目标的执行状况进行周期性评估，针对规划实施过程中可能出现的底线突破风险及指标执行不力等状况发出及时预警，以此为领导干部的绩效考核和相关用途管制政策的实施提供有力依据。将区（市）县政府年度责任目标考核的关键指标设定为单位 GDP 建设用地使用面积的降低幅度以及每公顷税收的增长幅度，以此推动经济向高质量、高效益方向发展。

通过结合政策调控措施，增强规划在动态环境中的适应能力。通过政策调控与体检诊断的相互配合，推动规划向公共政策方向转变，实现从静态的蓝图规划到动态的实施规划的过渡，进而促使规划从刻板的文本、图纸形式转变为灵活的公共政策。例如，成都市同时出台了《关于土地资源优化配置制度改革以产出为导向的指导意见》和《生态保护红线管理办法》等相关政策。

2.2.3　片区层面

国家层面发布的政策以城市层级为主,尚未对下一层片区(相关概念参考
1.2.1 节内容)或单元层级制定专门的体检规程。片区城市体检的基础是住房
城乡建设部印发的《关于开展 2021 年城市体检工作的通知》及其附件"城市体
检指标体系"和自然资源部发布的《国土空间规划城市体检评估规程》,参考
《城市居住区规划设计标准》《社区生活圈规划技术指南》,以及根据体检片区
的具体情况、相关专项规程等要求进行工作。

1.长沙片区(单元)体检诊断

湖南省长沙市把城市体检作为片区更新前置要素,本着"四精五有"的基本
原则,深入贯彻"强省会"的战略方针,积极推进城市改造进程,增强城市整体
支撑力和推进城市治理体系现代化,同时落实"无评估不立项"的原则,以更新
片区为单位,以城市体检为基础,全面统筹推进城市更新。为规范长沙城市更
新片区(单元)城市体检和策划工作,根据城市体检和城市更新相关政策和有关
文件精神,长沙市城市人居环境局编制了《长沙市城市更新片区(单元)城市体
检和策划技术指引》(以下简称《技术指引》)。《技术指引》包含了总则、工作流
程、城市体检诊断和策划方案的内容、成果要求四部分内容,适用于长沙城市
建成区"六区一县"范围内的城市更新片区(单元)的城市体检和策划工作,宁
乡市、浏阳市应结合本地实际制定实施细则并参照执行。

《技术指引》指出以更新片区(单元)为基础开展城市体检。城市体检是围
绕各项体检指标,综合利用空间大数据、新技术等手段,统筹各部门的统计数
据和第三方机构的现场调查情况,对城市更新片区(单元)进行客观评价;并结
合社会居民满意度调查等方式进行主观评价。通过分析地区各要素建设状况、
开展居民意愿调查、梳理现状问题及实际需求,提出城市更新实施范围、城市
更新的模式和更新要求清单等意见。《技术指引》规范了工作流程,依次为摸底
调查、评估分析、成果编制、成果评审、建档入库。关于分析论证部分,《技术
指引》明确要构建城市更新片区(单元)的城市体检指标体系,对指标所涉及的
内容进行详细分析论证,从而诊断和总结片区(单元)存在的问题。《技术指
引》最后部分明确了成果要求,最终成果由城市体检报告和策划方案两部分构

成，并说明了格式要求。城市体检报告成果包括一套片区更新体检指标体系、一本体检报告和一个更新项目库。报告由报告正文（模板参考报告附件）、体检指标体系表格及相关附件三部分组成。策划方案包括方案正文、一套图集和其他附件及相应的电子成果。

2. 沈阳片区体检

2022 年，在市级体检工作的基础之上，沈阳进一步扩展城市体检范围，选定重点片区和完整社区作为新增的两个区域层次进行体检试点。在城市建设成效与问题短板的分析评价中，主要以市辖区及建成区为代表，强调人居环境的改善与发展质量的提升，以此作为市级范围的评估重点。根据城市更新专项规划及核心发展板块的战略布局，从重点片区中筛选出三个具有代表性的更新区域，进行城市体检工作。此举旨在以民为本、便民为先、安民为要，通过构建独特的指标体系，精准诊断这些区域在建设和发展过程中所遇到的主要障碍，以及公众普遍关注的热点问题。

针对居住社区建设的不足，沈阳开展全面细致的城市体检工作，着眼于"最后一公里"的实际需求，以"两邻"理念为指引，深入调研社区居民的居住体验与宜居性，精准识别短板所在，并据此提出有效的治理措施和具体行动建议，旨在打造更加完善的社区生活环境。通过对照国家标准达成情况、与同级城市横向比较、对城市发展的纵向演进进行剖析，以及对标国家中心城市的各项要求，综合概括出城市建设的优势成果和不足之处。围绕城市更新的五大核心举措，积极推动典型示范区域更新项目的具体落实与执行，全面深入推行包括五项工程和一项管理在内的综合性措施，以系统化方式在全市范围内推进海绵城市建设等关键任务，并基于对当前城市实际状况与需求的深入分析，提出具有针对性的政策建议，旨在为空间资源的科学配置和实施计划的精细制定提供有力支撑与重要参考。

3. 重庆片区体检

重庆开展了针对城市更新的专项检查工作。为推进城市更新片区策划和项目实施方案的编制工作，重庆市在核心城区江北区设立了专项体检试点，特别增设了包括片区人口密度、开发强度等 10 项针对性强的城市更新体检指标。同时，确立了以"了解现状、收集民意、诊断问题、助力更新"为理念的城市体检成果运用模式，并结合"即时检查、即时整改"的工作机制，以加快解决市民所关心的热点问题。

2021 年，重庆开展了城市更新专项体检诊断，探索建立"以城市体检推动城市更新"的工作机制。结合"市级—区级/片区—项目级"的工作层级与主体架构，打通城市体检与城市更新的基础数据库，通过信息平台建设，实现城市更新动态跟踪监测。同时，以江北区为试点，探索建立城市更新专项体检机制。2022 年，进一步提升城市体检影响力和扩大覆盖面，不断完善"边检边改"工作机制，聚焦成果转化应用，在渝中区、九龙坡区等区的 8 个街道创新设立"市民医生"试点，通过"市民医生会诊室"小程序实时追踪市民的建议，充分收集公众的意见和需求，同时发布了《重庆市城市更新公众导则》。

以城市体检促进城市更新。重庆市围绕"建立一套政策体系、编制一本规划指引、创新一套审批机制、实施一批试点项目"，开展了一系列政策和实践探索，持续推动城市更新工作。重庆市住房和城乡建设委副主任杨治洪阐明，为了构建与城市更新紧密相连的城市体检运行机制，重庆积极从城市更新专项体检试点中汲取可复制、可推广的实践经验，将城市体检的"一年一体检、五年一评估"工作模式与城市更新的基础数据调查、规划更新、片区策划、项目计划、绩效评估等各个环节深度融合，有针对性地推进城市体检工作，并成功建立起"两库一体系一机制"，即更新数据库和居民意见库以及更新指标体系、项目评估机制，未来将逐步构建"摸家底、纳民意、找问题、促更新、评效果"的工作流程，以实现城市体检与城市更新工作的良性循环。

2.3　评估诊断制度体系要素剖析

在探讨我国城市体检诊断制度的构建现状时，不难发现，该体系由住房城乡建设部及自然资源部两大核心部门并行主导，形成了独特的双轨制运行模式。这一模式虽体现了跨部门协作的初衷，却也在实际操作中引发了制度构想与实施层面的诸多差异。为深入剖析此现象，本节依据城市体检诊断制度的综合分析框架，从以下五个关键要素——体检诊断目标设定、主体构成、机制运作、工具应用及风险防范策略——出发，对我国城市体检诊断制度的现状与挑战进行系统性分析。

2.3.1 目标分析

体检诊断的目标作为体检工作展开的基石，不仅界定了工作的核心方向，也明确了行政实施的范畴。鉴于住房城乡建设部及自然资源部在职能上的差异，其各自所设定的体检诊断目标自然呈现出不同侧重，旨在最大化地服务于各自部门的政策导向与利益诉求。这种目标设定的差异性，体现了体检诊断制度在构建过程中的多元性与针对性，为不同领域的城市发展问题提供了更为精准的诊断视角。

1. 住房城乡建设部主导的城市体检诊断目标

住房城乡建设部主导的城市体检诊断制度，其核心聚焦于精准识别并有效解决城市人居环境问题，致力于"城市病"的靶向治理，以推动城市实现高质量发展为最终目标。在该制度构建过程中，严格遵循目标导向、问题导向与治理导向并重的原则，坚持以人为本，同时强调因地制宜的策略。鉴于住房城乡建设部在住房保障、城乡建设管理、制度改革及政策制定等方面的核心职能，其主导的城市体检工作深刻回应了城市治理中对于高效建设与管理的迫切需求，尤其关注居民对高质量人居环境的实际体验与感受。

2021 年，住房城乡建设部确立了涵盖生态宜居性、健康舒适性、安全韧性、交通便捷度、风貌特色性、整洁有序性、多元包容性及创新活力性等八个一级评价指标的体检框架。这一框架的设立，紧密围绕习近平总书记关于构建城市体检诊断机制、统筹城市规划建设管理的重要指示精神，旨在通过科学系统的评估体系，为城市治理提供精准的数据支持与决策依据。

当前，该制度尚处于探索建立阶段，正积极总结经验并扩大应用范围。为此，住房城乡建设部在部分样本城市率先开展试点工作，通过实践检验与持续优化，逐步推动城市体检诊断制度在全国范围内的推广与实施，以期全面提升我国城市治理水平与人居环境质量。

2. 自然资源部主导的城市体检诊断目标

自然资源部主导的城市体检诊断制度，旨在为国土空间规划的实时监测、定期评估与动态维护提供关键支撑，其核心目标在于深入剖析城市空间治理中的短板与不足，并据此提出具有针对性的优化策略。鉴于自然资源部在国土空间用途管制、空间规划体系构建、自然资源监管及耕地保护等领域的广泛职能，该部门主导的城市体检工作紧密围绕国土空间规划体系展开，形成了一种名为"国土空间规划城市体检诊断"的独特评估机制。

根据《自然资源部办公厅关于认真抓好〈国土空间规划城市体检评估规程〉贯彻落实工作的通知》的要求，该体检机制聚焦于对城市发展阶段特征的精准把握及对国土空间总体规划实施效果的客观评判，特别强调对城市治理过程中空间规划执行情况的深度审视。通过这一机制，自然资源部旨在促进城市向更加安全、创新、协调、绿色、开放、共享的高质量发展路径迈进。以 2021 年为例，该体检工作围绕上述六大核心评价方面展开，充分体现了其综合性和前瞻性。

自然资源部推行的城市体检工作框架，根植于国土空间规划体系之中，其覆盖范围广泛，包括所有正在进行国土空间规划编制的设市行政单位，并鼓励其他行政单位积极自主参与。这一制度设计不仅有助于提升国土空间规划的科学性与实效性，更为推动全国范围内城市治理水平的提升提供了有力工具。

3. 对比分析

鉴于住房城乡建设部及自然资源部在城市体检诊断领域的职能差异，两者所设定的体检诊断目标自然呈现出不同的侧重点。具体而言，住房城乡建设部的城市体检工作侧重于问题的深度发掘与成因的细致分析，尤为关注居民个体的中微观生活体验，并致力于通过持续的制度探索，逐步扩大体检的覆盖范围，以期在未来能够全面涵盖宏观、中观、微观各个层面，为城市治理的多元化需求提供有力支持。相比之下，自然资源部的国土空间规划城市体检诊断则更加聚焦于宏观层面的空间规划系统，其目标在于识别并解决该系统下存在的问题，提出相应的优化策略。这一机制与过去的规划实施评估存在相似之处，均强调对规划执行效果的全面审视。

尽管两套制度在根本目标上均指向提升城市治理能力、促进城市高质量发展，但它们在关注城市治理的"规划—建设—管理"不同环节时各有侧重，且存在一定程度的交叉，这在一定程度上导致了后续制度建设过程中工作界定的模糊性。

从工作开展的广度来看，住房城乡建设部的城市体检诊断机制尚处于探索建立阶段，尽管试点城市的数量在不断增加，但整体而言，其工作范围仍相对有限。而自然资源部的国土空间规划城市体检，则因其依附于空间规划的特性，具有更为广泛的开展必要性。鉴于其重要性，完善该体检诊断机制的任务也显得尤为紧迫。

2.3.2 主体分析

1. 住房城乡建设部主导的城市体检诊断主体结构

2023 年发布的《关于全面开展城市体检的指导意见》明确了住房城乡建设部城市体检诊断的多元化主体构成，这一框架不仅涵盖了政府层面的多个层级与部门，还积极引入了社会视角，包括居民及第三方评估机构等，形成了政府与社会共治的良好格局。

具体而言，样本城市人民政府在城市自体检工作中扮演主导角色，其下属的住房城乡建设主管部门作为执行主体（或可委托专业规划咨询机构），负责具体实施工作，并推动政府各部门及社会各界的广泛参与。此过程中，政府内部构建了一个以"中央—省级政府—市级政府—区级政府"为纵向主轴，住房城乡建设主管部门为核心，辐射至其他职能部门的网络结构，确保了体检工作的全面性和系统性。

住房城乡建设部则通过委托第三方评估机构开展独立的体检诊断与社会调查，并与地方自体检结果进行比对校验，强化了监管与评估的科学性与客观性。在此框架下，政府不仅是主导者与监管者，更是深度参与工作的主体，其内部网络结构的形成，有效促进了资源的整合与协同，提高了体检工作的效率与质量。

然而，从社会视角来看，居民作为城市生活的直接体验者，其参与程度尚显不足。虽然该意见提倡通过设置城市体检观察员等方式搭建居民与政府之间的沟通桥梁，但这一机制在样本城市中的建立尚不普遍，多数居民仍主要通过问卷调查形式间接表达对城市建设管理的意见与建议，其参与深度和广度有待进一步提升。未来，需进一步加强社会治理网络的基础设施建设，拓宽居民参与渠道，提高居民参与体检工作的积极性和有效性。

2. 自然资源部主导的城市体检诊断主体结构

依据《国土空间规划城市体检评估规程》（以下简称《规程》），城市自体检诊断工作的组织与管理模式体现了鲜明的政府主导特色，同时预留了社会公众参与的空间。具体而言，城市人民政府作为体检工作的组织者，负责整体规划与协调，而自然资源主管部门则承担起具体实施的重任，往往通过委托专业的规划咨询机构来完成技术层面的工作。这一流程不仅限于部门内部，还跨越至各部门之间，以确保体检诊断的全面性和综合性。

在主体结构层面，《规程》明确了以政府视角为主导，同时鼓励将社会公众视角纳入其中，通过灵活决定是否开展市民社会满意度调查来体现这一原则。政府在此过程中既是主导者，负责引领体检工作的方向；又是监管者，确保各项工作的规范性与有效性；同时还是主要参与者，其参与深度与广度覆盖了体检诊断的每一个环节。政府内部形成了从"自然资源部到省级政府、市级政府、县级政府直至乡镇级政府"的五级主干体系，这一结构与国土空间规划的"五级三类"框架保持高度一致，体现了上下联动、协同推进的工作机制。

自然资源主管部门作为这一网络结构的核心，不仅负责核心任务的执行，还向其他职能部门辐射，形成了跨部门、跨领域的合作网络，共同推动体检诊断工作的深入开展。相比之下，社会公众在这一体系中主要扮演潜在参与者的角色，其参与方式较为有限，主要通过为部分体检工作提供基础信息来发挥作用。未来，随着制度的不断完善和社会治理能力的提升，有望进一步扩大与加深社会公众的参与范围与深度，使体检诊断工作更加贴近民意、反映民需。

3. 对比分析

在对比城市体检的主体结构时，可以观察到两个制度在体检诊断主体的构成上呈现出相似性，均融合了政府与社会双重视角，涵盖了各级职能部门、第三方评估机构、各级人民政府以及社会公众等多元主体。然而，两者在具体实施细节上存在差异。

首先，就样本城市的选择而言，住房城乡建设部主导的城市体检受限于样本城市的数量，因此更加注重根据不同规模城市的实际情况，灵活开展区或街道级的体检工作，这使得社会公众的参与更加深入和具体。此外，该制度下的第三方体检由中央职能部门统一组织，确保了评估的权威性和一致性。相反，自然资源部则将选择权交予地方政府，由其自主决定是否组织第三方体检，这种灵活性虽然赋予了地方政府更大的自主权，但也可能导致评估标准与质量参差不齐。

　　进一步分析主体参与的深度与广度，两个制度均表现出政府在体检工作中的深度介入与广泛参与。然而，在公众参与层面，两者存在显著差异（如表2-5所示）。住房城乡建设部主导的城市体检通过第三方机构主持的反馈渠道，为公众提供了更为直接和有效的参与途径，增强了居民在体检过程中的话语权。相比之下，自然资源部主导的城市体检则将居民满意度调查列为自选项目，这一设置无形中降低了居民在体检主体结构中的重要性，使得公众参与的广度和深度相对受限。

表 2-5　住房城乡建设部（住建部）与自然资源部城市体检诊断主体对比表

类型	住建部	自然资源部	差异对比
主体构成	住建部、第三方评估机构、地方政府及部门、地方居民	自然资源部、地方政府及部门、规划咨询公司	自然资源部第三方体检可由地方政府委托
主体结构	住建部—省—市—区	自然资源部—省—市—县—乡	住建部侧重国家行政管理模式，侧重政策性；自然资源部层级划分更贴合国土空间规划体系，侧重空间性

　　综上所述，虽然两个制度在体检诊断主体的构成上相似，但在实施细节和公众参与方面存在明显差异。未来，为进一步提升城市体检的科学性、民主性和实效性，有必要在制度设计上更加积极地探索市场和其他社会组织发表主体意愿的渠道，同时提高社会公众在体检工作中的参与度和影响力。

2.3.3　机制分析

　　基于构建的分析框架，城市体检诊断的运作依赖于三大核心机制：高位衔接机制、动态反馈机制以及监督保障机制。就当前住房城乡建设部与自然资源部所设计的制度体系而言，高位衔接机制尚处于初步探索阶段，尚未形成稳固的架构，故在本节中仅对其进行概要性分析。

1. 住房城乡建设部主导的城市体检诊断运作机制

　　在探讨城市体检诊断的核心机制时，高位衔接机制作为关键一环，其在住房城乡建设部的制度设计中尚处于初步构建阶段。动态反馈机制与监督保障机制则构成了当前机制运作的两大支柱。

就动态反馈机制而言，住房城乡建设部的城市体检成果展现出多维度、多层次的应用价值。短期内，这些成果直接服务于城市的建设与公共管理，特别是在街道和社区层面的城市更新项目中，为精准施策提供了科学依据。同时，它们还对接政府工作报告、国民经济发展规划及各项专项规划，成为"十四五"期间城市人居环境建设行动计划编制的重要参考。长期来看，体检成果持续支撑人居环境质量的提升决策，部分城市甚至通过发布年度白皮书的形式，公开体检成果，这不仅提高了城市治理工作的透明度，也促进了公众对城市建设的理解与认同，进而形成了政府决策与公众参与的良性循环。

至于监督保障机制，该机制确保了体检成果的科学性与公信力。成果编制完成后，需经过专家咨询论证的严格把关，随后报送政府审定，以确保其符合城市发展的实际需求。此外，通过公开成果，接受社会各界的监督，进一步提升了体检工作的透明度与责任感，为城市治理的持续优化奠定了坚实基础。

2. 自然资源部主导的城市体检诊断运作机制

在高位衔接机制层面，自然资源部国土空间规划城市体检评估虽已初步展现其对发展规划的支撑作用，但尚未建立起与发展规划之间更为紧密和深层次的联动机制。当前，其更多聚焦于为发展规划提供基础数据与洞见，而缺乏直接的、系统性的融合路径。

在动态反馈机制的应用方面，体检成果不仅直接服务于国土空间规划的优化与调整，还与自然资源管理的多个核心环节紧密关联，包括规划审批、用途管制、执法监督及绩效考核等，有效促进了自然资源管理的精细化与科学化。同时，这些成果还成为国民经济和社会发展规划、政府工作报告及投资项目计划等综合性决策的重要依据，为政策制定与项目实施提供了坚实的数据支撑与科学指导。

在监督保障机制方面，自然资源部通过构建"一张图"信息系统，实现了体检成果的规范化上报与共享。省级自然资源主管部门作为枢纽，负责汇总体检结果并协调各相关部门进行应用，确保了体检成果在更大范围内的有效利用。此外，《规程》还明确提出了体检诊断成果适时公开的要求，特别是非涉密内容，应面向社会公众开放，接受广泛的社会监督。这一举措不仅提高了体检工作的透明度与公信力，还促进了公众参与城市治理的积极性与有效性。

3.对比分析

在对比分析两部委（住房城乡建设部及自然资源部）城市体检诊断的核心机制时，我们可以观察到以下显著差异与共性特征。

（1）高位衔接机制：两者均认同城市体检诊断成果对发展规划的支撑作用，但在实际操作层面，均存在机制构建上的不足。具体而言，两者均未能明确建立与发展规划在内容、时序及审查等方面的具体衔接机制（见表2-6），这在一定程度上限制了体检成果在规划制定与实施中的深度融合与有效应用。

（2）动态反馈机制：两部委在体检诊断成果转化方面虽基于相似的政策目标，但具体路径与应用深度存在显著差异。两者均致力于通过发现问题、分析成因、监督监测及提出针对性建议来支撑城市治理决策，并在国民经济和社会发展规划、政府工作报告等场景中发挥作用。然而，在成果转化的细分方向与应用深度上，住房城乡建设部更加注重与城市建设及地方政府顶层设计的深度对接，其体检成果成为地方政府在城市建设管理、项目立项等方面的重要决策依据。相比之下，自然资源部的体检成果则与国土空间规划和自然资源监管紧密结合，在国土空间全周期管控中占据核心地位，为规划决策、实施及监督提供了具体可靠的数据支持。

表2-6　住房城乡建设部（住建部）与自然资源部城市体检诊断机制对比表

类型	住建部	自然资源部	差异对比
反馈机制	对接城市更新工作，政府工作报告、国民经济发展规划和一系列专项规划，"十四五"城市人居环境建设行动计划编制工作	与规划审批、用途管制等自然资源管理、执法监察、绩效考核等业务挂钩，并应用于规划编制实施等环节的调整，用于支持国民经济和社会发展规划、政府工作报告、投资项目计划等综合决策	住建部体检与城市建设以及地方政府在城市治理中的项目设计上的对接程度更深；自然资源部体检成果与国土空间规划和自然资源监督结合，但不深入
监督机制	专家论证，政府审定，第三方体检结果对照，社会公开监督	省自然资源主管部门汇总，社会公开监督	住建部体检机制已有雏形，但严肃性和客观性不足；自然资源部体检的外部监督机制未建立

（3）监督保障机制：在监督保障机制方面，两部委均尝试构建多元化的监督体系，但各有侧重且均存在改进空间。住房城乡建设部采取了专家与第三方机构相结合，辅以公众监督的保障机制，但在实际执行中，监督作用的发挥尚不充分，缺乏严肃性。而自然资源部则主要通过省级政府监督与社会公众监督相结合的方式进行保障，其监督机制的全面性与客观性亦有待加强。总体而言，两部委在监督保障机制上的探索仍需进一步深化，以提升体检诊断工作的科学性与公信力。

2.3.4 工具分析

在基于整体性治理视角构建的城市体检诊断分析框架内，体检诊断的核心工具主要包括体检范围界定、指标体系与评价标准构建，以及综合信息平台建设。以下将针对这三个核心工具分别展开对比分析，以深入探究它们在实际应用中的差异与共性。

1. 住房城乡建设部城市体检诊断工具

在基于整体性治理的城市体检诊断框架下，体检范围的界定是核心工具之一。住房城乡建设部的城市体检诊断工作，其范围界定遵循了建成区划定的基本原则，并灵活结合了最小社会单元或行政村边界的实际情况，形成了市域—市辖区—建成区三个层次的划分体系。对于具有分散组团结构的城市，还特别考虑了重要功能或空间外围组团的单独统计需求，体现了体检范围的全面性和灵活性。在行政边界明确的前提下，市域与市辖区的界定相对清晰，而建成区的界定则经历了多年的行业共识积累，最终于 2021 年通过具体规程的出台得以规范，解决了长期以来划定技术手段缺失的问题。

指标体系作为体检诊断的另一关键工具，其构建与完善是制度建设的重要内容。2021 年的城市自我评估指标体系以生态宜居、健康舒适、安全韧性、交通便捷、风貌特色、整洁有序、多元包容、创新活力八大核心领域为框架，共计包含 65 项具体指标，这些指标被细致地划分为导向性指标与底线性指标，以适应不同城市的发展需求。在实施过程中，各样本城市根据自身实际情况对基础指标进行适当调整与补充，以更好地反映城市特色。此外，针对城市年度规划等特定需求，还增设了专项研究指标，增强了指标体系的针对性和实用性。

综合信息平台的建立是实现体检诊断数据集成与共享的关键。根据指南要求，基础信息数据的来源广泛，涵盖了各部门既有数据、专项问卷调查数据以及大数据分析结果等多个方面。通过对高分卫星影像的解析、对互联网开源数据的利用等先进技术手段，确保了数据的全面性和时效性。同时，采用多源数据校验方法，提高了数据的准确性和可靠性。在此基础上，将体检诊断数据与城市信息模型（CIM）平台、"多规合一"系统、工程建设项目审批管理平台及数字城管等信息平台深度融合，构建了一个统一、综合的人居环境基础数据库，为城市治理决策提供了强有力的数据支撑。

2. 自然资源部主导的城市体检诊断工具集

国土空间规划城市体检诊断的覆盖范围是精心设定的，涵盖市域与城区两个关键层级。市域层面严格遵循行政管理边界进行划分，确保区域界定的明确性；而城区范围则聚焦于那些已实际开发建设并配备完善公用与公共服务设施的建成区，这些区域紧密关联市辖区及不设区的市的政府所在地，是城市发展的核心区域。

在指标体系构建上，2021 年国土空间规划城市体检诊断所采用的自体检指标体系展现出高度的系统性与灵活性。该体系以安全、创新、协调、绿色、开放、共享六大核心一级分类为基石，进一步细化为 23 个二级类别，并具体落实到 122 项指标之中。这一指标框架不仅包含 33 项基本指标，确保体检诊断的基础性与普遍性，还设有 89 项推荐指标，其中 48 项以"▲"标注，作为国审城市的基础指标，同时鼓励各城市根据自身发展状况增设自选指标，从而满足国家统一空间管控与城市自主发展的双重需求。值得注意的是，部分指标内涵说明中引用了可参照的国家规范标准作为数据来源，为后续评价分析提供了坚实的依据与参考。

体检诊断及数据收集过程同样体现了高度的规范性与科学性。《规程》明确要求所有相关成果与数据需整合至国土空间基础信息平台之中，依托该平台以国土空间规划的"一张图"为基底，对评价年份的数值、历史上报数据及规划目标值进行纵向对比分析，直观展现各项规划指标的实施进度与成效。通过监测指标的动态变化及其与目标值的差异，可精准划分指标状态，如"目标方向一致，完成情况良好"或"进展缓慢，亟须加大推进力度"等，为政策制定与实施提供精准导向。此外，结合国家法律法规及相关规划设定的底线与目标值，对体检结果进行全面深入的分析研判，确保体检诊断工作的全面性与深刻性，为城市可持续发展提供有力支撑。

3. 对比分析

在体检范围的界定上，两套体检诊断制度均融合了行政界线与空间边界的概念，但在具体层级划分及空间边界的技术认定上存在显著差异。住房城乡建设部的城市体检诊断遵循划定市辖区建成区、确定自体检范围的步骤，在全市域、市辖区及市辖区建成区三个层级上部署差异化的体检内容，并依据样本城市的空间特性，灵活判断是否需要对特定市辖区或外围组团进行独立体检。相比之下，自然资源部的体检诊断则侧重于先划定城区范围，随后对城区与市域两个层级进行体检，体现了不同的空间关注焦点与策略。

在指标体系构建方面，两套制度均赋予地方一定的自主调节空间，鼓励各城市根据自身特色增补或遴选指标，以增强指标体系的适应性与针对性。然而，当前指标体系的空间适应性和内在逻辑性仍有待加强，且存在指标交叉重复的问题。从结构上看，住房城乡建设部的体检诊断采用二级分类两种分型的方式，而自然资源部的国土空间规划城市体检诊断则构建了更为复杂的三级分类三种分型的基础指标体系。就总量和覆盖范围而言，自然资源部的指标体系更为广泛；从内容上看，前者更侧重于城市生活中的细微问题，如街道整洁度、社区菜市场覆盖等民生议题，而后者则更聚焦于自然资源监管利用及国土空间规划实施情况，涉及"三线"划定、森林资源、水资源、土地利用等多个方面。尽管两者各有侧重，但指标间的交叉现象不容忽视，特别是在城市安全、活力创新、绿色可持续等领域，两套体系中存在若干近似或可相互替代的指标。

至于信息平台建设，当前两套制度的信息化建设均未能形成强有力的支撑。在数据来源上，两者均倡导多源数据获取，但主要依赖于官方统计数据，受限于数据权限及官方数据研究分析平台建设的滞后，导致对海量数据挖掘和应用的深度远不及互联网信息技术的发展速度。从信息化建设角度看，尽管双方持续推动统一接口的数据库和信息平台建设，以期辅助城市治理决策，提升城市治理智慧化水平，但实际效果尚显不佳，信息平台的技术支撑能力有待加强（见表 2-7）。

表 2-7　住房城乡建设部(住建部)与自然资源部城市体检诊断工具对比表

类型	住建部	自然资源部	差异对比
体检范围	市域—市辖区—建成区三级,市辖区为主,并允许个别区或外围组团独立体检	市域—区域两级	建成区和主城区的概念和技术思路不同,住建部体检范围的层级划分更细致
指标体系	8大类65项指标	6大类,23个种类,122项指标	指标分类和数量差异大,存在近似指标,但其统计范围不同
信息平台	构建市级层面的平台,实现与国家和省级信息平台的互联互通,同时与城市CIM平台、队规一体化系统、工程建设项目审批管理系统、数字城管平台等各类信息平台进行对接,将相关数据整合起来,打造统一的人居环境基础数据库	成果以及所有收集数据,汇入国土空间基础信息平台	住建部信息平台是人居环境数据库的一部分,自然资源部体检数据是国控信息平台的一部分,二者的数据难以共建共享

2.3.5　风险分析

　　德国社会学家乌尔里希·贝克认为风险与现代社会制度相伴而生,"当代社会风险是一种制度性风险"。风险与社会制度密切相关,意味着在任何制度设计、制定和执行过程中的任何缺陷和不足,都是风险产生或放大的重要原因。正因如此,评估诊断制度作为以城镇空间为对象,发现问题、解决问题、巩固提升的工作机制,其中基于指标体系构建是从问题发现到解决方案的工作核心。无论是住建部还是自然资源部,城市体检工作虽然经过多年的实践探索,各自建立了一套基本完整的评估机制,并根据各自工作目标设定了指标体系及计算方法,但在具体实践过程中各地评估工作有其复杂、特殊的情况,各环节可能面临的风险将导致决策的失误。

1. 数据处理风险与防范

　　数据是评估诊断工作的基础,在数据获取环节,城市体检评估面临着数据质量参差不齐、数据孤岛现象以及潜在的数据造假等风险,这些风险直接威胁到评估结果的准确性和可靠性。为有效防范这些风险，建立统一的数据平台，促进政府各部门间的数据共享与互联互通，打破数据壁垒是确保评估所需数据的全面性和完整性的有效手段。同时，通过制定严格的数据采集、处理和校验标准，加强数据质量的监控与审核，能够提高数据在采集、处理过程中的科学性、有效性，增强数据的可靠性。此外，城市体检作为一项政府主导的制度化行政事务，应加大对数据造假行为的打击力度，建立健全监管机制和追责制度，形成对数据造假行为的有效震慑，保障评估诊断的公正性和科学性。

2. 体系构建风险与防范

在构建城市体检评估的指标体系时，价值取向失之偏颇、体系结构失衡以及指标时效性不足等问题将引发整体工作的体系风险。这些风险不仅会导致评估结果偏离实际，无法客观、全面地反映城市空间的真实状况，更重要的是对城市运行体系关注方面的不均衡容易造成决策的失衡，违背社会公平。为有效防范这些风险，应确保指标体系的设计既符合城市发展规律，又体现公平公正原则，一方面可以通过组建多领域专家顾问团，对指标体系从各专业方向进行科学评估和把关；另一方面可以同步建立指标体系的动态调整机制，根据城市发展新情况和新问题及时进行优化更新，确保评估的时效性和针对性。此外，还应注重公众参与，广泛收集民众意见，将公众关切纳入指标体系，增强评估的民主性和全面性，从而构建科学、合理、全面的诊断评估指标体系。

3. 主观性分析风险与防范

指标作为反映城市运行状态的客观数据，其有效性完全依赖于科学且合理的分析过程。在分析过程中，需要警惕可能出现的专业壁垒、主观解读偏差以及技术局限等风险，这些风险可能阻碍全面而准确地理解指标背后的深层含义，进而导致对空间问题的误判。为了有效防范这些风险，应构建一个多学科、跨领域的分析团队，汇聚空间规划、建筑设计、市政交通、环境科学、经济学等各专业的人员，共同深入挖掘指标数据的价值。同时，引入权威的第三方评估机构，利用其专业性和独立性，为分析工作提供外部校验，确保结论的公正与可靠。

第3章

社区空间评估与诊断的数据体系构建方法

3.1　多源数据采集及清洗

　　针对研究对象采集指标体系中的三级指标所需的各种原始数据，通过文本数据标准化、矢量数据属性标准化和矢量数据坐标标准化等主要过程，将采集到的散乱的多源异构数据加工成标准、干净的数据资源，确保数据的完整性、一致性、准确性和可用性，再基于 ArcGIS 或 SQL 等软件将标准化后的数据收集入库，形成标准数据仓库。

3.1.1　数据采集的准备工作

1.确定数据来源

　　（1）政府公开数据：通过政府部门网站、统计年鉴等渠道，获取有关城市更新领域的基础数据。

　　（2）业务系统数据：包括城市地理信息系统、规划管理系统等，可从中获取详细的城市更新数据。

　　（3）社会化数据：通过社交媒体、在线问卷调查等方式，获取民众对城市更新的看法和反馈等数据。

2.制定采集计划

(1)确定数据类型:根据研究对象所需数据,明确需要采集哪些类型的数据。

(2)制定采集参数:按照实际需求,制定数据采集的时间和频率等相关参数。

(3)选择采集方式:根据数据来源和采集计划,考虑使用网络爬虫、API 接口等方式进行数据采集。

3.1.2　互联网大数据采集

大数据是指通过采集、整合和分析各类与城市相关的数据资源,以便更全面和准确地了解城市特征、趋势和问题,为更新规划、管理和决策提供科学支撑和决策参考。在大数据领域中,数据采集和清洗是一个非常重要的工作,能够直接影响后续的数据分析和挖掘任务。在数据采集方面,需要确定具体的数据来源,如政府部门发布的统计数据、社交媒体平台上的民众反馈数据、卫星遥感图像等。同时,还需要选择合适的数据采集工具和方法,针对不同类型的数据制订相应的采集计划并保证数据采集的质量和可靠性。

大数据采集一般需要用到网络爬虫技术,其也被称为网页蜘蛛、网络机器人,在 FOAF 社区中更常被称为网页追逐者,是一种按照特定规则自动抓取万维网信息的程序或脚本。爬虫技术的工作原理主要包括网页请求、数据解析和数据存储等步骤。首先,爬虫需要向目标网站发送 HTTP 请求,获取网页的内容。在发送请求之前,爬虫需要确定要爬取的目标网址,并选择合适的请求方法(如 GET 或 POST)。一旦发送了请求,爬虫就会等待服务器的响应,获取网页的内容。接下来,爬虫会对获取到的网页内容进行解析,这通常涉及使用 HTML、XML 或 JSON 等标记语言来提取所需的数据。在解析过程中,爬虫还可以进行数据清洗和处理,以确保数据的质量和准确性。最后,爬虫会将解析后的数据进行存储,以便后续分析和使用。在城市体检中运用网络爬虫技术进行大数据采集,关键是对地理空间信息的挖掘,以精确地反映城市各类设施、建筑、道路等的空间分布和位置关系,这对于更新规划、管理和决策具有重要意义。在采用爬虫技术进行城市体检时,采集方法主要有以下几种。

(1)地图 API 接口调用:利用各大地图服务商提供的 API 接口,爬虫可以请求并获取特定位置的地理坐标。这种方法通常具有较高的精度和可靠性，因为地图服务商通常会定期更新和维护地图数据。

（2）HTML 标签解析：有些网站在展示地图或位置信息时，会将地理坐标嵌入 HTML 标签中。通过解析这些标签，爬虫技术可以提取出相应的坐标数据。但需要注意的是，这种方法可能受到网站结构和格式变化的影响，因此可能需要定期更新解析规则。

（3）图像识别技术：对于无法通过 API 或 HTML 标签获取坐标的情况，可以采用图像识别技术。例如，通过对包含地图或位置信息的图片进行识别和分析，可以提取出地理坐标。这种方法虽然技术难度较高，但能够应对一些特殊场景。

同时，在采集空间信息坐标时，还需要注意以下几点：

①数据精度和准确性：确保采集到的地理坐标具有足够的精度和准确性，以满足城市体检的需求。

②数据一致性：对于从不同来源采集到的坐标数据，需要进行统一处理和转换，确保数据的一致性。

③隐私保护：在采集和使用地理坐标时，要严格遵守相关法律法规，保护个人隐私和数据安全。

④合规性：确保爬虫技术的使用符合相关网站的服务条款和政策，避免对目标网站造成不必要的负担或损害。

3.1.3 数字化设备采集

数字化设备采集是一种运用现代数字技术和在线平台来收集、整理和分析数据的研究方法。它突破了传统调研方式的部分局限性，通过高效、便捷的技术手段，实现对大规模、复杂数据的快速获取和深入分析。借助数字设备进行数据采集的特点主要体现在以下几个方面：首先，它具有高效性。采集设备能够在短时间内迅速收集大量数据，并通过自动化处理和分析，快速得出结果，大大提高调研工作的效率。其次，数字化设备采集具有精准性，借助先进的数据挖掘和算法技术，能够更准确地揭示数据背后的规律和趋势，为决策提供有力支持。此外，这种采集方式通过接入互联网实时与在线平台对接，具有广泛性和灵活性。在线平台使得调研能够覆盖更广泛的受众群体，无论是地域、年龄还是其他特征要求，都能更好地满足多样化的需求。同时，工具设备还可以根据具体需求进行定制化设置，适应不同的调研场景和目标。

1. 无人机

无人机倾斜摄影技术是一种高新技术，它利用无人机搭载的多台传感器，以垂直角度和四个倾斜角度，从五个不同的方位进行影像采集。这种技术打破了传统正射影像只能从垂直角度拍摄的局限，能够获取地物更为完整和真实的信息。通过高效的数据采集设备和专业的数据处理流程，该技术能够生成直观反映地物外观、位置、高度等属性的数据成果，为真实效果和测绘级精度提供保证。

在空间再生体检评估中，无人机倾斜摄影技术的应用具有重要意义，它可以帮助规划者和决策者更精准地掌握城市现状，包括建筑、道路、绿化等各个方面的信息。通过生成的高精度实景三维模型及正射影像成果，可以实现对城市空间全方位、多角度的观察和分析。具体来说，无人机倾斜摄影技术可以用于空间再生区域的测绘和建模工作。通过采集的数据，可以精确测量建筑物的尺寸、位置和高度，了解道路和绿化带的布局和面积等信息。这些数据可以为城市更新的规划提供科学依据，帮助决策者制订更为合理和有效的更新方案。

2. 移动感知设备

移动感知设备是集成了传感器的便携式设备，可用于实时监测和收集周围环境的数据。设备通常配备摄像头、加速度计、陀螺仪、磁力计、光线传感器等内置感知模块，以及更专业的用于特定测量的传感器，如温度、湿度、噪声等传感器。这些感知模块使得移动感知设备能够感知使用者的运动状态、行为模式及周围环境的变化。

在空间再生体检评估中，移动感知设备的应用场景十分广泛，常见的采集内容包括人车流量、环境指标等，通过这些设备收集到的实时数据，规划者和决策者可以更加精准地了解城市现状，为城市更新和改造提供科学依据。

①人流与车流采集：通过移动感知设备，可以实时监测和分析人行道、公园、车站等公共场所的人流量。这种数据对于优化规划、调整交通信号及预防拥挤和踩踏事故至关重要。结合 GPS 和传感器数据，移动感知设备可以记录和分析特定区域的车辆流量，为交通管理和规划提供有力支持。

②气温与湿度采集：通过温度和湿度传感器，移动感知设备可以实时监测

城市不同区域的气温和湿度变化。这些数据有助于评估城市微气候，为绿化、水体规划等提供科学依据。

③环境噪声采集：移动感知设备可以通过搭载噪声传感器，监测道路、机场、工地等场所的噪声水平，为噪声污染治理提供数据支持，改善城市居民的生活环境。

3. 房屋检测数据采集

2024 年开始，住建部正式提出建立包括住房健康检查在内的三大体系（其他两项为住房养老和住房保险），以确保住房安全的政策要求，房屋检测成为城市体检理念下兴起的一项重要工作。当前房屋体检正在按照住建部的政策部署，开展 22 个城市的试点工作，尚未形成统一的检测数据标准。总体而言，房屋体检是对房屋结构、设备、装修、消防等方面进行全面检测和评估的活动。以上海市为例，房屋体检包括结构安全和外立面安全检测，涵盖地基基础、结构体系、外墙面、外立面建筑附属构件等内容。对既有建筑的全面系统性体检离不开检测技术，常见的建筑物检测技术以面向既有建筑鉴定、结构健康监测技术为主，基于物联网或 GPS 技术，通过预设的传感器，持续采集数据。近年来该领域引入了先进检测技术和设备，如无人机、AI 识别设备等，从而为建筑物各项数据监控，掌握建筑现状、性能，支撑房屋体检工作提供依据。

4. 数字化调研采集

目前，国内主流在线地图应用均支持面向公众的二次开发服务，能够提供基础的地图浏览、查询、标注、测量等功能及其他各具特色的定制化和个性化服务。基于在线地图开发的调研工具能够充分结合在线地图和大数据信息的优势，通过已知位置点的标注和调查问题的预设，系统能够引导调研人员有针对性地收集数据，在调研后期自动整理导出，能够确保数据的准确性和完整性，并为后续的数据分析和决策提供支持，极大地提高调研效率。笔者及研究团队自主研发了基于在线地图的城市体检调研系统，通过数据收集、分析和可视化，为社区体检评估提供科学决策支持。基于在线地图的调研功能使得系统能够高效地收集和分析与城市体检相关的空间数据。这些功能包括但不限于：

①基于在线地图与大数据信息的已知位置点标注：系统能够利用大数据信息，在地图上自动标注已知的关键位置点，如交通设施、公共设施、商业中心

等。这有助于调研人员快速定位并了解这些位置点的空间分布和特征。

②预设调查问题并录入：系统允许用户预设调查问题，并将这些问题与地图上的特定位置点关联起来。这样，调研人员在进行实地调研时，可以直接在地图上查看问题并记录相关答案。

③现场点、线、面标记：除了预设问题外，系统还支持调研人员在地图上直接进行点、线、面的标记，自定义要素属性内容。这有助于捕捉现场的详细信息，灵活处理现场问题。

④数据自动整理及导出：系统能够自动整理和分析调研人员收集的数据，并生成相应的报告和可视化图表。这大大减轻了数据处理的负担，提高了调研工作的效率。

3.1.4　多源数据清洗与标准化

数据采集后要进行数据清洗和标准化，需要将从不同来源采集的数据进行整合和处理，例如去除异常值、填充缺失值、统一数据格式等，提高数据质量，从而从源头保障后续分析的有效性。此外，在大数据领域，个人隐私和数据安全也是需要特别重视的问题。因此，需要严格遵守相关法律法规，并采取必要的加密和保护措施，确保数据的安全性和合法性。数据处理一般需要注意以下事项。

1. 核实比对数据

①人工数据抽查：依靠人工进行采集数据的核实与比对，以排除由自动化采集而造成的错误或缺失。

②规范保密措施：需要在数据采集过程中采取必要的保密措施，避免信息泄露和滥用。

2. 数据清洗与标准化

数据清洗与标准化是数据预处理的重要环节，它可以排除数据噪声、填补空缺值、将不同格式的数据转化为统一格式等，以提高数据的质量和可用性，为后续的数据分析和建模任务奠定基础。

在数据清洗的过程中，需要先对数据进行初步的识别和检查，以找出异常数据。这部分包括去重、筛选、分组、排序等操作。随后，需要对缺失值进行处理，常见的方法包括删除缺失数据、使用平均数或中位数填充空缺值等。此外，还需针对数据格式进行统一标准化处理，以确保数据的可比性。

（1）文本数据标准化。

①去除重复数据：采用数据去重算法，去除文本数据中的冗余信息，避免重复计算和分析。

②分词处理：将句子或段落中的每个词分割开来，方便后续操作。

③实体识别：对文本数据中的地理位置、机构名称等信息进行抽取和识别。

（2）矢量数据属性标准化。

①属性统一：对矢量数据属性进行规范化，将不同源头的数据统一到同一类属性中。

②编码规范化：通过地理编码和行政区划编码等方式，使矢量数据属性具有可比性。

③填充空值：对矢量数据中存在的空值进行填充，避免影响后续数据分析工作。

（3）矢量数据坐标标准化。

①坐标系统一：将不同源头的矢量数据转换到同一坐标系中，保证矢量数据之间的正确对齐。

②空间关系验证：对矢量数据中的空间关系进行验证和修正，确保矢量数据的准确性和完整性。

③数据格式转换：将不同格式的矢量数据转换为合适的格式，以便于后续的数据处理和分析工作。

通过以上步骤可以对多源数据采集后进行清洗和标准化，达到规范化和一致化的目的。这些流程是社区多源异构数据采集、标准制定与融合建库技术的关键部分，对最终的数据仓库建设和数据应用具有重要影响。

3.2　数据建库及标准制定

3.2.1　数据库标准化建设的必要性

进行社区空间体检评估时，涉及的多源异构数据来自不同的数据系统和部门，数据格式、字段含义、取值范围等都存在差异。因此，数据库的标准化是城市体检评估过程中的关键步骤之一，通过将收集的数据标准化和规范化处理，可以实现数据存储的一致性和可比性。

具体来说，进行数据的标准化和规范化存储有以下好处：①提高数据质量。标准化和规范化可以消除数据中的冗余、错误、不一致等问题，提高数据的质量和准确性，从而提高数据的可信度和应用价值。②提高数据利用率。标准化和规范化可以使不同系统和部门之间的数据兼容性更好，降低数据集成和处理的难度，同时也能提高数据在不同场景下的可重用性和利用率。③提高数据分析效率。标准化和规范化可以使数据字段的定义更加明确和统一，方便后续的数据分析和挖掘，从而提高分析效率和精度。④降低运营成本。标准化和规范化能够优化数据采集、整合和处理的流程，减少人力、时间、物力等成本，提高运营效率和成本控制能力。

3.2.2　数据库标准化的重难点

社区空间体检评估中数据库标准化的重点是如何解决多源异构数据之间的格式、内容、字段定义等方面的差异，并建立统一的标准；其难点是如何应对不同数据源之间存在的复杂关联关系，如何保证数据的准确性和完整性。

针对这些挑战，可以采用以下策略：

①明确数据的来源和用途，尽可能减少数据冗余，降低数据处理难度。

②采用现有的标准进行数据处理，如行政区划标准、人口与社会经济统计标准、土地利用现状分类标准、基础地理信息数据库标准、建筑物分类与代码标准、环境监测数据管理标准、综合交通运输标准、区域产业分类标准、大数据分类标准等。现有数据标准梳理如表 3-1 所示。

表 3-1　现有数据标准

标准类别	标准介绍	标准应用场景	适用对象	典型标准举例
行政区划标准	规定了我国行政区划的命名、代码、划分等内容	城市体检评估中提供较为基础的行政区划信息	行政区划数据	《中华人民共和国行政区划代码》(GB/T 2260—2007)
人口与社会经济统计标准	国家统计局与国家卫生健康委颁布的有关人口、就业、收入、教育、医疗卫生等方面的统计标准	城市体检评估中提供人口和社会经济数据支撑	人口、就业、收入、教育、医疗卫生等数据	《国家卫生与人口信息数据字典》(WS/T 671—2020)、《社会经济目标分类与代码》(GB/T 24450—2009)等
土地利用现状分类标准	国家林草局、自然资源部等部门联合制定的土地利用现状分类与代码	城市体检评估中提供土地利用信息	土地利用数据	《国土空间调查、规划、用途管制用地用海分类指南(试行)》(2020年11月)、《国土空间规划"一张图"实施监督信息系统数据标准》(DB41/T 2329—2022)、《市级国土空间总体规划数据库规范(试行)》(自然资办发〔2021〕31号)等
基础地理信息数据库标准	自然资源部颁布的现代地理国情普查与地理信息数据库(DLG)标准	城市体检评估中提供基础地理信息	基础地理信息数据	《地理国情普查基本统计技术规程》(2021年2月报批稿)、《1:500 1:2000基础地理信息要素数据库技术规范》(DB12/T 1090—2021)等
建筑物分类与代码标准	住房城乡建设部颁布的建筑物分类与代码标准	城市体检评估中提供有关建筑物的信息	建筑物数据	《社会治理要素 建筑房屋属性分类编码规范》(DB4403/T 70—2020)等
环境监测数据管理标准	生态环境部发布的大气、水、土壤等环境监测数据管理相关标准	城市体检评估中提供环境质量数据支持	大气、水、土壤等环境监测数据	《PM$_{2.5}$气象条件评估指数(EMI)》(QX/T 479—2019)、《地下水污染监测与评价规范》(DB61/T 1387—2020)等

续表 3-1

标准类别	标准介绍	标准应用场景	适用对象	典型标准举例
综合交通运输标准	交通运输部制定的交通运输基础设施分类与代码标准	城市体检评估中提供交通基础设施数据支撑	交通基础设施数据	《道路交通信息服务　浮动车数据编码》（GB/T 29105—2012）、《城市轨道交通设施设备分类与代码》（GB/T 37486—2019）等
区域产业分类标准	国家统计局颁布的区域产业分类标准	城市体检评估中提供有关产业构成的信息	区域产业数据	《国民经济行业分类》（GB/T 4754—2017）等
大数据分类标准	国家市场监督管理总局与国家标准化管理委员会颁布的大数据相关标准	城市体检评估中提供有关大数据分类、存储等标准参考	各类型大数据	《信息技术　大数据　面向分析的数据存储与检索技术要求》（GB/T 41818—2022）、《信息技术　大数据　数据分类指南》（GB/T 38667—2020）等

③利用数据仓库或 ETL 技术，建立一个统一的数据处理流程，使得数据在处理过程中能够自动化完成转换和整合，如笔者团队基于 FME 平台针对各分项指标搭建单独的指标处理模板，实现"库到表"的全自动处理流程，即使后续更新数据源也仅需再次运行模板，即可按原分析流程输出新的评价结果。

针对不同的数据处理场景，采用不同的数据标准和处理策略，并配合人工审核或二次验证方式，最大限度地避免错误数据的影响，如针对以街景地图为代表的语义分割、目标识别类分析需求，就与通常的地理空间数据分析需求不一致，可采取不同的分析方法、工具与处理流程，实现"同类问题共享同类解决策略"，以降低数据处理的难度，提升自动化水平。

3.2.3　多源异构数据库标准制定

由于多源异构数据库标准化的必要性，笔者按照社区体检指标评估过程对所需数据进行了梳理，在此基础上建立多源异构数据库标准。将所有数据按照形式、来源分为 4 大类，分别为矢量数据、栅格数据、文本表格数据和其他来源数据（如测绘调查数据）。由于搜集的数据来源不同，数据格式、逻辑结构有很大差异，不能形成评价指标，所以针对不同类型数据需要制定不同的数据处理方式、数据存储标准，方便后续多源数据的存储、融合和挖掘（表 3-2）。

表3-2 多源异构数据库标准形式一览表

数据类型	类型细分	数据形式	格式	数据来源	必要字段	非必要字段	备注说明
矢量数据	交通出行 场库停车场	POI	SHP/GDB	"长沙易出行" App	序号、经度、纬度、名称、停车位数量	所属区域	
	路内泊位						
	轨道站点			百度、高德地图POI数据/网络搜集整理补充	序号、经度、纬度、名称、所属大类、所属中类、所属城市	所属小类、类别代码、地理位置、所属省份	
	公交站点						
	违章发生点			ICAUTO网记录的电子眼空间分布位置及各电子眼对应的违章名录	序号、经度、纬度、所属省份、违章情况	地理位置	
	交通拥堵状况	线	SHP/GDB	百度、高德地图实时的路况数据	序号、时间、X轴瓦片、Y轴瓦片、拥堵等级、瓦片级别		通过时间序列和拥堵等级能识别出城市早中晚高峰情况
	普通路网			OSM矢量道路网数据、百度、高德道路交通数据 API接口/网络搜集整理补充	序号、道路名称、道路类型、是否单向、是否为隧道、所属城市		
	轨道线路				序号、轨道线路编号、轨道线路名称、起点、终点		
	公交线路				序号、公交线路编号、公交线路名称、起点、终点		
	科教文化 幼儿园	POI	SHP/GDB	百度、高德地图POI数据	序号、经度、纬度、名称、所属大类、所属中类、所属城市	所属小类、类别代码、地理位置、所属省份	
	小学						
	中学						
	文化活动设施						
	文化艺术场馆						
	体育设施						

续表 3-2

数据类型	类型细分	数据形式	格式	数据来源	必要字段	非必要字段	备注说明
矢量数据	卫生服务设施	POI	SHP/GDB	百度、高德地图 POI 数据	序号、经度、纬度、名称、所属大类、所属中类、所属城市	所属小类、类别代码、地理位置、所属省份	
医疗卫生 — 医院							
养老设施							
便民服务 — 咖啡馆、茶舍	POI	SHP/GDB	百度、高德地图 POI 数据	序号、经度、纬度、名称、所属大类、所属中类、所属城市	所属小类、类别代码、地理位置、所属省份		
大型商业设施							
便民商业服务设施							
公园							
邻避设施（垃圾站等）							
历史人文 — 历史建筑	POI	SHP/GDB	百度、高德地图 POI 数据/网络搜集整理补充	序号、经纬度、名称、建筑名称、所属类别、所属区域	始建年份、是否修缮	
网红打卡点				序号、名称、经度、纬度、总话题阅读次数、总话题讨论次数、热度星级	30 天内话题阅读次数、30 天内话题讨论次数、30 天内话题原创次数		
地标建筑		SHP/GDB		序号、经度、纬度、名称、所属大类、所属中类、所属城市	所属小类、类别代码、地理位置、所属省份		
特色街道	线	SHP/GDB		序号、街道名称、街道长度、所属区域		
历史步道				序号、步道名称、步道长度、所属区域		

续表 3-2

数据类型		类型细分	数据形式	格式	数据来源	必要字段	非必要字段	备注说明
矢量数据	多元包容	母婴室	POI	SHP/GDB	百度、高德地图 POI 数据	序号、经度、纬度、所属城市	名称、面积	
		爱心斑马线	线		遥感影像解译	序号、斑马线长度、所属区域	地理位置	通过遥感影像解译后矢量化为线
	危险避险	消防站点	POI	SHP/GDB	百度、高德地图搜集整理补充	序号、站点名称、经纬度、所属区域、站点规模	地理位置	
		危化品仓库			百度、高德地图 POI 数据/网络搜集整理补充	序号、仓库名称、所属企业/单位、仓库面积、经营内容、地理位置		
		应急避难场所	AOI			序号、地理位置、经纬度、避难场所名称、避难场所面积		
	企业发展	企业基本数据	POI	SHP/GDB	天眼查、企查查数据/百度、高德地图 POI 数据	序号、经度、纬度、公司名称、地址、所属行业、成立日期	注册资本	
		建筑轮廓数据	AOI		百度、高德建筑轮廓数据/CAD 数据高分辨率遥感卫星	序号、建筑层数	建筑高度	
	开放空间	慢行绿道	线	SHP/GDB	OSM 数据/网络补充整理	序号、绿道名称、绿道长度、所属区域		
		生活岸线				序号、所属区域、岸线编号		
		生态岸线						
		景区	AOI	SHP/GDB	百度、高德地图 AOI 数据	序号、名称、UID、AOI 子类、AOI 大类、所属区域、所属城市		
		公园						
		植物园						
		水系						

续表 3-2

数据类型	类型细分	数据形式	格式	数据来源	必要字段	非必要字段	备注说明
DEM	地形高程	格网	JPG/TIFF/GDB	ASTER 全球数字高程模型、航天飞机雷达地形任务(SRTM)、全球数字地表模型(ALOSWorld3D-30 m)、ArcGIS(ESRI)、激光雷达数据等	ID、VALUE、COUNT		DEM 数据直接可得
	坡度坡向	格网	JPG/TIFF/GDB		ID、Shape(类型)、Contour(等高线)、Shape_Length		在 DEM 基础上,使用 ArcGIS 软件中坡度、坡向工具可以得到该数据
栅格数据 遥感影像数据	绿地覆盖	格网	JPG/TIFF/GDB	SPOT4-5、Landsat8OLI_TIRS 等多光谱遥感卫星	近红外波段、红波段	其他波段	主要利用 NDVI 指数提取绿地和森林,需要用到遥感卫星近红外波段和红波段
	森林覆盖	格网	JPG/TIFF/GDB				
	水域覆盖	格网	JPG/TIFF/GDB	SPOT4-5、哨兵 2 号(Sentinel-2)L2A 等多光谱遥感卫星	近红外波段、绿波段、红波段	其他波段	主要利用 NDWI 指数提取水体,用 NDBWI 指数分正常水体和污染水体,需要用到遥感卫星近红外波段和红波段
	污染水体	格网	JPG/TIFF/GDB				
	城市地表温度	格网	JPG/TIFF/GDB	Landsat8、高分 5 号等具有热红外波段的多光谱遥感卫星	热红外波段、中红外波段、近红外波段	其他波段	利用卫星热红外波段对地表温度进行反演测算,再通过 NDBI 指数计算不透水面,从而将城区和郊区分开来,计算城市热岛强度
	城市热岛强度	格网	JPG/TIFF/GDB			其他波段	
	城市不透水面	格网	JPG/TIFF/GDB	含有中红外波段和近红外波段的多光谱遥感卫星	中红外波段、近红外波段	其他波段	主要利用 NDBI 指数提取不透水面,需要用到遥感卫星近红外波段和中红外波段

续表 3-2

数据类型	类型细分	数据形式	格式	数据来源	必要字段	非必要字段	备注说明
百度街景图	街道绿视	带有语义分割结果的图片/POI	JPG/SHP/GDB/CSV	百度地图街景模式	序号、经纬度、植被覆盖占整个图片的面积	街道占比、建筑占比、人行道占比、车辆占比等	根据需求选取合适的模型，对街景图像进行语义分割，获得街道绿视结果。最后可将单个点四个方向的街景图片评价结果进行汇总评价并存储为 SHP 文件，进行可视化
	建筑风貌				序号、经纬度、建筑风貌美观度、片区风貌单调度、片区风貌压抑度、片区风貌活力度、片区风貌安全度、片区风貌富有度		
	共享单车停放有序性				序号、经纬度、共享单车停放有序度		
航拍影像	数据补充	图片/栅网	BMP/JPG/JPEG/PNG/TIFF	无人机摄影	无		补充图片
人摄影像	数据补充	栅网	TIFF	人为摄影			补充图片
WorldPop 人口栅格	人口栅格	栅网	TIFF	南安普顿大学全球人口数据评估	人口总和、人口密度		

栅格数据

续表 3-2

数据类型	类型细分	数据形式	格式	数据来源	必要字段	非必要字段	备注说明
第七次全国人口普查	常住人口	文本/表格	TXT/XLS/XLSX/CSV/DOCX	政府发布	户别人口、性别构成、年龄构成、流动人口		主要与 WorldPop 人口栅格数据配合使用，测算一个片区内的人口数量
	户籍人口						
	流动人口						
	总户数						
	青少年人口						
	男性人口						
	女性人口						
	老龄人口						
小区数据	物业管理住宅小区	JSON/POI/表格	XLS/XLSX/CSV/SHP/GDB	政府官方/安居客、房天下、贝壳找房等网站	序号、小区名、是否有物业管理、物业名称、小区地址		由于小区数据量较大，主要使用爬虫手段爬取相关数据，数据获取形式多样，需进行标准化统一
	安装电梯楼栋				序号、所属小区、楼栋号、是否安装电梯、小区地址		
	受投诉小区				序号、小区名、受投诉案件数、小区地址		
	垃圾分类小区				序号、小区名、是否已实现垃圾分类、小区地址		

文本表格数据

续表 3-2

数据类型	类型细分	数据形式	格式	数据来源	必要字段	非必要字段	备注说明
实地调研数据	建筑立面	AOI	SHP/GDB		序号、区域建筑立面整洁度、建筑楼栋数、建成年代、所属小区、所属区域		
	地面潮湿巷道	线/表格	SHP/GDB/XLS/XLSX/CSV		序号、巷道名称、巷道地址、巷道地面情况、所属区域		
	烂尾楼	POI/表格	SHP/GDB/XLS/XLSX/CSV	现场调研记录/数字化在线调研系统辅助	序号、问题名称、地理位置、备注		
	小区管网堵塞						
	小区屋顶漏水						
	环境噪声						
	空中线路						
	晾晒混乱点						
	城市管井盖						
	消防隐患点						
	市政消防栓						
政府官方数据	城市再生水	文本/表格	TXT/XLS/XLSX/CSV/DOCX	政府发布	序号、再生水处理企业/工厂名称、地理位置、日均再生水处理吨量、再生水水质、再生水利用率	经纬度	
	城市内涝点				序号、内涝点地理位置、内涝点所属区域	经纬度	
	安全事故发生点				序号、安全事故发生地理位置、安全事故所属区域、死亡人数、受伤人数	经纬度	含有空间信息的数据可通过地理编码转化为POI数据
	集中隔离点				序号、集中隔离点名称、地理位置、集中隔离房间数、隔离房间数	经纬度	
	核酸采样点				序号、采样点名称、地理位置、是否自费、是否支持黄码采样	经纬度	
	低保人数				序号、所属街道、户数、人数、发放金额		

续表 3-2

数据类型	类型细分	数据形式	格式	数据来源	必要字段	非必要字段	备注说明
测绘调查数据	地形测绘数据 建筑质量 建筑结构 建成年代 建筑层数 建筑密度 建筑容积率 建筑面积	AOI/CAD	DWG/DXF/SHP/GDB	政府发布/激光雷达测量/全站仪/无人机测绘等	所属地块编码、建筑编码、建筑名称、建筑质量、建筑结构、建成年代、建筑层数、建筑面积、建筑容积率		在数据融合时，可将 CAD 格式的数据转为 SHP 格式的矢量数据，必要字段为矢量数据的属性
	三调数据 湿地 耕地 商服用地 城镇住宅用地 农村宅基地 殡葬用地 基本农田保护区 生态保护红线	AOI	DWG/SHP/GDB	政府发布	序号、标识码、要素代码、图斑编号、地类编码、地类名称、权属性质、权属单位代码、坐落单位名称、图斑面积、图斑地类面积	数据年份、备注等	

（1）数据分类标准化：将数据按照不同的类型进行分类，例如矢量数据可以按功能分为交通出行、科教文化、医疗卫生等类型，栅格数据可以分为DEM、遥感卫星影像数据、街景图像等类型，文本表格数据可以分为人口统计数据、商业数据等类型，测绘调查数据可以分为国土空间调研数据、地形地貌数据等类型。同时针对不同数据源中同一类型数据需要进行标准化处理，统一数据格式、统一数据必要字段等。

（2）数据格式标准化：统一矢量数据、栅格数据、文本表格数据和测绘调查数据的数据格式，例如矢量数据主要为各种具有空间属性的点、线、面数据，如 POI、AOI 等，此类数据为片区体检评估的基础数据，可采用 Shapefile（或 SHP）、JSON、Geographical Database 等格式；栅格数据主要为空间格网数据及图像影像数据，可采用 TIFF、JPEG、PNG 等格式；文本表格数据为非结构化数据，其主要为矢量、栅格数据的补充，采用 CSV、Excel 等格式；测绘调查数据主要是地形地貌、用地类型等面数据，同样也是对指标所需数据的补充，采用 Shapefile、DWG 等格式。

（3）数据元数据标准化：为每个数据源建立元数据，包括数据源名称、数据采集时间、数据来源、数据格式、数据坐标系、数据属性等。其中对于数据坐标系和数据属性，需要统一多源数据的空间坐标系，针对不同类型数据规范数据的必要属性，确保数据的质量和可靠性。

数据命名规范化：规范化数据的命名方式，例如按照数据内容、类型等因素命名，确保不同数据源的数据命名方式一致。

3.3　多源数据融合方法

3.3.1　非结构化数据

非结构化数据指的是没有明确格式和组织方式的数据，例如文本、音频、视频等。为了将这些非结构化数据变得可用和有用，需要将它们转换成结构化数据。

一种方法是使用自然语言处理技术，将文本数据转换为结构化形式。例如，使用命名实体识别算法来识别具有特定含义的单词和短语，然后将其标记为特定的类别，如人名、地名、组织机构名称等。另一种方法是使用文本分类算法将文本数据分成不同的主题或领域，并将其归入相应的类别中。对于音频、视频数据，则可以使用语音识别和图像识别技术，将它们转换成文本或图像格式，然后进行进一步的处理和分析。一旦非结构化数据被转换成结构化数据，就可以使用更广泛的工具和技术来分析、挖掘和可视化这些数据，从而提取有价值的信息和洞见。

典型的结构化方法包括自然语言处理、图像处理、知识图谱、语音处理等，具体如表 3-3 所示。

表 3-3　非结构化数据的典型结构化方法

结构化方法	定义	适用数据类型	处理步骤	常用工具	优点与局限性
自然语言处理（NLP）	将自然语言转换为计算机能够理解和处理的形式	文本数据，如新闻、社交媒体、电子邮件、网站内容等	分词、实体识别、情感分析、语义分析、文本分类等	NLTK、spaCy、Stanford CoreNLP 等	帮助企业从海量文本数据中获取有价值的信息，并进行智能化的决策。但对于复杂的语义、常见多义词、歧义以及语言漏洞等情况不总是准确
图像处理（IP）	对数字化的图像进行数字信号处理以及各种算法运算的过程	图像和视频数据，如照片、地图、传感器采集的图片、视频直播等	预处理、特征提取、目标检测等	OpenCV、Pillow、Scikit-Image 等	能有效地进行目标检测、图像识别等任务。但由于图像数据本身具有一定的模糊性和不确定性，算法准确性受到限制
知识图谱（KG）	用来描述实体间关系的图形化表示方法	多样化的非结构化数据，包括文本、图像、视频、音频等	实体识别、实体链接、关系抽取等	OpenKG、Apache Jena、RDFlib 等	能将多样化的非结构化数据转换成结构化数据，便于机器理解和应用。同时也具有良好的可视化效果，利于人们了解相关知识信息。但在构建过程中需要耗费大量时间和资源，对于手工搭建的知识图谱维护困难

续表 3-3

结构化方法	定义	适用数据类型	处理步骤	常用工具	优点与局限性
语音处理（SP）	将人类语音转换成数字信号，并对信号进行分析、加工、还原的过程	语音数据，如电话录音、语音识别、人机交互等	预处理、特征提取、信号分析、语音识别等	TensorFlow、Kaldi、HTK 等	可应用于智能音箱、人机交互、电话客服等场景。但语音数据本身受到环境噪声干扰以及个体差异的影响，存在一定的识别准确率问题

1. 自然语言处理（NLP）

自然语言处理（natural language processing，NLP）是计算机科学和人工智能的一个重要领域，旨在使计算机理解、分析、生成和操作人类语言。它主要应用于文本数据的处理，如新闻、社交媒体、电子邮件、网站内容等。自然语言处理包括多个部分，主要包括分词、实体识别、情感分析、语义分析、文本分类等。常用的自然语言处理工具包括 NLTK、spaCy、StanfordCoreNLP 等。自然语言处理在文本分析和理解方面具有很大的优势，可以帮助企业和政府管理部门从海量文本数据中获取有价值的信息，并进行智能化的决策。但是，自然语言处理对于复杂的语义、常见多义词、歧义及语言的漏洞等情况并不总是准确，下面将分别从主要应用方法和面临的挑战与前景这两个方面展开介绍。

（1）NLP 技术的主要应用方法。

NLP 技术可以将非结构化数据转换为结构化数据，从而实现数据融合和数据分析的目的，其主要应用包括以下几种。

①文本分类：文本分类是对一段文本进行自动分类的过程。NLP 技术可以通过词频、词性、情感等特征，将非结构化的文本数据进行分类，例如将某篇文章归类为新闻、评论、广告等类型。在数据融合的过程中，文本分类可以帮助企业更好地理解海量非结构化数据，并进行有效的挖掘和利用。

②实体识别：实体识别是对文本中的人名、地名、机构名等实体进行识别和标注。通过 NLP 技术，可以自动识别并标注出这些实体，并进一步将其与其他类型的数据进行关联。例如，在新闻报道中，可以自动识别并标注出报道中

提到的人物、地点等实体，并进一步与相应的时间和事件进行关联。

③情感分析：情感分析是对文本中蕴含的情感信息进行分析和识别。通过NLP 技术，可以将非结构化文本数据转换为情感极性（如正面、负面、中立）等信息，并用于企业的市场调研、用户反馈等方面。例如，对某个品牌在社交媒体上出现的评论进行情感分析，可以进一步了解品牌的用户反馈和需求，从而为企业决策提供有价值的参考。

④关键词抽取：关键词抽取是从文本中识别出关键的词语或短语。通过NLP 技术，可以自动识别出非结构化数据中的重要信息的核心内容，并进行自动标注和索引。在数据融合的过程中，关键词抽取可以提高数据的可读性和查询效率，从而为企业的决策提供有力支持。

⑤文本摘要：文本摘要是通过 NLP 技术将一篇文章、新闻报道等文本数据自动压缩为摘要，保留主要信息的同时去除无关信息。在海量非结构化数据的处理过程中，文本摘要可以大大提高数据处理效率，减少冗余信息，帮助用户更快速地了解数据的主要内容。

（2）NLP 技术面临的挑战与前景。

在空间评估领域中，NLP 技术已经成了处理非结构化数据的重要工具。它可以提取文本中有价值的信息，并将其与其他类型的数据进行关联和分析，从而为评估工作提供有效的决策支持。然而，在大数据和非结构化数据融合过程中，NLP 技术也面临着一些挑战和问题。

其中，文本的数据质量是一个重要挑战，大数据来源广泛，可能包含很多噪声和错误信息，NLP 技术需要解决噪声和误差的问题，并确保数据质量和准确性。此外，缺乏标准化表达和分类也是一个不容忽视的问题。文本通常具有一定的领域专业性，在意图、关键字提取等方面存在标准不统一、分类不清晰的问题，这使得对文本进行处理和分析时可能会忽略某些重要信息。而难以把握语言中的上下文和含义也是一个普遍存在的问题。在语言中，同样的单词或短语在不同的上下文中可能会有多种含义，NLP 技术需要解决如何正确理解这些词语的问题。

尽管存在这些挑战，但 NLP 技术的应用前景依然广阔。通过对大数据中非结构化数据的处理和分析，NLP 技术可以帮助规划者了解居民需求、市场信息和公共设施使用情况等，从而为城市更新提供有效的决策支持，帮助实现更加高效和人性化的城市发展。此外，借助 NLP 技术，评估工作者可以更好地利用非结构化数据,分析城市当前和未来的发展方向,为城市的未来发展提供有效的决策支持。因此,开发高效、准确和实用的 NLP 技术,将成为城市更新的重要挑战,也将推动城市智慧化建设和空间再生的不断完善。

未来,NLP 技术将继续得到深入研究和应用,不断完善和提高技术的准确性和实用性。一方面,随着大数据时代的到来,非结构化数据已经成了企业智能化的重要组成部分,NLP 技术将在更广泛的场景中发挥作用,例如社交媒体监测、金融风险评估、医疗保健等领域。另一方面,如何打通 NLP 技术与其他技术的集成流程也是一个极具挑战的问题,例如深度学习、知识图谱等,这些技术的融合可以帮助政府管理部门与企业更好地理解和利用非结构化数据,实现更加智能化的数据融合和分析。

因此,NLP 技术的应用将有助于优化城市治理,创造更高效的治理环境。建立智慧城市,营造安全、舒适、健康、有活力的城市生活空间,需要进一步强化相关技术的研究和开发,解决技术面临的问题,提升技术的准确性和实用性,推动空间再生的不断完善,建设更加美好、智慧的城市。

2.图像处理(IP)

图像处理(image processing,IP)是指对数字化的图像进行数字信号处理及用各种算法运算的过程,旨在获取更加清晰、精确的图像信息。它主要应用于图像和视频数据的处理,如照片、地图、传感器采集的图片、视频直播等,处理流程包括预处理、特征提取、目标检测等环节。图像处理对于复杂的图像分析和处理具有很大的帮助,能够有效地进行目标检测、图像识别等任务。但是,由于图像数据本身具有一定的模糊性和不确定性,因此算法的准确性受到了部分限制。

(1)IP 技术的主要应用方法。

图像处理技术是非结构化数据中的一个重要组成部分,它可以通过数字化的方式将图像数据转换为计算机能够读取和处理的形式,经过算法处理,生成新的图像、提取特征等。这项技术可以协助对城市空间数据进行更加全面深入的分析和研究,从而提高城市规划管理和编制水平。目前在更新规划领域,图像处理技术被广泛应用于以下几个方面。

①地理信息系统(GIS):GIS 是一种基于计算机的工具,可以将地图和数据库相结合,对地理空间信息进行智能处理和管理(图 3-1)。图像处理技术可以

协助 GIS 系统实现诸如地图投影、地形模拟、遥感数据处理与分析等功能，一些卫星和气象数据的数字图像可以通过 IP 技术变成可以直接应用到模型中的矢量数据，实现栅格数据的矢量化、结构化。

图 3-1　地理信息系统（GIS）图像处理技术的应用示意图

②建筑物检测与识别：通过对建筑物进行检测与识别，评估其价值和贡献度。图像处理技术可以帮助进行图像数据的特征提取和分析，例如，建筑物检测与识别需要从大量的空间数据中提取出建筑物的特征属性，如建筑物的高度、面积、形状、颜色等。利用图像处理技术提取相关的特征，有利于更好地评估建筑物的价值和贡献度。

③城市交通路况评估：交通是空间评估中不可忽略的重要组成部分。图像处理技术可以帮助识别车辆、行人、自行车等交通工具，同时评估交通网络的质量和安全性。例如，通过交通摄像头对道路情况进行实时监控，运用图像识别技术对路口拥堵情况、道路维护情况、停车场容量利用率等进行分析和预判，帮助规划者更好地优化交通管理，以提高交通管理的效率和准确性。

④街道综合品质测度：图像处理技术可以基于互联网地图上定期更新的街景全景图影像数据开展城市范围内各现状街道的综合品质测度，比如街道景观风貌评估、日常活力评估、车辆违停乱放检测、街道拥堵情况测度等场景，为政府管理部门、规划编制单位和城市空间研究者提供一个统一口径、横向可比的分析方法，以优化现有的管理手段和规划编制方法，更好地对城市实现精准管控（图 3-2）。

⑤环境污染监测治理：环境保护也是空间评估中重要的一项工作。图像处理技术可以通过增加专项摄像头的方式协助规划师、建筑师对污染源进行长周

图 3-2　街道综合品质测度图像处理技术的应用示意图

期的实时检测与追踪，并对收集的数据进行实时统计分析，辅助政府管理部门实时掌握污染大户的污染排放情况，以制定更好的环保政策和管理措施等。

（2）IP 技术面临的挑战与前景。

IP 技术可以用于大数据的非结构化数据融合，实现对城市环境、交通流量、建筑物高度、绿化覆盖率等方面的定量化描述和分析，从而为城市更新规划人员提供更可靠、更准确的数据基础。

不过，在使用 IP 技术进行非结构化数据融合时，会面临一些困难。首先，由于城市环境异常复杂，需要采用高效准确的算法来处理这些数据。其次，图像数据质量也是一个关键问题，包括清晰度和准确性。另外，由于城市环境变化很快，数据的更新和维护也变得尤为重要。

尽管存在许多挑战，但 IP 技术在城市更新领域中的应用仍然具有广阔的前景。随着无人机技术和卫星遥感技术的发展，城市环境等数据能够被收集得更加全面、快捷。同时，计算机视觉和深度学习技术不断进步，使人们能够更好地处理更加复杂的城市环境问题。总体而言，IP 技术在大数据和非结构化数据融合过程中的应用有很大的发展潜力，随着城镇空间信息化的不断普及和发展，该技术未来所扮演的角色将变得越来越重要。

3. 知识图谱（KG）

知识图谱（knowledge graph，KG）是用来描述实体间关系的图形化表示方法，它通过利用语义信息将不同实体之间的关系在图形结构中呈现出来，以便更好地为人们提供相关知识信息。它主要适用于多样化的非结构化数据，包括文本、图像、视频、音频等。KG 的构建过程包括实体识别、实体链接、关系抽取等环节。常用的 KG 构建工具包括 OpenKG、Apache Jena、RDFlib 等。KG 能够将多样化的非结构化数据转换成结构化数据，便于机器理解和应用。同时，KG 也具有良好的可视化效果，利于人们了解相关知识信息。但是，在构建过程中需要耗费大量的时间和资源，且对于手工搭建的 KG，存在维护困难等问题。

在非结构化数据融合领域中，KG 技术可以将不同来源、不同格式的信息整合，以更加清晰易懂的方式呈现给用户。由于 KG 提供了精确的数据管理和组织，数据质量和可重用性都得到了很大的提升，同时通过建立各种关系和约束条件，KG 也可以帮助人们更好地理解和利用数据。

（1）KG 技术的主要应用方法。

①实体/属性抽取：作为构建 KG 的第一步，其目的是从文本中抽取出对 KG 有意义的实体和属性。实体通常包括人、地点、事件、组织机构等，而属性则指实体的特征或性质，如实体的名称、类型、描述、位置信息等。

②实体关系抽取：建立实体之间的关系是构建 KG 的重要环节，关系可以识别出不同实体之间的联系与作用。基于机器学习和自然语言处理技术，可以获取文本中存在的关系模式，并将这些信息映射到 KG 中。

③实体链接匹配：由于 KG 需要具有明确的实体定义并对与其对应的项属性进行标准化，因此，需要通过实体链接技术将文中提及的实体与已经存在的 KG 实体进行匹配和链接。

④知识表示存储：为了让 KG 以易读、易管理和高效的方式呈现，需要采用一种结构化、标准化的方法来组织和存储数据，有多种实现方式可选，如 RDF、OWL 等规范。

（2）KG 技术面临的挑战与前景。

KG 技术面临的挑战主要有以下三点：一是数据准备工作量大，KG 需要大量的数据支持才能发挥其价值，在非结构化数据融合领域中，需要从各种来源处获得数据并进行清理、去重和标注等前期准备工作，工作量较大；二是数据质量问题，非结构化数据往往存在严重的噪声和不确定性问题，这使得 KG 构建和应用变得更加复杂，因此，在使用 KG 技术前需要处理并修复数据中的错误和不一致性；三是数据保护和安全问题，由于非结构化数据融合涉及多个数据来源和所有者，因此需要针对数据隐私与权限进行安全措施和访问权限控制等考虑，以保障数据隐私安全。

大数据辅助社区空间评估领域是 KG 技术的一个重要应用方向，通过将城镇社区各种资源、设施、人口和行为等信息整合到一个结构化的 KG 中，可以更好地分析社区现状和未来趋势。一方面，KG 技术可以帮助有关部门对城市空间资源进行更加全面和准确的描述和分析。例如，可将城市基础设施、交通网络、房产信息、公共服务等资源信息整合进 KG 中，从而更好地理解这些资源之间的关系和作用，并为城市更新规划提供更有针对性的建议。另一方面，KG 技术也可以帮助有关部门更好地了解城镇社区居民的特征和需求。例如，可将人口属性、社区组织、文化教育等信息整合进 KG 中，从而分析出社区居民的需求和兴趣点，以提供更具针对性的建议与服务。

此外，KG 技术还可以更好地预测城市未来发展趋势，从而提供更可靠的决策依据。例如，通过结合历史数据和当前市场情况，可以预测未来城市人口增长趋势、经济发展方向等，从而指导城市更新工作。

4. 语音处理(SP)

语音处理(speech processing，SP)是指通过计算机技术将人类语音转换成数字信号，并对信号进行分析、加工、还原的过程。它主要适用于语音数据的处理，如电话录音、语音识别、人机交互等。SP 包括预处理、特征提取、信号分析、语音识别等环节。常用的 SP 工具包括 TensorFlow、Kaldi、HTK 等。SP 在语音交互和语音识别方面具有很大的潜力，可以应用于智能音箱、人机交互、电话客服等场景。但是，语音数据本身会受到环境噪声干扰及个体差异的影响，因此也存在一定的识别准确率问题。

SP 技术可以帮助人们更好地处理非结构化数据，如辅助社会调研活动中的访谈工作。一方面，受访对象对问题的回答往往较为复杂，而 SP 技术可以帮助从这些数据中提取出有价值的信息并供进一步理解和分析。另一方面，基于结构化的提纲与居民进行充分的交流和沟通，可以批量化处理问答结果，通过 SP 技术，可以将居民的口述信息转换为文字，以结构化的形式提取数据信息，从而支持更好的决策制定。

(1)SP 技术的主要应用方法。

①语音识别(speech recognition)：语音识别是将音频信号转换成对应文本

的技术。通过建立语音模型和语言模型，可以将各种数据中所包含的音频信息转换为结构化文本数据，方便后续的处理与分析。例如，在空间大数据中，一些交通监控视频中会包含车辆和行人的声音等非结构化信息。利用语音识别技术，可以自动将这些声音信息转换为文字，并将其与其他相关信息结合起来，以获得更全面的城市交通状态。

②语音合成（text-to-speech）：语音合成是将文本转换为语音的过程。它可以帮助人们快速获取数据中的信息，并提高数据的可读性。例如，政府部门可能会发布公告、新闻稿等非常重要的信息。通过语音合成技术，这些信息可以被转换成语音播报，方便市民和决策者随时查询并了解最新的更新动态。

③声音分析（sound analysis）：声音分析是将声音信号转换为可理解信息的过程。它可以帮助人们更好地利用数据中的非结构化信息。例如，人们可以通过对发射器或传感器的声音进行分析来识别管道是否有渗漏等问题。这些声音信号可以通过 SP 技术进行分析和研究，以便更好地了解水资源管理等相关问题。

④语音搜索（voice search）：语音搜索是一种基于自然语言的搜索方式。它可以帮助人们轻松找到数据中所需的信息，并提高数据检索的效率与精度。例如，人们可以使用语音搜索技术来查找城镇社区大数据中的某个地址、交通情况等信息。此外，语音搜索还可以帮助人们快速获取城镇社区数据中的其他信息，如天气预报、公共交通路线等。

（2）SP 技术面临的挑战与前景。

SP 技术在社区空间评估工作中的应用中存在着一些困难和挑战：一是语音质量不佳，数据中包含了大量的嘈杂声音，语音质量不佳会影响语音识别和语音分析的精度；二是语言多样性问题，在数据中，不同的人可能使用不同的语言、方言或口音，这些语言多样性问题会影响 SP 技术的准确性和可靠性；三是数据隐私和安全问题，SP 技术需要访问用户的声音信号等个人信息，而这些信息容易受到黑客攻击和数据泄露的威胁；四是系统整合难度大，大数据通常是由多种不同的数据集组成的，这些数据集可能来自不同的来源、格式，或者使用了不同的标准。因此，在 SP 技术的应用过程中，需要将不同的数据进行整合、匹配和清洗，以保证数据的质量和可靠性。

尽管存在挑战，但 SP 技术具有广阔的应用前景。未来，SP 技术将继续向以下几个方向发展：一是语音识别技术的提升，随着深度学习技术和自然语言处理技术的不断进步,语音识别技术的准确率和效率将会不断提高,可以更好地应用于城市更新领域;二是多语种、口音识别技术的发展,随着全球化的加速和人类移动的便利性,语言多样性问题将越来越突出,对于大数据而言,需要研究和开发能够识别不同语言、口音和方言的 SP 技术;三是音频信号分析技术的应用,除了文本转换之外,音频信号分析技术还可以帮助人们更好地了解与声音相关的信息,如噪声源定位、渗漏检测等;四是语音搜索技术的改进,随着语音搜索技术的不断发展,未来将会出现更加智能和高效的语音搜索工具,这些工具可以通过学习用户的搜索行为和搜索结果反馈,将搜索结果个性化和优化,提供更好的城市更新数据查询服务。

3.3.2　结构化数据

1. 数据融合载体:建立数据仓库

数据仓库是一种面向主题的、集成的、稳定的、非易失性的、反映历史变化的数据存储系统,用于支持管理决策。它是通过对各个数据源中的数据进行提取、清洗和转换等操作,将其集成到一个统一的数据仓库中,为分析人员提供多维度的查询和分析功能。

在城市更新领域的大数据应用中,数据仓库可以作为一个关键的平台,用来整合和处理各种结构化和半结构化数据。通过建立数据仓库,可以解决以下问题:一是数据来源复杂,城市更新领域包括了大量的部门、机构及民间社团等,因此数据来源十分复杂,而数据仓库可以将这些不同的数据进行集中管理,从而降低数据管理的难度;二是数据质量不稳定,由于数据来源的不确定性,城市更新数据有时候可能存在很多错误或者不完整的信息,而建立数据仓库可以通过数据清洗等方式消除这些问题,从而提高数据质量;三是数据需求多样,城市更新涉及范围广,需要处理的数据类型也比较丰富,通过建立数据仓库,可以为不同的数据需求提供多维度的查询和分析功能,方便使用者根据自身需求进行数据挖掘和分析。

但是数据仓库也存在着建设成本高、数据更新速度慢和数据安全问题,以及数据一致性难以保证等局限性。因此,在建设数据仓库时需要综合考虑各种因素,从而确保数据仓库的有效性和可靠性。在设计数据仓库时,需要对城市更新中的关键数据进行深入分析和挖掘,以确定什么样的数据可以用于支撑城市更新领域中的决策和管理工作。同时，需要积极探索新的技术手段，并结合实际情况灵活应用，才能更好地实现支持城市更新领域大数据融合和应用的目标。

2. 多源空间数据：不同尺度格网降维法

划分多源空间数据的区域是进行降维融合的第一步。在实际应用中，针对不同的业务需求和数据特征需要采用不同的划分方法。比如说，如果用于气象预测，可以根据气象因子来划分区域；如果用于水文模拟，可以结合流域要素来划分区域；如果用于土地利用规划，可以考虑行政区划因素等。总之，选择不同的划分方法时要充分考虑数据的特点和业务场景。

在对多源空间数据进行划分后，下一步是通过不同尺度的格网将区域进行进一步的分割。为了保证分析计算的效率和精度，需要选取适当的格网大小和分割方法。常见的格网分割方法有正交分割、三角形分割等。此外，在考虑格网尺寸时，还需要根据不同的数据特征和使用场景，有效平衡数据精度与计算效率。

在数据分区和格网分割完成后，就可以开始计算每个格网单元的数据值。通过对每个格网单元所包含的多源空间数据进行统计计算，得到该单元内的数据特征数值，如均值、最大值、最小值、标准差等。这些统计量作为该单元内的数据特征向量，能够代表该单元的数据特点和空间分布信息。

在计算了每个格网单元的数据特征后，就可以将不同区域对应位置的格网单元数据进行融合。融合是将不同尺度格网的计算结果进行整合的过程，使得整个区域的数据更加全面和准确。对不同格网单元间的数据进行融合，可以采用简单平均法、权重平均法、基于模型的融合方法等，根据实际场景和需求选择不同的方法。

通过对融合后的数据进行进一步的分析和应用，能够给出具体问题的解决方案并提供有力的支撑。例如，对流域划分、洪水预测、气候变化等问题进行研究，通过分析融合后的数据，提高分析预测精度，为政府、企业决策提供有价值的基础数据支持。

综上所述，通过区域划分、格网分割、数据计算和数据融合等多个步骤，对多源空间数据进行降维融合处理，有效地将异构数据信息整合在一起，降低了数据冗余性并提高了空间数据处理效率（表 3-4）。同时，该方法也为后续数据分析和挖掘提供了更加丰富可靠的数据基础。实际应用中，需要根据业务场景充分考虑数据特征和精度要求，合理选择划分和分割方式，从而得到高质量、全面的数据结果，并得到有价值的分析结果。

表 3-4　针对不同尺度多源空间数据的格网降维法

步骤	内容	目的
区域划分	根据业务需求和数据特征，选择合适的划分方法，如气象因子、流域要素、行政区划等	为后续处理和分析分类数据
格网分割	根据数据特征和使用场景，选择合适的格网大小和分割方法，如正交分割、三角形分割等	为后续计算和融合切割数据
数据计算	对每个格网单元内的多源空间数据进行统计计算，得到数据特征数值，如均值、最大值、最小值、标准差等	为后续融合和应用提取和表示数据
数据融合	对不同区域对应位置的格网单元数据进行融合，选择合适的融合方法，如简单平均法、加权平均法、基于模型的融合方法等	为整个区域提供更全面和准确的数据信息
数据应用	对融合后的数据进行分析和应用，给出具体问题的解决方案，并提供有力的支撑。如流域划分、洪水预测、气候变化等问题	为预期的目的或效果得到高质量、有价值的分析结果

3. 时空地理数据：不同维度数据融合法

与空间数据不同，时空大数据是在时间维度上记录空间变量的一次或有限次观测值。目前，任何拥有时间属性和空间属性的数据，都可称为时空数据。①时间属性，包括时间戳、时间段及时间概率分布等。②空间属性，包括空间坐标、语义坐标、几何空间范围及语义空间范围等。时空数据主要包括遥感影像数据、地图数据、位置轨迹数据、与位置相关联的社会经济人文数据、空间媒体数据、社交网络数据、搜索引擎数据、视频观测数据、生态环境监测数据等，具有位置、属性、时间、尺度、分辨率、多样性、异构性、多维性、价值隐含性、快速性等特性。综合来说，由于部分时空数据具有数据量大、数据流速快、多源异构性等特点，时空数据具备重要的研究价值。目前针对时空数据的融合分析方法主要有时空立方体、时空轨迹、时空剖面和时空动画等。

（1）时空立方体（space-time cube）：基于多维栅格数据、矢量点数据的融合分析。

针对多维栅格数据、矢量点数据，可以采用时空立方体来构建相应数据集。

①基本原理：时空立方体通过二维空间加时间维度来表示多维时空数据，将时空数据通过一个个立方体的形式进行符号化，一个时间点和一个位置点能确定一个数据，数据随着时间、地点的变化而变化。时空立方体的表现形式类似于三维层面的栅格图，将空间位置用一个个立方体分割表达，立方体的大小表示空间数据的精度高低，最终将时空数据表达成由一个个小立方体组成的分层的大立方体，立方体每一层表示一个时间节点下时空数据的空间分布模式。可以通过多维栅格数据、矢量点数据创建时空立方体，多维栅格数据常用于在科学社区中存储气象、NASA 科学数据及海洋数据（如温度、湿度、风速和风向等）。数据通常以变量的形式进行存储，每一个变量均为一个多维数组，可表示在多个高度、深度或压力下进行多次捕获得到的数据，这些数据通常以 ArcGIS Pro 支持的 NetCDF、HDF 或 GRIB 文件格式存储。而矢量点数据主要为两种类型：一种是带有时间字段的不定位置矢量点，如 POI 点；一种是带有时间字段的固定位置矢量点，如气象站点观测数据、地铁闸机乘客通行数据等。

②实现手段：ArcGIS Pro 的时空模式挖掘工具箱中包含了时空立方体创建、基于时空立方体的时间序列预测、基于时空立方体的时空模式分析等工具，包含数据集成、数据可视化、数据融合分析等一条完整的技术链。有三种创建时空立方体的方式：一是通过多维栅格图层创建时空立方体，并将数据构造为时空立方图格，以进行有效的空间—时间分析和可视化；二是通过聚合点创建时空立方体，通过将一组点聚合到空间时间立方图格的方法将其汇总到 NetCDF 数据结构中，在每个立方图格内计算点的数量并聚合指定属性，对于所有立方图格位置，评估计数趋势和汇总字段值；三是通过已定义位置创建时空立方体，获取面板数据或测点数据（地理位置不变但属性会随时间改变的已定义位置），并通过创建时空立方图格将其构建为 NetCDF 数据格式，对于所有位置，评估变量或汇总字段趋势。根据数据的时间序列、地理空间要素和字段属性对数据进行可视化，最后依据数据的发展方向对未来数据走向进行预测分析，探索数据冷热点、异常点区域等。

③应用场景：时空立方体用以呈现地理事物的时空分布模式、时空演变特

征，能更清晰地呈现出数据在空间和时间两个维度的特征和变化，针对时空数据构建的时空立方体可以进行时间序列预测、时空模式分析等。例如，可以将共享单车停放的矢量点数据通过聚合点方式创建时空立方体，探究不同时间范围内共享单车的停放规律，如在何时何地会出现聚集情况、聚集量大小、聚集时长等，通过相关分析能挖掘出用户在使用共享单车时遇到的痛点、区域用户潜在习惯等，帮助提高共享单车资源配置效率。

（2）时空轨迹（space-time trajectory）：基于位置轨迹数据的融合分析。

①基本原理：时空轨迹是描绘时空数据的另一种形式，通常是由一系列离散的位置点数据组成的连续线段。主要通过时空数据的位置信息将时空数据表达为空间中离散的点，再以时空数据的时间标签为轴将这些点串联起来形成一条条在时间、空间上都连续的轨迹线，从而研究地理变量在时间和空间上的演变规律。

②实现手段：通常而言，采集到的位置点数据包含一个能区分产生不同轨迹数据的原始数据源的 UID/ID 标识字段，如每辆出租车独有的编号、每个租用共享单车的用户的编号等，每一辆出租车、每一个共享单车用户的轨迹都是不同的，通过标识字段筛选出特定数据源产生的位置轨迹点序列。将该字段结合时间标签，利用 ArcGIS 软件可以较为轻松地实现数据的时空轨迹化。首先使用 ArcGIS 中添加 X、Y 坐标工具加载时空点数据，X、Y 坐标为时空点数据的经纬度坐标信息；其次按照点的标识字段和时间标签对点进行筛选，选出一定时间段内特定的轨迹点，接着将这一系列点转线就构成了特定时间段内特定数据源的一条位置轨迹线，在此基础上结合数据特性、轨迹数据发生时间、轨迹数据周边地理空间等因素就可以进行更深入的分析了。

③应用场景：能用于时空轨迹表达的数据在日常生活中无处不在，比如城市中浮动车（指安装了车载 GPS 定位装置并行驶在城市主干道上的公交汽车和出租车）的路线轨迹、共享单车的使用情况、春运城市 OD（origin destination）人流等。时空轨迹数据中包含许多关键信息，相较于用表格形式呈现的繁杂的数据形式，时空轨迹形式能充分利用数据中的空间地理信息和时间序列信息，更好地从地理空间视角挖掘数据隐含的空间、时间和属性的信息与关联，最终达到模拟预测人车流、描绘用户画像、改善交通规划、提升资源配置的目的。

（3）时空剖面（spatiotemporal-profile）：基于地理统计数据的融合分析。

①基本原理：时空剖面是一种新的表达时空数据的方式，不同于时空立方

体和时空轨迹在较大尺度范围上挖掘数据本身规律、数据与其他地理要素、事件因素之间的关系，时空剖面聚焦的尺度较小，以某一地理要素为核心，探究某一种时空数据和该地理要素的关系，用于发现时空数据某属性和某地理要素的统计关联。其主要表现形式为三维的图表，X、Y 轴分别为时空数据与地理要素之间空间距离和关系持续的时间，Z 轴为时空数据的具体数值，也可以将三维图表降维，将定量的数据值用定性的颜色表示，形成一张二维图表。所以可以通过这种二维、三维的时空剖面图表来观察某种时空数据与某个地理要素间隐含的信息。需要注意的是，其中提到的空间距离是一种广义上的概念，除通常的欧氏距离外，还包括曼哈顿距离、切比雪夫距离、雅卡尔距离等。

②实现手段：由于用时空剖面表达时空数据主要是采用二维、三维图表的形式，所以对于图表的可视化有较多的实现手段，许多软件都能实现，在此就不赘述了。但是需要注意的一点是对时空数据与某地理要素之间距离的定义与统计，由于数据的独特性，获取到的每一个数据与某一地理要素的距离基本都是不同的，这相当于从点与点的角度去挖掘信息，但当数据点的数量较多时，展现所有数据点与某地理要素之间的关系会使图表变得庞大、臃肿、复杂，这样的形式不利于分析的进行，所以需要以一个更加宏观的视角去分析数据，通常需要将距离分段，分段统计其中的数据，将数据精简规整化，更容易暴露隐藏的信息。

③应用场景：采用时空剖面形式更多的是定量研究时空数据与某个地理变量之间的关系，挖掘两者之间在空间和时间上的联系，其研究方向是明确且具体的，主要探究的是两种要素之间的时空统计关系，比如探究某地癌症患病率与该地某水源的关系，利用时空剖面方式统计离水源地一定距离内居民患癌症的概率，发现离该水源地越近的居民患癌率越高，但随着时间变化，患癌总体趋势下降，说明极有可能居民患癌和该水源有关且该水源导致居民患癌的情况在改善；又比如探究城市房价与市中心距离的关系，探究商场位置、规模等因素与商场人流量的关系等。

（4）时空动画（spatiotemporal-animation）：基于时态数据的融合分析。

①基本原理：时空动画主要从可视化方面对时空数据进行表达和分析，能从一个新的视角挖掘时空数据隐含的信息。通常而言，不同时间、不同位置的时空数据是不同的，时空动画将时空数据以不同时间节点归纳存储，同样也以时间序列为前进轴将时空数据串联起来，形成按时间帧连接并播放的动画，动

画的每一帧都是一个时间节点下数据的空间分布图。时空动画更多地表现为一种存储时空数据的方式和可视化时空数据的工具，可以与时空立方体、时空轨迹等配合使用。

②实现手段：ArcGIS 软件中内置了一个时间滑块工具，时间滑块提供用于浏览时态数据的控件，该工具能很好地实现时空动画。可以根据时空数据的时间字段自定义动画开始、结束时间，自定义动画播放跨度等，再结合 ArcGIS 中的符号系统，选取时空数据中需要分析的属性字段对时空数据进行符号化处理，就可以开始进一步研究了。

③应用场景：采用时空动画形式表达时空数据的好处也是显而易见的，它与时空立方体、时空轨迹、时空剖面相同，以一种可视化手段将时空数据连续地表达了出来，并且更容易识别出时空数据的连续变化特征。

3.4 数据可视化方法

数据可视化是将数据转换成图形化的形式，以便研究者更好地理解海量数据背后特征的重要手段，可以辅助城市管理者更快速地识别数据趋势和问题，并帮助其做出有效的决策。数据可视化的范围很广，可以采用各种图表类型、交互方式和颜色主题等进行展示。例如，在民生领域，当政府对某一社区进行调查时，可以通过柱状图的形式，直观地展现房屋数量、物流设施情况、道路情况等方面的数据，以便决策者根据数据进行及时规划。

本章研究的重点是借助可视化的手段将碎片化数据系统性地呈现，让用户可以直观地看到数据的运行状态、空间分布及异常区域，并依托数据的时空叠加提供趋势分析、结构分析等模板化分析方法，更精准地辅助决策工作。

3.4.1 可视化软件

1. Tableau

Tableau 是目前主流的智能数据可视化工具，在面对城市级规模数据时应用尤为广泛，其优势在于可以快速将结构复杂、来源各异的数据进行整合，生成易于理解且可交互式的图表及仪表盘，并保留数据深层次的关联、结构与趋势。在实际调研过程中，数据包括地理空间位置、土地使用、交通流量、人口数据等多源异构数据，数据的复杂性和多样性需要一种系统性的方法来整合和分析，并将其转化为可利用的信息来辅助城市更新决策的制定。

　　Tableau 具有广泛的数据兼容性，除去自身专有的数据源格式外（Tableau Data Extract、Hyper），还可以对数据库文件、表格文件、非关系型数据库（MongoDB、Hadoop 等）、Web 数据等数据进行处理。Tableau 的数据兼容性在社区体检数据分析中有优异的表现。在城市更新前，为分析周边房价高低对老旧小区改造的影响，通过政府、房产网站、开发商等途径获取老旧小区周边的房屋均价、成交量、户型分布、区域分布等数据，再通过数据清洗手段剔除重复数据及异常数据，以依据经纬度搭建数据结构，使 Tableau 更好地将数据可视化。因更新项目流程较长且数据量大，将数据储存至 MySQL 数据库中并通过 Tableau 应用进行连接。在应用中创建新的工作表并根据需求提取变量，依据不同的变量构建特点的数据模型，以图为例，以经纬度为基准，通过颜色深浅及红点大小描述房价高低，来观察各片区间的房价差异。此外，通过提取片区及房价两个变量生成的柱状图可以更加清晰地体现各片区之间的价格差异。

　　采用 Tableau 作为此次更新体检数据可视化分析的重要工具，不仅是因为它对于数据的兼容性及可视化的多样性，更在于其结果的可交互性。可交互性不仅可以让人直观地了解数据，同时可以探索数据中的关联性和趋势，快速定位数据之间的规律及异常情况，从而提高体检评估的效率和质量。此外，通过对数据的实时交互调整可以灵活应对不同的体检需求，从而满足特定条件的过滤和搜索，快速定位数据中的痛点。

2. GIS

　　针对空间位置的数据，GIS（地理信息系统）伴随着云计算、大数据、人工智能等技术的发展与应用，衍生了大数据 GIS、人工智能 GIS、新一代三维 GIS、分布式 GIS、跨平台 GIS 等新型技术体系。

　　大数据 GIS 是片区体检数据空间可视化的基础技术，基础体检数据在经过空间大数据存储管理、空间大数据分析处理、空间大数据可视化等流程后，须通过可视化进行表达才可用于辅助决策，常见的空间大数据可视化有以下两种分类方式。

（1）可视化形式。

空间大数据可视化形式包括热力图、矩形格网图（矢量、栅格）、六边形格网图（蜂巢图）、多边形格网图、连线图（直线 OD 图、弧线 OD 图）、轨迹图等（图3-3）。

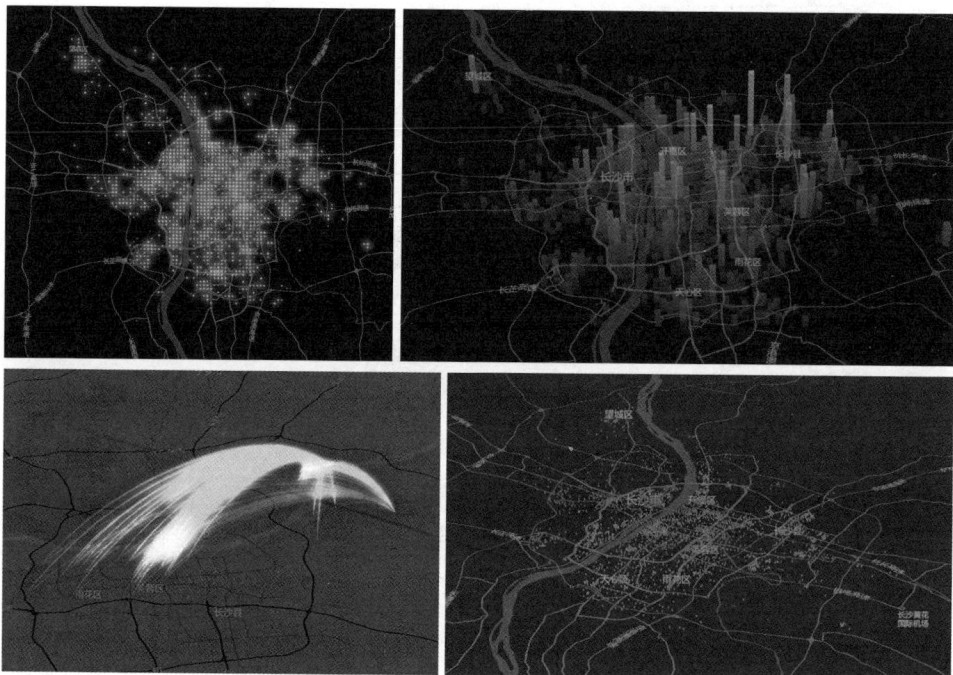

图3-3　空间大数据可视化形式示意图

（2）要素维度形式。

点要素反映空间大数据中的单点城市要素，如兴趣点（POI）的空间关系。

线要素反映空间大数据中两点或多点之间的联系要素或某类路径要素，如出租车 OD 关系、公交刷卡 OD 关系或片区汇水径流模拟路径。

面要素反映空间大数据中的某一小范围片区的统计要素，统计单元可以是居住小区、社区、街道等社会经济边界，也可以是正多边形的几何边界，统计关系如片区热力关系、片区活力热力、片区公园覆盖率等。

体要素多用于三维 GIS 中，用于更直观地反映空间的体量堆叠关系，多用于平面要素二维表达存在限制时增加空间第三维度，更为清晰地展现数据的立体特征。需要指出的是，近年来时空立方体的概念被提出并广泛使用，时空立方体主要用于反映空间大数据在三维空间表达条件，在时间维度上的变化规律，可用于动态地、可视化地表达空间大数据的时空动态变化，用于辅助城市更新的时空决策。

3.4.2　开源可视化库

1. Matplotlib

Matplotlib 是目前主流的数据可视化开源库之一，在大数据分析领域有相当广泛的应用。Matplotlib 除去提供基础的绘图功能外，配合其他开源库可提供复杂的可视化效果，包括可视化地理数据、时间序列分析等。同时 Matplotlib 可以与 GIS 相结合，实现高程、坡度以及区域分界线和土地类型的可视化。此外，在调研过程中，需要对大量建筑进行标注，结合 Matplotlib 对片区内体检项目进行标注，如对建筑类型、用地功能等进行标注，弥补在片区更新中缺乏数据支撑的体检项目数据可视化不足的缺陷。

总体来说，Matplotlib 是一个扩展性广泛且灵活易用的可视化开源库，结合 Python 和 GIS 可在城市更新项目中提供丰富的地理信息可视化，实现多源数据的展示与分析，为城市更新规划决策提供更为直观、准确的数据支持。

2. Folium

Folium 是一个用于生成基于 Leaflet.js 的交互式地图的开源可视化库，Leaflet.js 是一个开源 JavaScript 库，而 Folium 的出现极大程度上简化了 Leaflet.js 在 Python 中的使用。Folium 在创建交互式地图应用程序中，在支持各类扩展插件的同时拥有丰富的地图图层，对于地理信息的可视化兼容性非常强，支持目前市面上绝大多数的地图样式、投影方式、标注等特性，能够提供的基本地图类型包括 OpenStreetMap、MapQuest Open、Mapbox Bright、Mapbox Control Room 和 StamenWatercolor 等。此外，还可以通过自定义参数来创建带有底图、标注、轮廓线等元素的地图。Folium 支持 HTML/JS/CSS 等格式的输出，因此生成的地图非常灵活且可定制。

在实际城市体检的应用方面，Folium 提供了很多样式丰富、高度可定制的基本地图类型，并且可以自己定义标注、轮廓线等元素。这些特性使得 Folium

生成的地图能够以更加美观和精细的方式展示数据。

Folium 的优势具体体现在其易用性、交互性、扩展性及美观性上,其底层逻辑设计得非常简单,易于学习和使用,代码结构清晰,实现了将 Python 环境与 Leaflet. js 地图库紧密耦合,使地图生成过程变得直观和自然。在交互层面,Folium 通过使用 Leaflet. js 库可以生成交互式地图应用程序,用户可以在其中探索地理信息,进行数据分析、可视化、交互式查询和应用开发等操作。在扩展性层面,Folium 完全开放源代码,并且支持插件扩展机制,因此可以通过强大的社区支持和可扩展的代码架构来适应各种不同的应用场景。

在本次城市体检中,将 Folium 作为热力、人流趋势、交通流量等数据可视化的快速生成工具,对数据做出初步的判断与决策。

3.4.3 互联网可视化平台

1.互联网可视化概述

互联网地图是随着 Web2. 0 时代的到来而兴起的一种网络服务工具,提供了一种快速、全面、便捷的方式展现地理信息数据,同时也对大数据的空间呈现与表达起到了很大的作用。以互联网地图为载体,空间地理大数据的可视化表达能够更加丰富、细致,通过在地图上描绘和呈现大量的真实且完整的数据信息,使数据得到更加真实、准确的展示。同时结合互联网地图的交互式操作功能,使用户可以自由地查看并探索相关数据。例如,用户可以对地图上的标记点进行点击等交互操作,从而获得更好的用户体验。大多数地图 API 都拥有丰富的可定制和可扩展的服务来满足各种需求,同时还提供灵活的 API 调用方式与易学习的文档,方便开发人员根据业务需要进行完全自主的定义。总之,在大数据可视化的过程中,互联网地图 API 作为第三方平台充分发挥了自身优势,大大提高了数据信息展现和利用的效率和可靠性。

2.互联网可视化流程研究

本书基于地理空间大数据数据库,采用互联网地图进行二次开发,实现互联网可视化流程的标准化。数据可视化的标准化流程如下:

①地理空间数据准备。拟进行可视化的地理空间数据,按照本书数据库标准的要求以 Shapefile 或 GDB 格式存储。

②数据格式转换。将拟可视化的数据导出为 JSON，并将其存储在文本格式的文档中。其中，JSON 是一种对各种地理数据结构进行编码的格式，基于 JavaScript 对象表示法(JavaScript Object Notation，JSON)的地理空间信息数据交换格式。JSON 格式可以在 ArcGIS 软件中通过 ConversionTools → JSON → FeatuestoJSON 工具直接得到 JSON 文件。

③确定可视化模板。本书所述的可视化模板是指将数据所采用的可视化网页代码以文本格式进行存储。模板制作参考互联网地图的示例文档，如使用的是百度地图，参考模板文档的网址为 https://lbsyun. baidu. com/solutions/mapvdata。

④生成可视化文档。通过调用编写的 Python 文档，可以生成具有模板可视化效果的 HTML 文件，在浏览器中打开即可查看。Python 文档的功能是将第②步中准备的数据导入可视化模板中，并以 HTML 格式保存。

⑤可视化功能扩展。通过以上流程，基本实现互联网地图可视化效果的功能复用，后续在数据源改变后可快速更新数据并调整数据展示范围。同时，结合数据展示的用户需求，在可视化模板基础上，采用 JavaScript 语言扩展功能，如属性显示、统计计算等功能，实现功能的可扩展与个性化定制。

第 4 章

社区空间更新潜力评估方法

4.1 基于主导功能的社区更新类型划分

　　针对城镇社区更新的主导功能划分，通常会采取多种方法，分步骤进行。其中，常用的方法包括调研分析、专家评审和公众参与，并需遵循以空间规划、空间结构和交通组织为依据，考虑未来发展战略、开发利用与保护等原则。这样可以更精准地识别出不同类别的用地、功能、历史、社会价值等影响因素，制定相应的更新策略和措施。划分不同类型的城镇社区，有助于实现城市优化升级和可持续发展的目标。为此，本章基于相关文献的研究，对各省/市城市更新政策中有关更新类型划分的情况进行了汇总（表4-1）。

4.1.1 已有城市更新片区类型划分方法梳理

　　关于城镇社区更新类型划分，各地做法不同且实践场景也不同，综合来看主要围绕空间类型，根据更新对象的原用地功能进行类型划分，如工业遗址、老旧小区、棚户区等，并且根据更新工作要实现的目标和侧重点，配套出台差异化专项政策予以支撑。

表 4-1　各省/市城市更新政策有关更新类型划分情况汇总表

省/市	类型划分情况							
	居住类	产业类	历史风貌类	公共空间类	市政设施类	商贸类	其他类	其他类型
北京	老旧小区改造、危旧楼房改造	老旧厂房改造	—	—			首都功能核心区平房(院落)更新	其他类型
上海	老旧住区	产业社区	历史风貌地区	公共活动中心区	—	—	轨道交通站点周边地区	其他城市功能区域
广州	旧村庄	旧厂房	—	旧城镇	—	—	—	—
杭州	居住区综合改善类	产业区聚能增效类	文化传承及特色风貌塑造类	公共空间品质提升类	城市设施提档升级类	—	复合空间统筹优化类	数字化智慧赋能类
重庆	老旧小区(街区)	老旧厂区	历史文化区	公共空间	—	老旧商业区	—	—
济南	旧住区、旧村庄	旧厂区	历史文化遗产	公共空间	—	旧市场	—	其他
长沙	城镇老旧小区、危房、棚户区、城中村、农安小区	旧厂房	历史文化资源	滨水空间	—	区域性商贸市场	—	—
浙江	老旧小区更新	工业(园)区更新	—	公共空间类城市更新	设施类城市更新	—	特色乡镇更新	片区开发更新
河北	居住类城市更新	产业类城市更新	—	公共空间类城市更新	设施类城市更新	—	区域综合性城市更新	其他城市更新
云南	老旧建筑	—	—	—	市政公共服务设施	—	低效用地	不良环境
小结	老旧住区	老旧厂区	历史与特色风貌区	公共空间	市政公共服务设施	老旧商业区		—

1. 省级层面的城市更新对象划分

在省级层面，广东、浙江、河北、云南等省份对城市更新对象进行了类型划分。广东省率先提出了"三旧"改造，城市更新包括"旧村""旧城""旧厂"改造这三种类型。浙江省将城市更新分为4大类型，包括工业园区更新、老旧小区更新、特色乡镇更新和片区开发更新。《河北省城市更新工作指南》明确城市更新具体包括6种类型：居住类城市更新、产业类城市更新、设施类城市更新、公共空间类城市更新、区域综合性城市更新和其他。《云南省城市更新工作导则》明确更新对象主要是老旧建筑、市政公共服务设施、低效用地、不良环境等。

2. 市级层面的城市更新对象划分

在《北京市城市更新行动计划（2021—2025年）》中，城市更新的对象包括：①首都功能核心区平房（院落）申请式退租和保护性修缮、恢复性修建；②老旧小区改造；③危旧楼房改建和简易楼腾退改造；④老旧楼宇与传统商圈改造升级；⑤低效产业园区"腾笼换鸟"和老旧厂房更新改造；⑥城镇棚户区改造。

上海将城市更新项目划分为公共活动中心区、历史风貌地区、轨道交通站点周边地区、老旧住区、产业社区等各类城市功能区域的更新改造。

《杭州市全面推进城市更新行动的实施意见（试行）》（征求意见稿）明确了杭州市城市更新的8种类型：居住区综合改善类，产业区聚能增效类，城市设施提档升级类，公共空间品质提升类，文化传承及特色风貌塑造类，复合空间统筹优化类，数字化智慧赋能类，市政府确定的其他城市更新活动。

《重庆市城市更新技术导则》界定更新对象主要包括5类：老旧小区（街区）、老旧厂区、老旧商业区、历史文化区、公共空间。

《济南市城市更新专项规划（2021—2035年）》明确了"1+4+N"更新实施内容体系。"1"是指历史文化遗产，包含市域范围内的历史城区、历史文化街区、传统风貌区、省市级历史建筑等历史文化遗产；"4"是指旧住区、旧村庄、旧厂区和旧市场；"N"是指其他类型的更新资源，包括老旧楼宇、传统商圈、低效产业园区，以及旧单位大院、科研院校、医疗院所在内的老旧院区等。

在《长沙市城市更新专项规划（2021—2035）》中，城市更新的主要对象包括城镇老旧小区、棚户区、危房、旧厂房、城中村、农安小区、区域性商贸市场、滨水空间，以及更新区域内历史文化资源的保护。

4.1.2　基于城镇社区空间更新类型划分方法的构建——以长沙市为例

综合前文各省市在更新政策中关于更新类型划分的情况，以主导功能为依据，考虑在土地经济、社会公益、历史文化等方面的用地政策差异，将更新类型按居住、产业、历史风貌、公共空间、市政设施、商贸及其他这七个维度分别划分为：老旧住区、老旧厂区、历史与特色风貌区、公共空间区、市政公共服务设施区、老旧商业区、其他社区（片区）。

①老旧住区：包含老旧小区、棚户区、城市危房和城中村，是指城市或县城（城关镇）建成年代较早、失养失修失管，市政配套设施不完善，社区服务设施不健全、居民改造意愿强烈的住宅小区。

②老旧厂区：指土地绩效不高，产能落后，或搬迁停产、与规划定位不符的工业用地、仓储用地，随着城市产业结构调整要进行转型升级的城市功能区。

③历史与特色风貌区：适用于遗存较为丰富，能够比较完整、真实地反映一定历史时期传统风貌或民族、地方特色，现存较多文物古迹、近现代史迹和历史建筑，具有较好的历史、文化、艺术等保护价值，列入相应保护名录或未被认定为保护区的区域。

④公共空间区：适用于城市建成区内可承载游憩观光、运动休闲、交通通行等公共活动功能的空间场所，如街道步道、公园广场与运动场地等开敞空间，以及桥下空间等可挖掘利用的空间。

⑤市政公共服务设施区：适用于功能布局不合理、功能不完善或者破旧、老化的市政基础设施和公共服务设施，包括道路、停车场、给排水、供电、燃气、污水处理、垃圾处理，以及教育、医疗卫生、养老、托幼等。

⑥老旧商业区：指因产业调整、搬迁、运营不善、商业价值较低、功能亟待置换或提升的旧批发市场、低端专业市场、低端商贸物流市场等。

⑦其他社区（片区）：其他类型的城镇更新社区（片区）。

基于以上类型划分方法，对长沙市32片更新片区进行类型划分，根据地块原有功能，得出各地块的主要更新类型。综合考虑各片区更新目标，确定各片区的更新类型，如表4-2所示。

表4-2 长沙市更新片区类型划分一览表

序号	片区名称	片区范围	片区关键词标签	片区类型划分
1	桐梓坡片区	东至金星中路、西到西二环、南抵咸嘉湖路、北临岳麓大道	公共空间区、市政公共服务设施区	市政公共服务设施区
2	湘雅附三片区	东至银盆南路、西到金星中路、南抵咸嘉湖路、北临岳麓大道	市政公共服务设施区	市政公共服务设施区
3	望新片区	东至西湖路、西到西二环、南抵白云路、北临咸嘉湖路	老旧住区	老旧住区
4	岳麓山大学科技城片区	东至潇湘中路、西到岳麓山、南抵阜埠河路、北临咸嘉湖路	市政公共服务设施区、公共空间区、历史与特色风貌区	市政公共服务设施区
5	麓山南路片区	东至潇湘中路、西到藕塘路、南抵靳江路、北临岳麓山	历史与特色风貌区、市政公共服务设施区、公共空间区	历史与特色风貌区
6	阳光100片区	东至潇湘中路、西到西二环、南抵南二环、北临靳江路	老旧住区	老旧住区
7	东风路片区	东至东风路、西到芙蓉中路、南抵八一路、北临三一大道	老旧住区、老旧商业区	老旧住区
8	德雅路两厢片区	东至东二环、西到东风路、南抵八一路、北临三一大道	公共空间区、历史与特色风貌区	公共空间区
9	黄兴北路片区	东至芙蓉中路、西到湘江中路、南抵五一路、北临三一大道	老旧商业区、公共空间区、历史与特色风貌区	老旧商业区
10	烈士公园片区	东至东二环、西到迎宾路、南抵八一路、北临浏阳河大道	公共空间区、老旧住区	公共空间区
11	解放西路片区	东至韶山北路、西到黄兴中路、南抵大古道巷、北临八一路	老旧商业区、市政公共服务设施区	老旧商业区
12	火车站片区	东至东二环、西到韶山北路、南抵人民中路、北临八一路	市政公共服务设施区、老旧住区	市政公共服务设施区
13	书院路片区	东至芙蓉中路、西到潇湘中路、南抵南湖路、北临五一路	公共空间区、老旧商业区	公共空间区

续表 4-2

序号	片区名称	片区范围	片区关键词标签	片区类型划分
14	侯家塘片区	东至韶山北路、西到芙蓉中路、南抵劳动路、北临人民中路	公共空间区、老旧住区	公共空间区
15	书院南路片区	东至芙蓉中路、西到湘江路、南抵南二环、北临南湖路	公共空间区、老旧商业区、老旧住区	公共空间区
16	左家塘片区	东至东二环辅道、西到韶山北路、南抵劳动中路、北临人民中路	公共空间区、老旧住区	公共空间区
17	劳动中路片区	东至东二环辅道、西到芙蓉中路、南抵南二环、北临劳动中路	老旧住区	老旧住区
18	新开铺片区	东至芙蓉南路、西到湘江路、南抵友谊路、北临南二环	老旧住区	老旧住区
19	望城片区	东至望城大道、西到高裕中路、南抵旺旺中路、北临雷锋东路	老旧住区	老旧住区
20	五星村片区	东至西二环、西到白鹤路、南抵南二环、北临麓山南路	历史与特色风貌区	历史与特色风貌区
21	观沙岭片区	东至银星路、西到金星北路、南抵茶子山路、北临西二环	市政公共服务设施区	市政公共服务设施区
22	马厂片区	合于浏阳河、湘江河、捞刀河以及南北干道、芙蓉北路之间	老旧住区、老旧商业区	老旧住区
23	四方坪片区	处于丽臣路以北、芙蓉北路东侧、浏阳河南岸	老旧住区、老旧商业区	老旧住区
24	马王堆片区	东至嘉雨路、西到马王堆路、南抵荷花路、北临古汉路	老旧住区、老旧商业区	老旧住区
25	汽车东站片区	东至京港澳高速、西到滨河路、南抵人民路、北临浏京路	老旧商业区、市政公共服务设施区、老旧住区	老旧商业区
26	高桥片区	东至万家丽路、西到东二环、南抵石坝路、北临朝晖路	老旧商业区	老旧商业区

续表 4-2

序号	片区名称	片区范围	片区关键词标签	片区类型划分
27	中烟雅塘片区	东至万家丽路、西到韶山南路、南抵香樟路、北临劳动路	老旧住区	老旧住区
28	井湾子片区	东至圭塘路、西到韶山南路、南抵建设路、北临香樟路	老旧商业区、老旧住区	老旧商业区
29	黑石铺片区	东至书香路、西到湘江路、南抵绕城高速、北临湘府路	老旧住区、老旧厂区	老旧住区
30	红星片区	东至万家丽中路、西到卉园路、南抵时代阳光大道、北临湘府东路	老旧商业区	老旧商业区
31	中南汽车世界片区	东至西霞路、西到锦绣路、南抵三一大道、北临特立西路	老旧厂区、老旧商业区、老旧住区	老旧厂区
32	漓湘路两厢片区	东至东六线、西到京港澳高速、南抵远大路、北临长浏高速	老旧厂区	老旧厂区

4.2 基于内外价值差异的更新潜力评估方法

传统更新潜力评估聚焦于土地利用，这类方法往往是静态的，只考虑当前土地利用情况，缺乏对未来发展趋势和需求的考虑。同时，土地利用数据往往难以获取且更新周期较长，导致评估过程中缺乏充分的数据支撑，进而导致评估结果失之偏颇，难以为城市更新决策提供全面的参考。合理的城镇社区空间更新潜力评估方法应充分反映城镇居民和利益相关者的多元化需求和期望。针对这一问题，本书提出了"基于内外价值差异的更新潜力评估方法"。

4.2.1 更新潜力的范围界定与评估思路

1. 范围界定

首先，明确研究对象为城区范围，即有存量土地更新需求的建成区。其概念与 2021 年自然资源部颁布的《城区范围确定规程》中所使用的"城区范围"定义保持一致,即指"在市辖区和不设区的市,区、市政府驻地的实际建设连接到的居民委员会所辖区域和其他区域"。为方便评估,研究将街区作为最小评估单元,其内涵为被周边街道围合的地区。在操作层面,实际研究范围受限于城区数据的缺失,无法获取准确的范围。因此,根据以下方式对街区单位进行筛选以确定实际研究范围:①街区单位均位于城区范围内;②街区单元原则上承载建筑轮廓数据;③街区原则上周边 500 m 范围内包含 POI 设施点。

2. 评估思路

(1)城市区位影响与人口活力测度。市场资本是城市更新主体的重要组成部分和推动力量。区位理论认为区位关联度影响投资者和使用者的区位选择。因此,良好地段空间区位条件将会激发城市更新市场力量的潜能。衡量城镇社区(片区)土地再开发的经济价值势必需要评估该片区所处的空间区位,表现为城市中心集聚产生的外部性影响与空间所处环境的商业活力。为此,本研究从城市和街区两个层面建立量化评估方法。一方面,在城市层面,根据经济活动与其活动区位要素之间的相互作用规律,构建城市中心距离衰减模型,以评估片区所受到的外部影响;另一方面,在街区层面评价周边主要街道活力,提出一套以空间可达性、功能混合度、开发强度为指标内容的综合评估方法。此外,以城市区位影响程度为系数,以街区活力评价值为基准值,实现对空间价值的综合度量。

(2)低效用地识别与土地利用效能测度。低效用地是一个相对概念,用地的"低效"本质上反映出土地资源要素配置投入与产出效益之间失衡的内在运行状态。2013 年原国土资源部出台的《关于印发开展城镇低效用地再开发试点指导意见的通知》(国土资发〔2013〕3 号)提出了城镇低效用地的概念,它是指城镇中布局散乱、利用粗放、用途不合理的存量建设用地。2016 年原国土资源部出台了《关于深入推进城镇低效用地再开发的指导意见(试行)》(国土资发〔2016〕147 号)(以下简称《指导意见》),根据《指导意见》中城镇低效用地的含义,可将其划分为 3 种类型:低效产业用地、低效城镇用地、低效村庄用地。虽然目前对于如何判定低效工业用地尚无一个明确统一的标准,但已达成以下共识:通过识别低效用地,提高低效用地的土地利用效率,改善土地利用状态,能够带来巨大的土地潜在的增值效益。本研究在文献研究土地集约利用相关理论的基础上，归纳相关案例经验，总结低效用地的一般表现特征，从而建立土地利用效能综合评估体系，用以识别低效用地。按照"布局散乱、设施落后，规划确定改造的老旧城区、棚户区及其他城镇用地"定义"低效城镇用地"，本章研究根据低效用地在空间形态、经济效能、设施功能这三个方面的空间特征提出一套评价指标体系，用以评估土地利用效能，进而判断城市片区是否具有衰败的迹象。

（3）城市更新潜力区识别。即回答如何从区位价值和空间现状两个维度，判定城市片区是否具有开发潜力的问题。问题的前置条件包含外部环境是否具有区位价值和空间属性是否具有运行时效这两个基本判断条件。区位价值大说明该评估单元所处的区域商业价值大，市场外部推动更新的潜力强；空间运行低效说明该评估单元衰败用地较多，较易激发地段群众更新的内在意愿，基于政府职责推动更新的必要性大。因此，可以认为区域开发价值高、空间运转相对低效、再开发价值增值大的城市片区是更新潜力研究所要识别的目标对象。

4.2.2　评估技术方法与操作路径

1.主要评估方法与技术

本章中的研究方法主要基于开源大数据进行体系构建，重点是在数据准备的基础上，综合运用多种研究方法，从空间价值和运行状态两个维度提出一套引导城市更新有序开展的综合评估方法体系，所用到的方法与技术如下。

（1）层次分析法。层次分析法首先将与决策有关的要素分解为目标、准则、方案等层次，然后进行定性和定量分析，从而实现有效决策。本章研究可通过层次分析法构建评估指标体系，根据评估指标设定指标权重，计算综合得分。

（2）空间句法分析技术。空间句法是关于空间与社会的一系列理论和技术，该理论的核心观点为空间是社会经济活动开展的一部分，涉及整合度、选择度等指标概念。其中，整合度是空间句法理论的一个重要概念，它是指空间系统的元素与其他元素之间的集聚或离散程度，因此在城市系统中整合度可作为评估以某个空间位置作为目的地，其他区域到达该目的地的吸引交通量的指标。本章研究中采用整合度来计算道路路段的可达性，整合度越高的空间，可达性越高，中心性越强，越容易集聚人流。同时，本研究以道路段上的商业类POI数量为权重计算整合度的值，以此量化该路段的周边商业聚集能力。通过测算与中心不同距离区位的平均集聚能力,大致可以推导出距离衰减函数,基于这种空间关系推导区位的影响范围,确定区位影响系数。

(3)GIS 空间分析技术。旨在基于地理空间数据库运用包括各种几何的逻辑运算、数理统计、代数运算等分析工具,解决地理空间的实际问题。本章研究通过对多源数据的整合构建地理数据库,运用 GIS 软件所提供的空间统计分析工具,如网络分析、拓扑分析、栅格分析、基于 Python 的 GIS 建模等工具开展相关指标的测算。

(4)地理编码和逆地理编码技术。地理编码即为识别点、线、面的位置和属性而设置的编码,它将全部实体按照预先拟定的分类系统,选择最适宜的量化方法,按实体的属性特征和几何坐标的数据结构将其记录在计算机的存储设备上。逆地理编码,又称地址解析服务,是指从已知的经纬度坐标到对应的地址描述(如行政区划、街区、楼层、房间等)的转换,常用于根据定位的坐标来获取该地点的详细位置信息,与定位功能是黄金搭档,也就是坐标转地址。

互联网地图开放平台一般会提供地理编码和逆地理编码 API 接入服务,通过 Python 编写脚本,按照规定地址发送请求,即可获取服务返回结果。本章研究将地理编码用于根据小区名称及地址获取小区地理位置信息,通过逆地理编码技术将建筑轮廓的地理空间坐标作为已知条件,获取该建筑的属性信息。

(5)机器学习技术。技术前期主要工作是数据收集,包括土地利用、建筑物类型、交通流量、环境质量、居民数量等。数据来源于政府机构、传感器网络、卫星遥感等多个渠道。在完成数据收集后,由于数据质量参差不齐,需要对数据进行预处理,以保证后续模型的质量。数据清洗包括格式化、去噪、缺失值处理等操作,以保证数据的质量和准确性。模型的搭建需要对数据进行特征提取,即将原始数据转换为能够用于机器学习算法的特征向量。提取的特征包括地形、人口密度、交通流量、周边建筑、城市风貌等。根据数据结构的不同,需要选择相应的模型进行搭建,依据具体问题选择机器学习算法,以实现对城市更新数据的分析和预测。并且在模型训练阶段,将数据集划分为训练集、验证集和测试集,进行模型训练和评估,以提高算法的准确性和泛化能力。最后形成结果分析和可视化,对模型的结果进行分析和可视化,生成图表和地图,展示城市更新数据的空间分布和变化趋势。

2.工作内容

构建片区城市更新"要素关联—结构耦合—功能协同"的认知系统，开展基于空间特征识别的城镇社区（片区）类型划分，研发更新片区空间关键要素组合的基本单元区划方法与城市更新导向的全要素模拟技术。本书基于更新空间特征的更新潜力区域识别方法，从空间价值和运行状态两个维度提出一套引导城市更新有序开展的综合评估方法体系，科学地识别城市片区更新潜力，厘清土地利用现状与发展前景，挖掘存量土地价值，量化城市片区更新价值和必要程度，对有序推动城市更新的体检评估、规划设计、实施建设的系列工作具有一定的指导意义。具体工作内容包括数据处理、空间价值潜力评估、空间现状运行评估、更新潜力综合评价这四个部分。

（1）数据处理。主要包括以下步骤：①创建街区评估单元并根据单元内建筑轮廓的名称属性细分至地块；②矢量数据拓扑预处理，满足空间句法软件 Depthmap 对数据运算的要求；③POI 数据归类，按照城市级服务设施、生活服务设施、生产服务设施、交通设施（地铁站点、公交站点）进行归类；④在房地产互联网网站上爬取房价数据或在数据交易网站上购买；⑤以上所有基础数据建立统一的坐标系。

（2）空间价值潜力评估。评估体系分为城市商业区位价值和街区活力价值两个层面。一方面从城市区位角度考量区域商业价值，主要任务是识别城市商业中心并测度其影响力范围，根据空间关系建立中心距离衰减函数模型。基于模型划定各街区单元中城市商业中心或单元中心的影响范围，并分级设定区位影响系数。另一方面是从街区层面研究街区活力的指标评价体系，再将评估结果叠加区位影响，将影响系数作为加权因子综合得到空间价值的评估值。

其中，城市商业价值通过 POI 与空间句法相结合对区位优劣进行测度。经济地理学在阐释经济活动的空间布局、空间变动及空间相互影响时，将距离及其衍生出的成本视为至关重要的考量因素。地理学的首要定律揭示了空间相互作用中的距离的摩擦效应：经济联系在地理位置较远的区域间相对薄弱，而在地理位置较近的区域间则较为紧密，这体现了经济活动中空间联系的距离递减规律。构建以上空间模型的具体思路为：①将城市级商业设施 POI（包括购物、公司/企业、金融等商业类 POI 点）作为城市商业资源开展核密度分析，通过抽稀获取中心点位；②将城市资源 POI 与城市道路线数据进行空间关联，统计每条道路线上的点数量；③将关联 POI 点数量的城市道路线导入 Depthmap 空间句法软件，以 POI 点数量为权重计算局部整合度，即从该路段出发半径可达范围内 POI 聚集值；④将空间句法分析后的数据导入 ArcGIS，通过抽稀后的中心点位，按照中心距离衰减规律计算衰减函数并确定中心影响覆盖范围。

街区活动价值即街区的人口活力值。众多文献研究表明，交通可达性高、功能混合、开发集约度高的地区往往具有较高的人口活力，由此可支撑本书指标的选择。具体方法为：①预处理数据；②分别采用空间句法分析的整合度、POI 类型信息熵、平均建筑密度计算上述指标；③采用熵权法确定各指标类型的权重并加权得到各街区单元的综合人口活力指标。

（3）空间现状运行评估体系。主要工作是识别衰败空间特征并测算空间指标。具体方法为：①建立更新空间特征指标体系，包括环境品质、经济效能、功能运转的现状特征，识别低效用地；②基于上述评测方面建立相关模型，分别在功能地块层面计算特征值，根据三个方面的得分情况采用层次分析法，综合确定低效用地。

（4）更新潜力综合评价。基于区位空间价值和现状空间特征两个维度综合评判潜力值。基于街区尺度筛选区域外部价值与片区内在特征的结果，按照"外部价值高—内在价值低""外部价值高—内在价值适中""外部价值适中—内在价值低""其他内在价值低"组合方式筛选出相应区域作为更新潜力区。本研究的技术流程如图 4-1 所示。

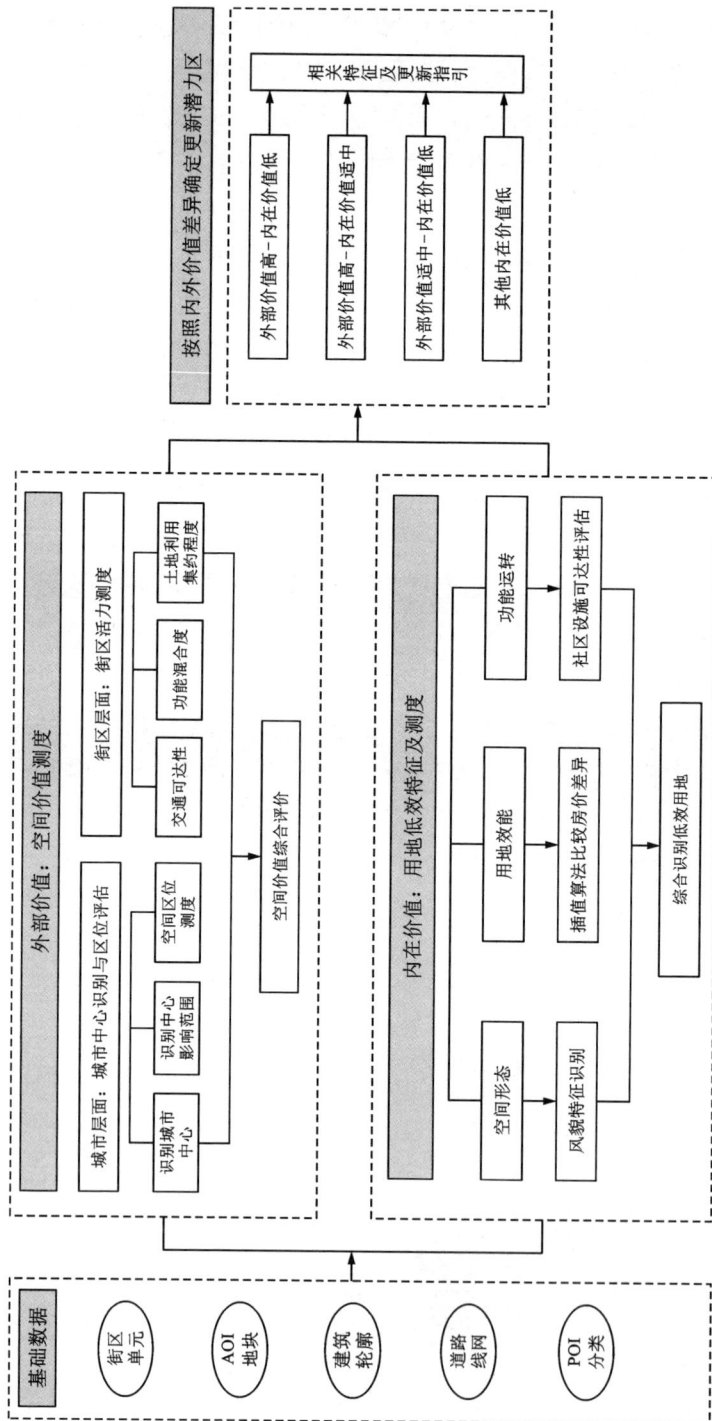

图4-1 技术流程图

4.3　社区潜力评估应用实证——以长沙市为例

4.3.1　数据处理

1. 数据说明

为保证技术路径具有普适性，本章节研究中提到的研究所使用的数据均为互联网开源数据，并采用必要的技术手段对数据进行修正且统一坐标系。实验数据类型、来源及说明见表 4-3。

表 4-3　实验数据一览表

数据类型	数据来源	数据说明
POI 点数据	开放 API 接口	按照需要进行分类
建筑轮廓数据	标准影像地图	通过导入 ArcGIS 重分类-栅格转矢量的方式提取
道路线数据	OSMap 公开数据	按照需要进行分类
房价数据	爬虫	包括二手房及新房房价数据
AOI 信息数据	爬虫	住宅小区范围

2. 主要步骤

（1）OSM 道路线形处理。

从 OSM 官网上下载的道路须通过处理转为单线，同时进行拓扑处理以满足数据要求，具体处理步骤如下。

①生成道路缓冲区。通过 AcrMap 加载原始道路，使用【缓冲区】工具，缓冲半径设置为 10 m，融合类型选择 ALL，其他保持默认设置，得到道路面数据。再对道路面数据执行【多部件至单部件】，通过仅保留最大面积的道路面，得到相互连接的城市道路面数据。

②ArcScan 矢量化。使用【面转栅格】工具将城市道路面数据转为栅格，并

135

通过【重分类】工具对栅格数据进行二值化处理，得到道路栅格数据。启用 ArcScan 工具条，右键点击 ArcMap 的上侧菜单栏，在弹出的菜单中选择【ArcScan】，加载 ArcScan 工具条。新建一个线要素文件用于接收转换后的矢量数据；在编辑状态下对栅格数据进行矢量化设置，勾选解析转角选项，设置角度值为 135；点击生成要素，设置添加中心线的对应图层为新创建的线要素图层。运算结束后即可得到道路单线数据。

③线要素拓扑处理。导入待处理数据，打开 ArcCatalog，在个人地理数据库下新建要素数据集，导入需要创建拓扑检查的数据；添加拓扑规则，右键点击要素数据集新建拓扑即可添加拓扑规则，规则包括不能重叠、不能自相交；将新建拓扑生成的文件加载到 ArcMap；修改拓扑错误修改，右键点击打开工具栏，再打开拓扑工具，开始编辑图层，修正不符合规则的错误。

（2）创建街区单元。

①创建街区面。对处理后的道路线要素执行【要素转面】，生成街区围合的街区面要素；修正面要素，对照地图影像数据删除非城镇建设用地（如自然河流、自然山体等）区域。

②建筑属性信息。基于建筑轮廓的中心坐标点，通过互联网地图逆地理编码 API 接口，录入建筑名称、用途等属性信息。

③按建筑性质分类。将主要 POI 属性按照商业类、居住类、公服类进行分类，新建属性字段并将分类结果录入。

4.3.2　城市区位影响与人口活力测度

1. 实验概述

本章节研究任务的目标是建立空间与中心随距离衰减函数作为区位影响系数计算模型，并构建街区人口活力评估体系，用以分析活力分布特征，挖掘土地价值潜力。其中，区位影响系数计算模型构建的主要工作步骤包括城市中心识别分析、以 POI 为权重的空间句法量化分析、中心距离衰减函数模型构建等。在后续构建街区活力评估体系中，重点从可达性、功能多样性、用地集约利用程度等方面开展工作。

2. 数据处理

从分类整理过的 POI 数据中选取具有商业聚集性质的商业类 POI 设施点要素，包括餐饮、公司企业、购物、金融保险 4 类设施点，加载到 ArcMap 软件中。通过 ArcToolbox 提供的【合并】工具将这 4 类设施点进行合并，即得到商业类 POI 设施点要素。

3. 识别城市中心

识别城市中心的操作方法如下：

（1）核密度分析。使用【核密度分析】工具，根据已有的数据源，按照核函数的计算方法，对每单位面积的量值进行估算，得到反映商业类设施分布状况的栅格数据。

（2）中心点抽稀。对于核密度分析计算得到的栅格数据，需要抽取其中的局部最大值作为各城市中心的标定点。由于 ArcToolbox 中没有直接实现抽取局部最大点的有效工具，需要通过下面的步骤间接完成。使用【创建渔网】工具创建渔网格点，其中模板范围应与核密度分析栅格数据范围保持一致，同时勾选"创建标记点"。通过【值提取至点】工具将栅格数据提取至创建的渔网标记点上。数据导出为文本。打开提取数值后的标记点要素属性表，通过表选项下拉菜单中的导出操作，将点要素的属性表中数据导出至文本文件，文本中应包括栅格数据和 OID 值（目标标识符）属性内容。

（3）编写 Python 抽稀脚本。该步骤在 ArcGIS 中无对应工具可用，需要编写 Python 脚本完成数据的抽稀操作，算法流程可以简单概括如下：通过 Python 调用 Numpy 模块读取（2）中导出的文本文件并转为数组 Array 格式；设定扫描半径为 Radius（一般可设置为 2），从数组左上角开始逐一进行扫描，扫描区域为以当前位置为中心、半径为 Radius 的四邻域范围；如果在四邻域范围内存在大于当前中心位置的栅格数值，则把相应数值赋值为 0，若不存在，则不进行任何操作，继续向后扫描，直至数组中所有位置均经过扫描；筛选出当前数组不为 0 的位置，并记录这些位置的 OID 值；打开渔网标记点要素的属性表，通过按属性选择导出抽稀后的点要素即得到抽稀后的中心点要素结果。

4. 以 POI 为权重的空间句法计算

在空间句法中引入 POI 空间分布对空间关系进行量化计算的影响，操作方法如下：

（1）POI 点要素连接至道路线要素。将城市道路线要素和商业类 POI 设施点要素加载到 ArcMap，执行【连接】操作，选择【基于空间位置的另一图层的数据】作为连接模式，连接的图层选择商业类 POI 设施点要素，指定点的数值属性的汇总方式为【与其最接近的点】，并勾选【总和】，最后指定输出地址。执行运算结束后，对输出的结果进行字段清理，删除"Count_"属性字段以外的其他非必要字段，通过【按属性选择】"Count_"属性字段值为 NULL 的要素，执行【字段计算器】赋值为 0，即每条路段上邻近的 POI 数量。

（2）基于 Depthmap 软件进行空间句法分析。主要步骤如下：路线段转为轴线。空间句法理论的本质是揭示节点之间连接关系的结构系统，对于城市而言，需要采用轴线的方式进行句法建模，即绘制轴线地图。轴线地图不同于道路路网，它是用数量最少、长度最长的直线描绘空间网络，以抽象表达城市公共空间，其内涵是人、车在运动时，道路不受阻碍或视线不被遮挡所能形成的最大延伸程度。

本章节研究通过 Python 编写脚本对城市道路数据进行转轴线的预处理，获得用以量化分析的轴线地图。基本原理如下：调用 Arcpy 模块读取道路线要素的起点和终点，记录起点坐标及终点坐标，再通过新建一个线要素，将记录的坐标信息重新写入，形成用于空间句法分析的轴线数据。由于 Depthmap 软件不支持 Shapefile 格式直接导入，需要将矢量文件转为文本数据后进行读取。可先通过 Python 调用 Arcpy 模块，然后通过编写脚本提取矢量数据的坐标值和"Count_"属性字段值，将 Depthmap 软件支持的数据格式写入文本文件。然后，用 Depthmap 软件加载模型文件。打开 Depthmap 软件，通过【File】→【New】创建一个新的工作文档（workspace），点击【ImportMap】按钮加载创建的文本文件，得到加载 POI 数量信息的空间句法模型。

然后，用 POI 设施点数量作为权重计算角度整合度。Depthmap 软件提供了"角度整合度"（NAIN：normalized angular integration）的计算方法，在角度模式下整合度的计算综合考虑了两线段之间的折转角度。基于该方法，以 POI 设施点数量为权重，计算局域角度整合度，其结果的含义为从某一段道路出发一定范围内 POI 设施点累加的总数量，以此作为该地段城市商业聚集度的测度值。

具体操作步骤包括：① 将文件转为 AxialMap 格式。通过 Map → ConvertDrawingMap 命令将模型文件转为 AxialMap（轴线图）。② 转为 SegmentMap（线段模型）。通过【Map】→【ConvertActiveMap】命令，在弹出的对话框中的 CreateNewMap 选择【SegmentMap】，点击【OK】即得到用于分析的线段模型。③ 角度分析。通过执行【Tools】→【Segment】→【Run Angular Segment Analysis】命令，同时设定 RadiusType 参数为 Metric 并设定 Radius 值为 1000，勾选【Include weighted measures】选项，设置 Weightby 为导入数据的线段 POI 数量属性 Count_。运算之后得到以 POI 设施点数量为权重的角度整合度分析结果并作为各地段商业聚集度的测度值，运行结果参如图 4-2 所示。

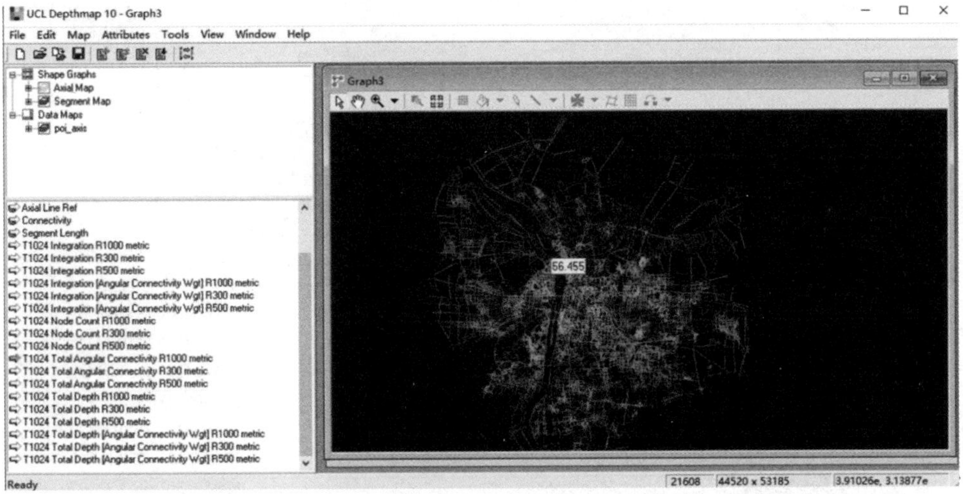

图 4-2　以 POI 数量为权重的空间句法运行结果

最终，将分析结果导入 GIS。上述分析结果需要导入 ArcMap 进行下一步的 GIS 分析，但目前 Depthmap 软件无法转为 ArcGIS 支持的数据格式，需要先转为文本文件，再通过 Python 调用 Arcpy 模块，编写脚本文件，导入 ArcMap 后按局部整合度（VALUE）的值进行分级显示，如图 4-3 所示。

图例
局部整合度
VALUE
—— -1.000000~15.949425
—— 15.949426~33.762424
—— 33.762425~52.480942
52.480943~73.590912
73.590913~97.807732
—— 97.807733~125.861300
—— 125.861301~165.333970
—— 165.333971~247.437450

图4-3　空间句法分析结果数据导入 GIS 结果

5. 计算城市中心区位影响系数

（1）建立中心距离衰减函数。

区位是经济活动发生的特定位置，距离对于空间相互作用有摩擦性影响，即经济活动空间联系存在距离衰减律。本章节研究以中心标记点为原点，按一定距离向外逐层扩大，通过描述各圈层范围内平均地段的城市商业聚集活力值与该圈层距原点的距离值之间的关系，从而大致计算该中心随距离增加的衰减幅度。围绕识别并标记的中心点建立多环缓冲区。在 ArcMap 中，加载中心点数据和空间句法分析后转出的线要素数据。通过多级缓冲工具对中心点数据按照以 100 m 为间隔对 100～1000 m 分别建立缓冲区；统计每个中心各环缓冲区内线段角度整合度的平均值。其主要操作步骤包括：建立多环缓冲区之后，新建字段 TotalLen，然后将线要素的长度记录在字段中；导出单个中心的缓冲区，对线要素数据进行裁剪；对于裁剪后的线要素新建 Mean 字段，使用字段计算器执行操作[Shape_Length] * VALUE/[TotalLen]，将计算的数值作为当前线段商业聚集度测度值；通过融合工具，融合该字段，统计方式为 MEAN 取平均值。运算结果作为该中心按距离衰减的指标值。重复对其他中心点进行该步骤操作，以此作为推算距离与衰减关系的基础数据。根据距离与衰减的关系建立各中心的衰减函数回归方程。以其中一中心为例，通过多环缓冲区得到中心距离值与衰减平均值关系见表 4-4。

表 4-4　中心距离值与衰减平均值关系一览表

对象标识符	距离/m	函数平均值
1	100	118. 994067606
2	200	97. 1385426547
3	300	101. 538174538
4	400	87. 1707878064
5	500	92. 5496059571
6	600	84. 4382450872
7	700	68. 4186858121
8	800	71. 1530628993
9	900	63. 0499238569
10	1000	55. 5307184245

将上述数据在 Excel 中以一次函数形式求解回归模型，结果为 $y = -0.0622x + 118.20$，如图 4-4 所示。

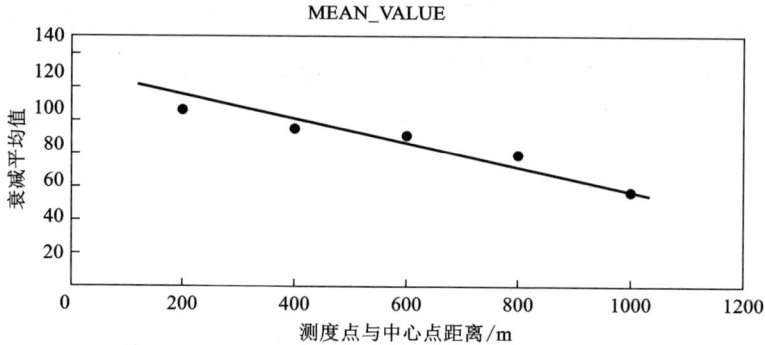

图 4-4　距离衰减函数回归方程

中心的量级规模为随距离 d 衰减程度到达全域平均值时,以该距离为半径的圈层面积视为其中心规模的影响范围。统计平均值通过右击属性字段再点击【统计】获取,结果为 56.37。距离衰减函数等于平均值,计算得到距离中心约 994 m 以内时,平均聚集度高于全域平均值,认为具有明显的聚集效果。令距离衰减函数等于 0,计算得到距离中心约 1900 m 时,994~1900 m 的聚集效果较弱;当距离大于 1900 m 时,不再受中心区位的影响。其他中心的距离衰减函数按照上述方法得到相应的距离衰减函数,不再赘述。各中心的计算结果见表 4-5。

表 4-5　城市各中心距离衰减函数一览表

对象标识符	公式	核心影响区半径/m	最大影响区半径/m
1	$y=-0.0622x+118.201$	994	1900
2	$y=-0.0317x+82.2229$	814	2591
3	$y=-0.0942x+121.9609$	696	1295
4	$y=-0.0372x+65.9403$	257	1773
5	$y=-0.1739x+164.7002$	622	946
6	$y=-0.0998x+125.7991$	695	1260
7	$y=-0.0975x+128.5409$	740	1318
8	$y=-0.1289x+138.7595$	639	1076

续表 4-5

对象标识符	公式	核心影响区半径/m	最大影响区半径/m
9	$y=-0.0773x+93.7518$	483	1212
10	$y=-0.101x+105.3174$	484	1042
11	$y=-0.0745x+81.4162$	336	1092
12	$y=-0.1202x+116.996$	504	972
13	$y=-0.0625x+90.7528$	550	1452
14	$y=-0.075x+107.5484$	682	1434
15	$y=-0.0622x+94.7317$	616	1522
17	$y=-0.1157x+137.7361$	703	1190
18	$y=-0.0643x+84.2547$	433	1310
19	$y=-0.0583x+71.4798$	258	1225
20	$y=-0.0383x+69.2187$	335	1809
21	$y=-0.0561x+91.4006$	624	1629
22	$y=-0.056x+93.8932$	670	1677
23	$y=-0.0683x+73.1559$	245	1071
24	$y=-0.0472x+61.5439$	109	904
25	$y=-0.0992x+104.3763$	484	1303
26	$y=-0.1176x+112.5647$	477	1052
27	$y=-0.1071x+101.1295$	417	956
28	$y=-0.0469x+73.9892$	375	944
29	$y=-0.0609x+69.7376$	219	1576
30	$y=-0.044x+57.4921$	25	1144

（2）计算城市区位影响系数。

①确定中心区位分级影响范围。围绕中心点分别以中心影响范围半径划定缓冲区。由于缓冲区工具无法分别对单个点进行不同半径的缓冲操作，因此需要逐一导出中心点，再按照该中心点的缓冲区半径进行缓冲操作，最后将各中心缓冲结果进行合并。以上操作可通过 ModelBuider 工具或编写 Python 脚本实现自动化。用合并后的中心影响范围按位置选择工具选出与其相交的街区单

元,分析结果如图4-5所示。

图例

■ 核心影响区

▓ 最大影响区

□ 街区单元

—— 道路_线

图4-5 城市中心影响范围分级结果

②确定区位影响系数。按照 CoreDist（核心影响区半径）和 MaxDist（最大影响区半径）分别计算影响范围，然后使用【按位置选择】筛选出区位影响显著的街区和影响相对较弱的街区单元，其他视为无影响街区，最后按照区位影响程度对街区进行分级。对区位影响显著、影响相对较弱的街区单元及无影响街区在以下街区尺度测度时分别赋以 1.5、1.2、1 的系数值，并记录在新建字段 Weight 中。城市中心影响系数分级结果如图 4-6 所示。

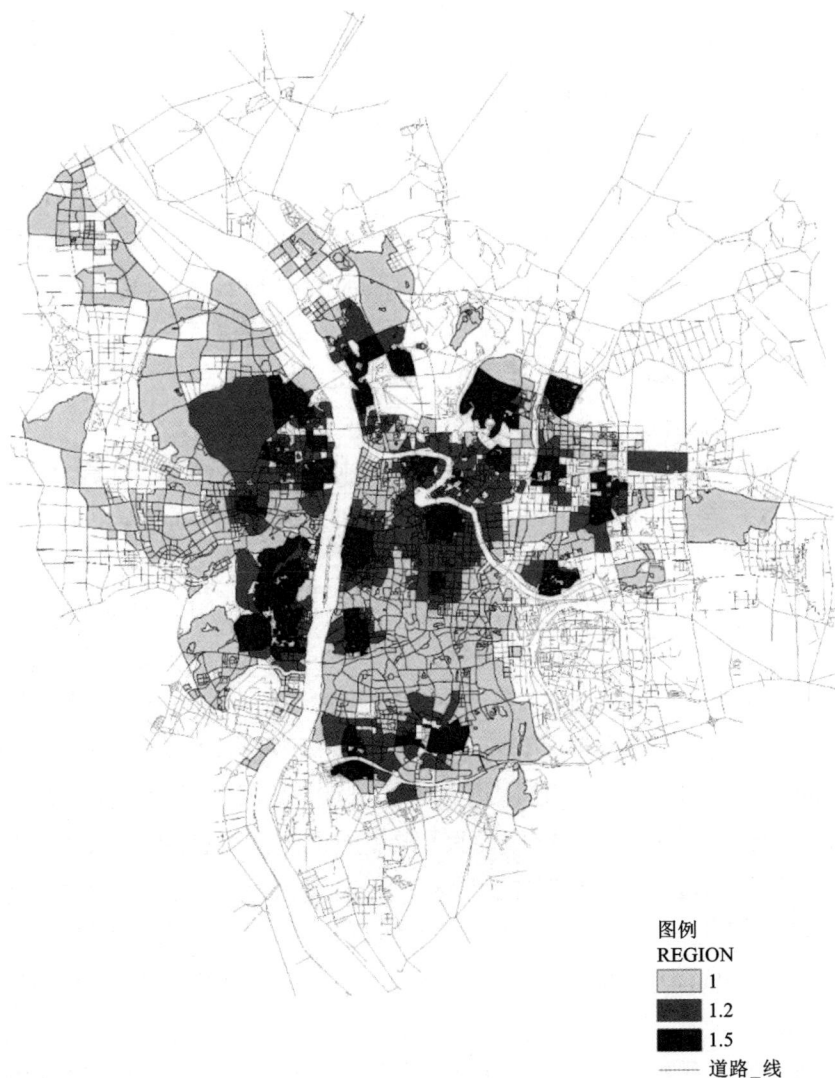

图 4-6　城市中心影响系数分级结果

6.街区活力测度

街区是城市文化生活的重要载体，有活力的区域具有强大生命力及未来发展的潜能，从而在中观尺度展现出空间价值。大量城市更新理论与实践证明，街区活力与街区可达性、功能多样性、用地集约利用程度等因素相关性较大。首先，进行道路可达性测算，主要是利用空间句法理论计算出的局部整合度作为局部路段可达性的测度值，具体步骤如下。

道路转轴线与城市中心识别中道路线段转为轴线方法一致，不再赘述。轴线转线段图。首先执行绘制地图（DrawingMap）转轴线地图（AxialMap），点击【Map】→【ConvertDrawingMap】，在弹出的菜单中的【NewTypeMap】选择【AxialMap】实现转轴线地图操作；通过选择【Map】→【ConvertActiveMap】命令，在弹出的对话框中的【CreateNewMap】中选择【SegmentMap】，点击【OK】转换成线段图。角度分析。通过选择【Tools】→【Segment】→【RunAngularSegmentAnalysis】命令，设定半径参数为"500"并使用"米制"。权重设置为"长度"。

在结果分析中可得出，选择 T1024Integration 系列，表示的是整合度，整合度代表着空间可达性，可作为空间吸引的到达交通潜力值。

导出至 ArcMap。可参照 4.3.2"以 POI 为权重的空间句法计算"中的基于 Python 脚本的导出方法转为 Shapefile 格式的线要素，导入 ArcMap 进行后续分析。

计算街区的交通可达性。街区是由道路围合而成的，从而共享周边交通资源，街区的交通可达性与周边道路可达性最大值正相关，但受制于街区面积，面积越大，街区内部共享可达性资源的程度相对较低，由此与街区面积呈现负相关的关系。因此，临近街区的道路交通可达性可表达为：周边道路可达性最大值/街区面积，以此作为该街区可达性的测定值。具体操作如下：对道路线要素执行【缓冲区】扩展一定宽度使其与周边街区相交；通过【相交】得到与街区单元相连的周边道路；通过对原街区 FID 进行【融合】，统计原街道整合度字段，按最大值汇总，记录在 Max_Inte 字段，【字段计算器】执行 [Max_Integration]/[Shape_Area] 即得到街区交通可达性的测度值，分析结果如图 4-7 所示。

测算街道混合度。街道混合度反映了空间使用的多样性特征，常使用信息熵进行计算（如图 4-8 所示）。首先，加载 POI 数据。导入以下 9 类 POI 数据：

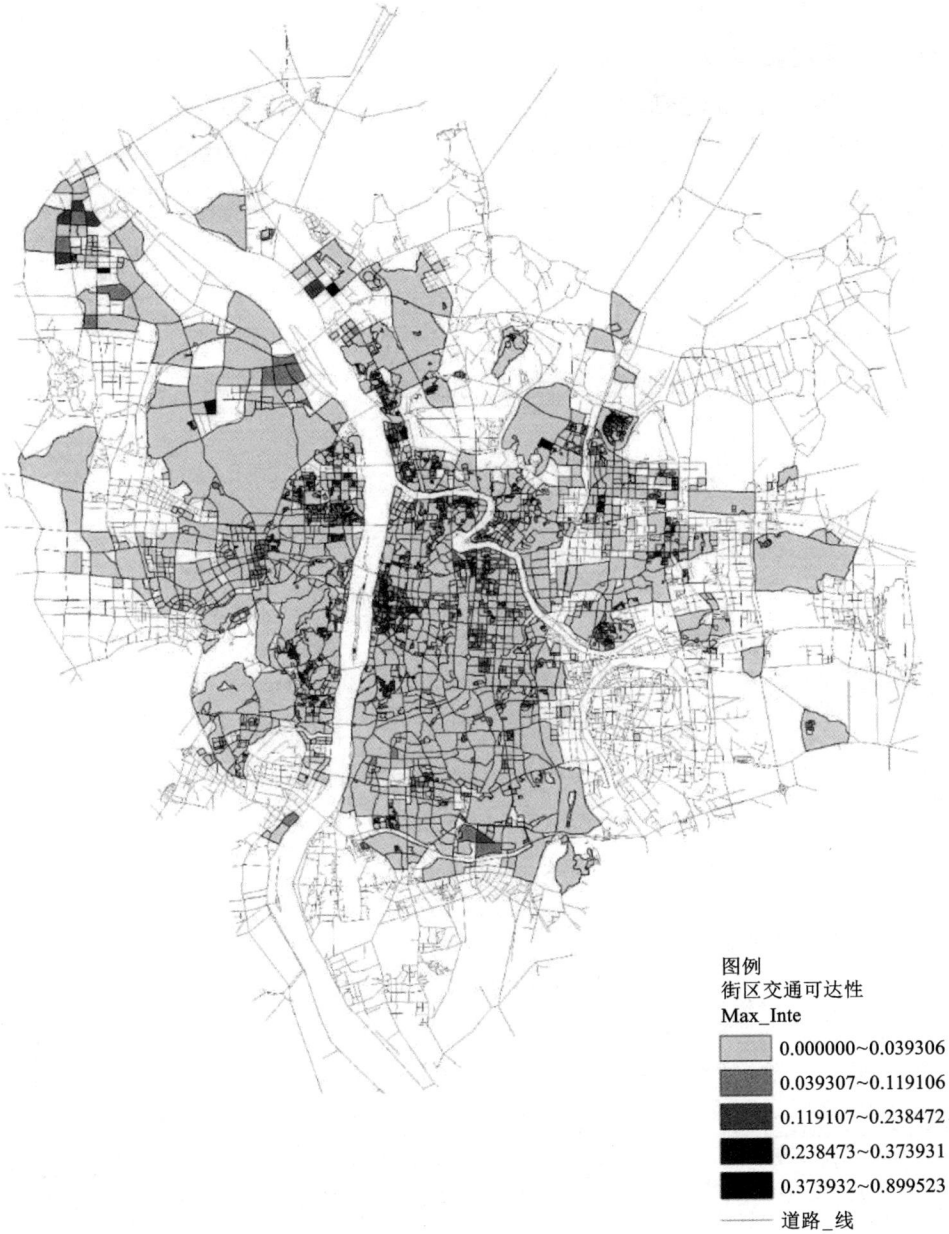

图例
街区交通可达性
Max_Inte

	0.000000~0.039306
	0.039307~0.119106
	0.119107~0.238472
	0.238473~0.373931
	0.373932~0.899523
——	道路_线

图 4-7　街区交通可达性分析结果

企业、金融、住宿、餐饮、购物、文化、生活服务、体育休闲、医疗保健。计算街区 POI 数量，先在街区单元中添加 9 个字段，再分别空间连接每类设施的 POI 至街道要素，计算每个地块中各类设施的 POI 数量。再计算每条街道的混合度。依据公式计算各街道的信息熵值。新建 TOTAL 字段，执行【字段计算器】求取各 POI 字段之和；新建 MIX 字段，再次执行【字段计算器】，在"显示代码块"模式下编写代码。其中，a 表示某街道某类 POI 数量，t 表示总的 POI 数量，引入 math 模块，math. log 表示自然对数，当 a 大于 0 时，函数表达了信息熵的计算公式，同时规定当 a 等于 0 时，该式结果为 0。将各街道线段上的 9 类 POI 数值分别代入上述函数中求和。执行运算后得到该街道 POI 信息熵值，作为街道混合度的测度值，通过可视化结果，如图 4-9 所示。

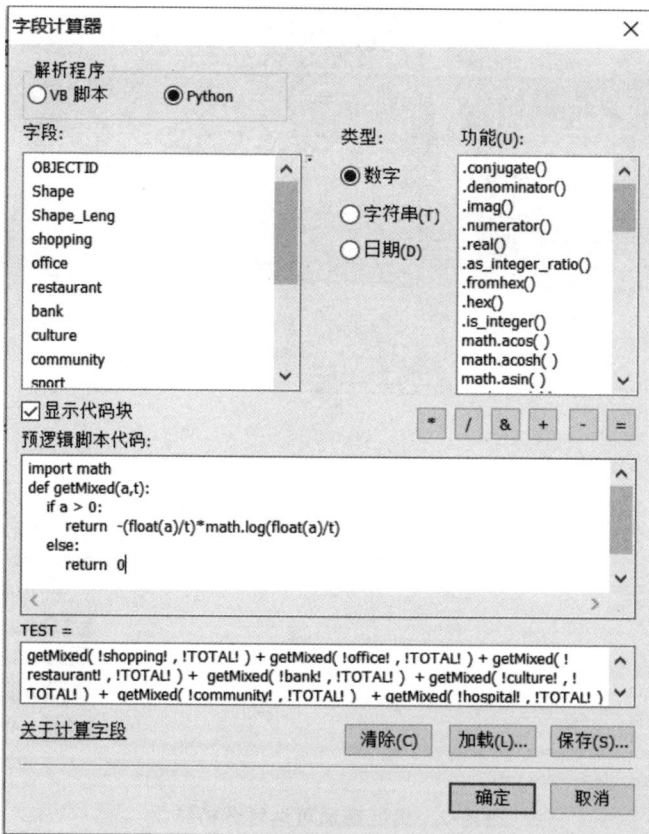

图 4-8　字段计算器计算设施点的信息熵

图例
街道混合度
MIXED

——　0.00~0.31

——　0.32~0.85

——　0.86~1.24

——　1.25~1.60

——　1.61~2.12

——　道路_线

图 4-9　街道混合度计算结果

　　街道混合度在街区层面汇总。街区是由街道围合而成的，因此，以周边街道混合度的平均值作为街区混合度的测度值，主要操作包括：对街道混合度线要素执行【缓冲区】以扩展街道宽度使其能够延伸至周边街区；通过【相交】得到与街区单元相联系的周边道路；通过对原街区 FID 进行【融合】，统计原街道混合度 MIX 字段，按平均值汇总，即得到周边街道混合度的平均值，以此作为街区混合度的测度值，分布结果如图 4-10 所示。

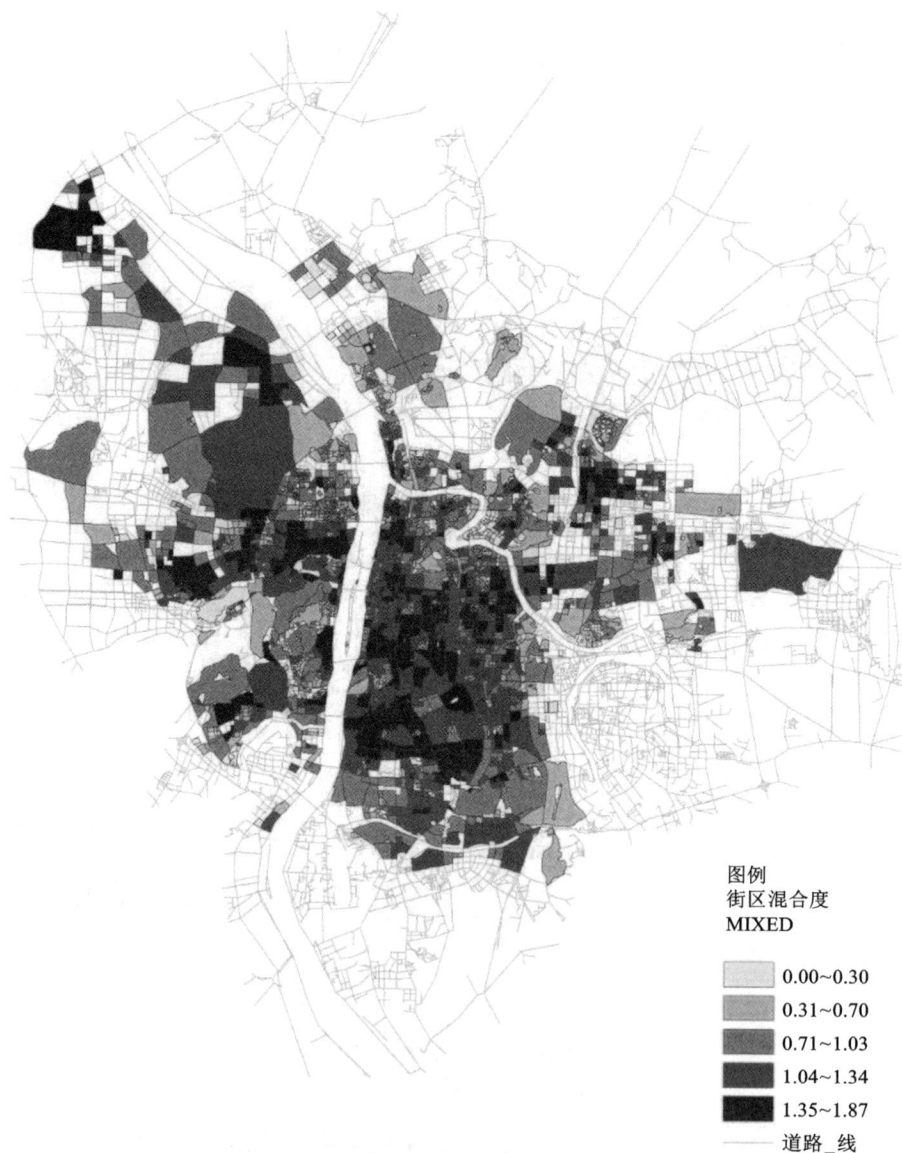

图 4-10　街区混合度分布结果

　　测算街区集约度。通过加载建筑轮廓数据，计算街区建筑底面积，在街区单元中添加建筑底面积字段，将建筑轮廓转点后通过空间连接至街区单元内，汇总计算街区建筑底面积之后，再次计算街区建筑密度，用街区建筑底面积∕街区面积得到该街区的建筑密度，分布结果如图 4-11 所示。

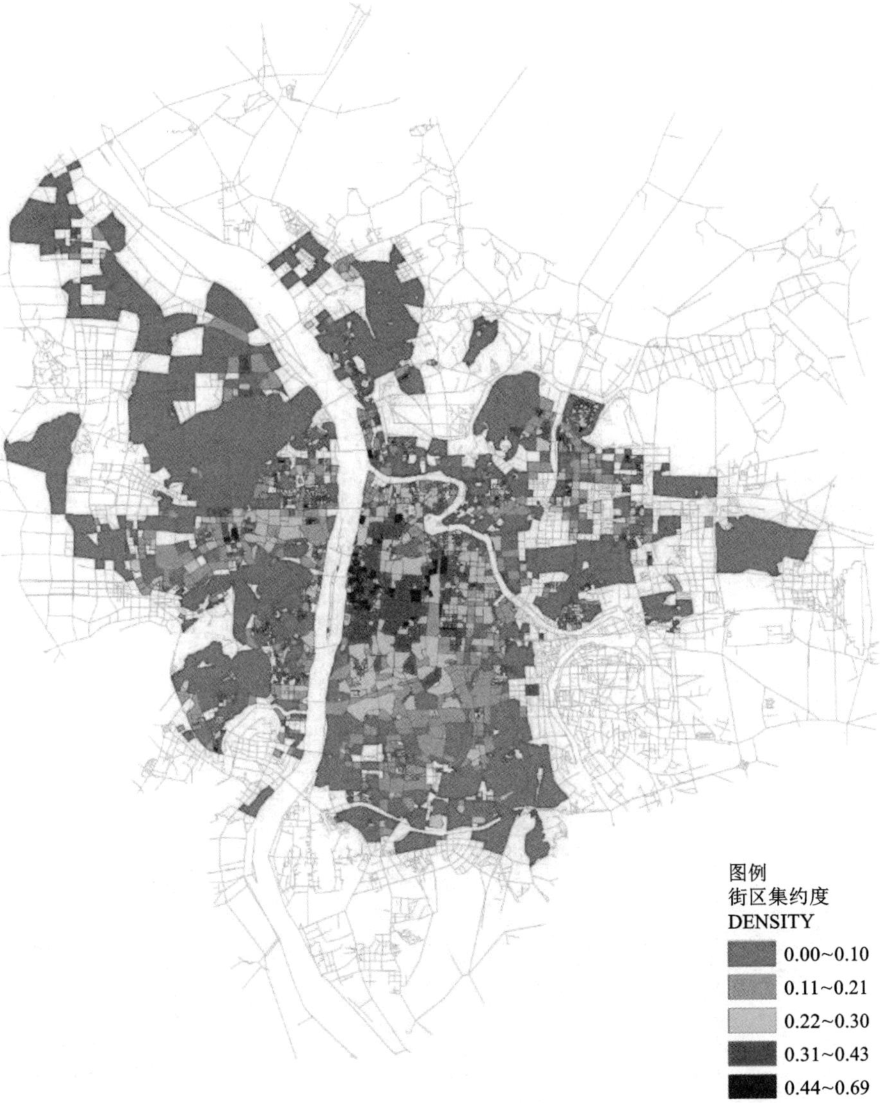

图例
街区集约度
DENSITY

- ■ 0.00~0.10
- ■ 0.11~0.21
- ■ 0.22~0.30
- ■ 0.31~0.43
- ■ 0.44~0.69

图 4-11　街区集约度分布结果

街区空间价值综合测度。经过上述综合指标构建的空间统计与建模步骤得到的各指标，经归一化标准处理后，将均值作为街区活力指标。在得到街区活力指标时考虑中心区位影响，将各归一化指标乘以相应权重[含中心区位系数（Weight 字段）]计算均值作为街区活力指标，最终分布结果如图 4-12 所示。

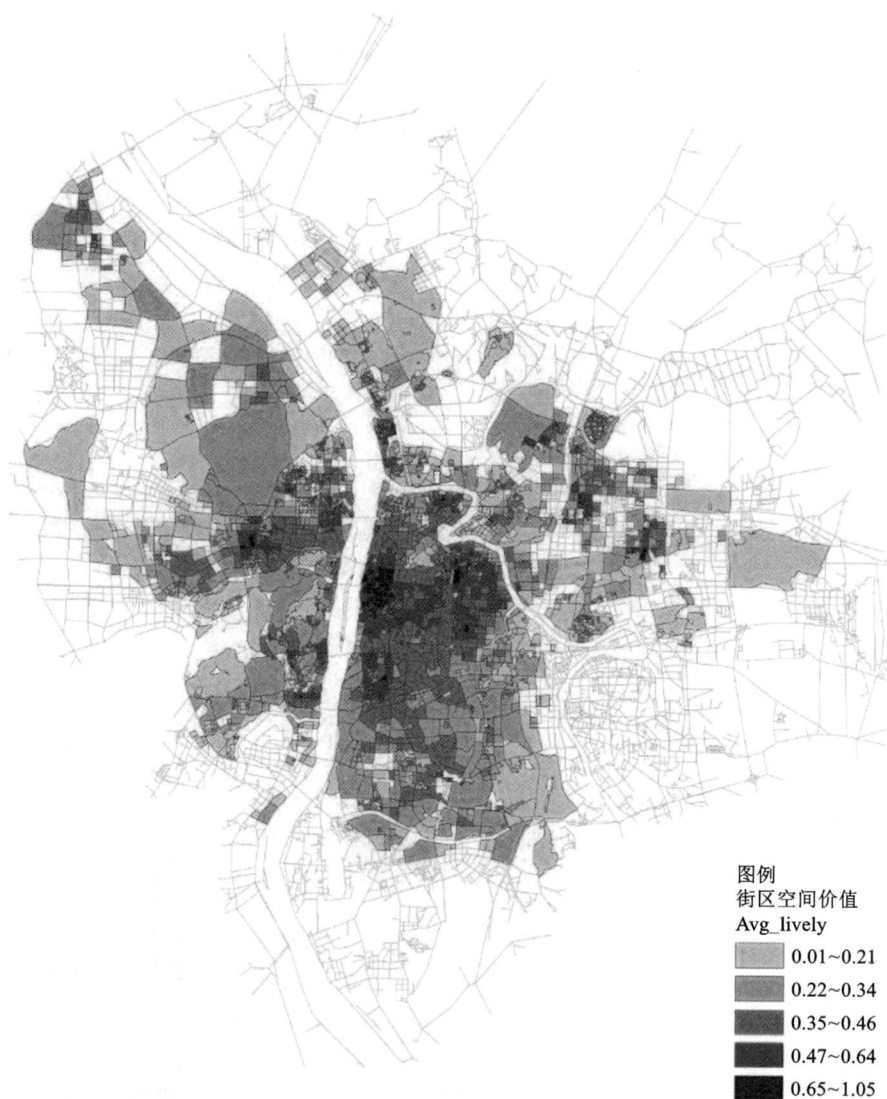

图 4-12　街区空间价值分布结果

4.3.3　低效用地识别与土地效能测度

1.实验概述

本章研究基于《国土资源部关于印发开展城镇低效用地再开发试点指导意见的通知》（国土资发〔2013〕3 号）中关于低效用地的相关概念，构建环境品质、经济效能、设施功能这三方面的评估内容。

（1）环境品质。城市风貌作为一定城市空间内的环境特征，由自然环境、人工环境以及城市文化等要素构成，反映了独一无二的城市特色。然而，街景风貌的评价存在一定的主观性，无法针对城市风貌的各类因素进行综合性评分。因此，通过机器学习的方式，对大量的街景风貌特征进行识别，来实现大范围综合性的环境品质优劣程度的评价。本章研究基于街景图像识别、机器学习、统计学与线性回归模型，通过大数据的研究方法，以片区街景风貌为研究对象，运用神经网络算法对街景风貌进行语义分割，以做出客观性、综合性的风貌评价。

（2）经济效能。地段是考量土地市场经济价值的重要因素，因此房屋所在的地段的优劣与房价的高低存在较大关系。新房定价是综合考虑政策、地段等多重因素的结果，相对于城市已有存量居住建筑的二手房而言，其价格则在很大程度上附加了自身质量的因素。因此，将新房房价数据与二手房房价数据在标准化处理后进行比较，一定程度上可以判断土地产出在经济效益方面是否低效。本章研究基于网络爬虫获取新房、二手房房价数据，运用 GIS 的插值计算方法通过离散数据点估算邻近点的取值，得到房价的空间分布；再通过数据归一化处理后计算两者差异。

（3）设施功能。社区级设施是用地使用过程中周边必要的配套设施，设施使用的便利程度也是影响用地功能正常运转的重要因素。不同用地功能对设施的需求不同。本章研究重点分析商业类地块和居住类地块两类，其中居住类地块功能所需设施选取代表性的医疗、教育设施，商业类地块功能所需设施选取金融、宾馆设施。通过分别建立设施服务区模型和街区可达范围模型，综合考虑用地功能所需社区级设施的可达性分析结果，得到最终设施功能评估指标。

本章主要采用两步移动搜索法对各地块的社区级设施的空间可达性进行测度，识别其使用过程中的便利程度。该方法分别以供给点和需求点为基础进行两次搜索。第一步，以供给点 j 为中心搜索其阈值范围内的需求点 i，计算供需比；第二步，分别以需求点 i 为中心，搜索阈值范围内的供给点，将所有的供给点的供需比汇总得到 i 的可达性。

2. 环境品质低效的识别与评价

（1）对风貌图像进行采集。对于需要采集的区域，按照尺度不同，设置采样间距 R，片区更新尺度下，一般采样间距设置为 $25 \sim 200$ m，图 4-13 为小尺度下的老旧小区环境品质低下的评估采样方式与采样半径。在无法获取街景图片的情况下，可以采用实地调研的方式进行替代，在清洗步骤，将此部分内容整合为同样大小的影像组。在对较大的待更新的社区（片区）进行调研时，优先选择街景抓取的方式。基于采样点的经纬度导出文本格式文件，基于文本字段的经纬度，编写 Python 脚本，调用百度地图街景 API，返回相应位置的街景图像，将该图像命名为该点的经纬度与拍摄方向，并写入影像。

图 4-13　采样区域

（2）对数据进行清洗、整理并补足各视角的影像。对于部分视角缺失的照片需要补全，采用再次抓取街景或实地调研采集的方式。在拍摄时，拍摄设备（手机）需开启照片位置权限，将 EXIF 信息写入照片中。在后期数据处理时，批量读取照片中的经纬度信息，将原始照片中写入的度/分/秒的经纬度信息转换为小数点进制的经纬度信息，便于统一录入与重命名。最终，读取样本照片的拍摄地点的位置信息作为影像文件名，并按照相应命名规则对影像文件重命名。重命名后的影像，可作为数据分析的原始数据集。

（3）图像分割算法。将街景图像中天空、建筑及道路等景物进行单独分类及计算，基于 CityScapes 街景数据集训练 FCN 神经网络模型，考虑训练时间与模型精度等因素，将影响模型性能的参数 batch_size 和 buffer_size 分别设置为"32"和"128"，导入 CityScapes 的 train 和 test 文件分别作为模型训练集和测试集开始训练，完成 FCN 模型搭建。将标准化后的街景图像储存在特定工作目录下，利用 Python 代入 FCN 模型进行预测分类，预测分类会对图像中的建筑、街道、天空等各类环境进行特定颜色的标定，以达到对图像语义分类的目的。最后对图像进行像素读取，对读取到的像素进行 RGB 颜色分类，并统计单个街景图像中各类环境要素的占比。

（4）进行风貌评价。对于单点单一维度打分，搭建线性回归模型，自变量设置为各类环境要素 X_i，因变量设置为综合打分分值 Y_i，建立训练模型，通过开展人机对抗训练，动态调整各环境要素 X_i 对综合打分的影响权重 W_i。当预测分值与人工预期分值接近且连续预测稳定时，将该模型作为评价打分模型对整体影像文件进行打分评价。对更新涉及的多个维度进行评价，得到单点综合评价指标，其特征如图 4-14 至图 4-19 所示。

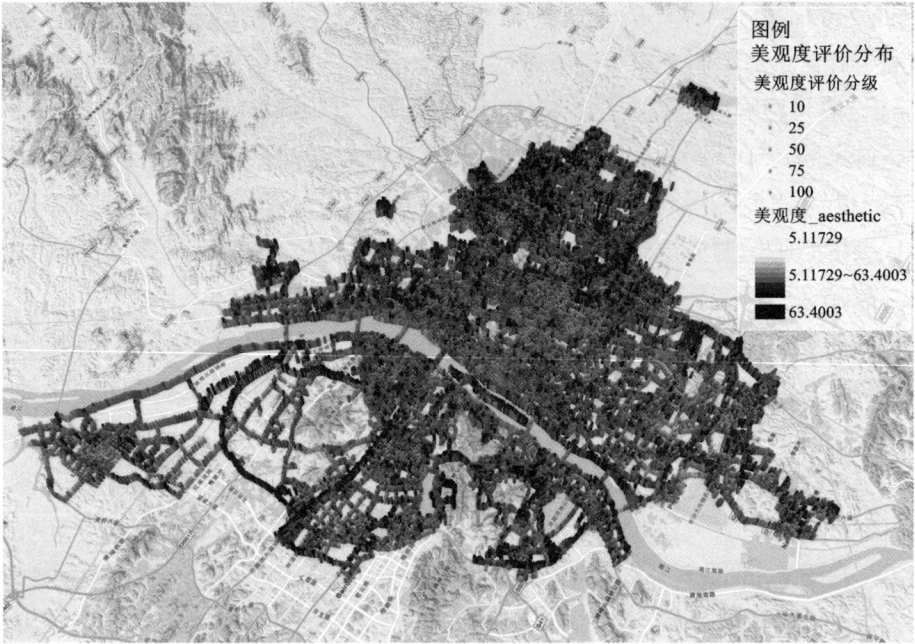

图 4-14 长沙市空间特征评价——美观度评价分级图

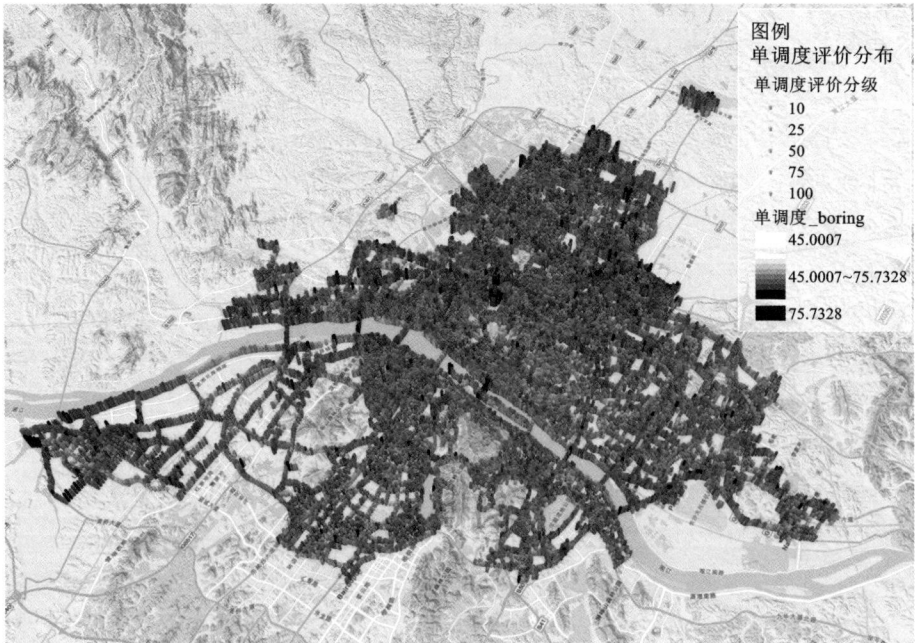

图 4-15 长沙市空间特征评价——单调度评价分级图

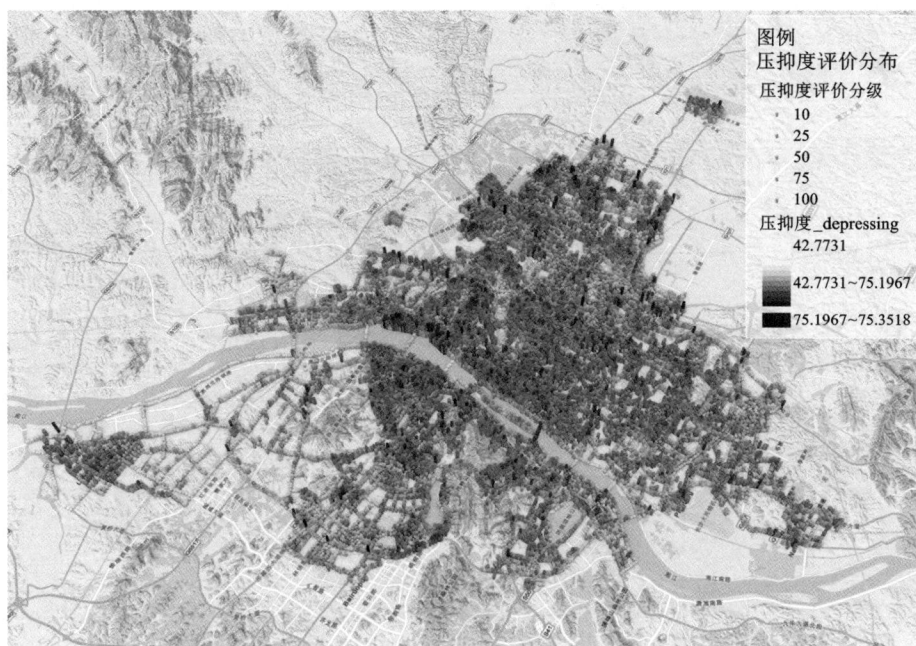

图 4-16　长沙市空间特征评价——压抑度评价分级图

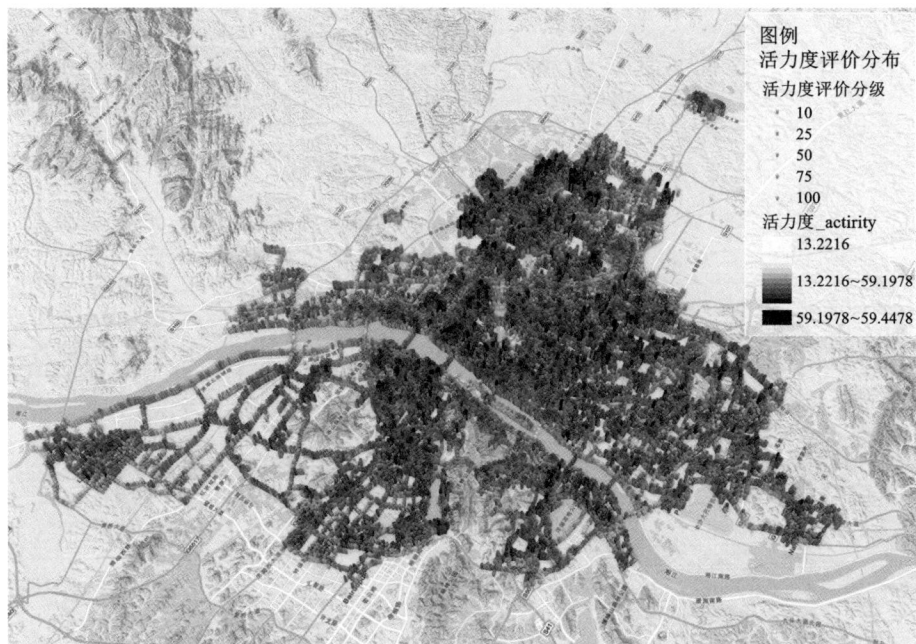

图 4-17　长沙市空间特征评价——活力度评价分级图

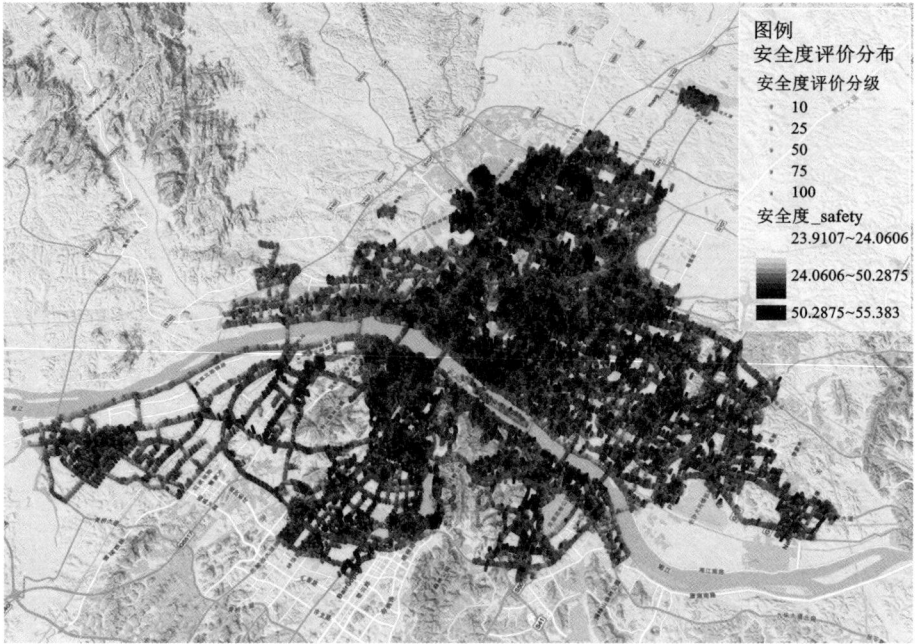

图 4-18　长沙市空间特征评价——安全度评价分级图

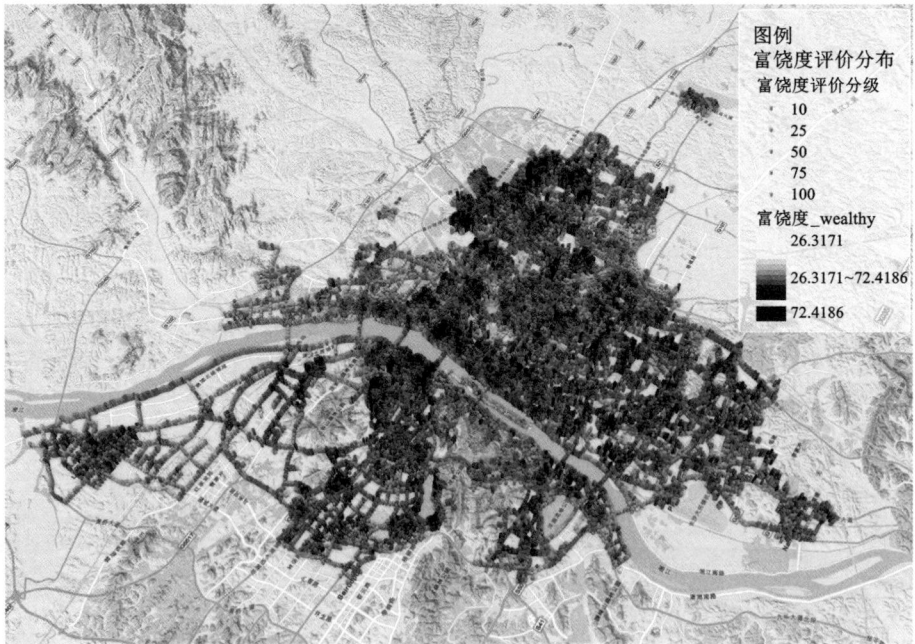

图 4-19　长沙市空间特征评价——富饶度评价分级图

4.3.4　更新潜力区识别

1. 概述

街区单元区位价值和空间低效值的计算结果，反映了街区的外部价值（活力程度）和内在价值（效能程度），最终将"外部价值高–内在价值低""外部价值适中–内在价值低""其他内在价值低"的组合方式筛选出相应区域作为更新潜力区。

2. 主要步骤

（1）确定潜力综合指标分级原则。分级依据"自然间断点"的原则，即类别基于数据中固有的自然分组。该分类方法通过对分类间隔加以识别，可对相似值进行最恰当的分组，并可使各个类别之间的差异最大化。

（2）进行分级赋值。将空间价值和空间运行效能的评估结果分别按照自然间断点法分为五级，并赋值 5，4，3，2，1 作为各自评分值。分级赋值可借助【字段计算器】，使用 Python 模块编写相应规则，获取分级分值，分级结果如图 4-20、图 4-21 所示。

（3）确定空间价值分级。ArcMap 中对街区评价数据通过【按属性筛选】，分别执行"'街区空间价值分级评分值'>'街区效能分级评分值'"，分析结果如图 4-22 所示。

（4）筛选出更新潜力区。通过再次执行【按属性筛选】中"'街区效能分级评分值'=1"，即选出低效街区，同时擦除已筛选出的街区，得到有潜力地区。

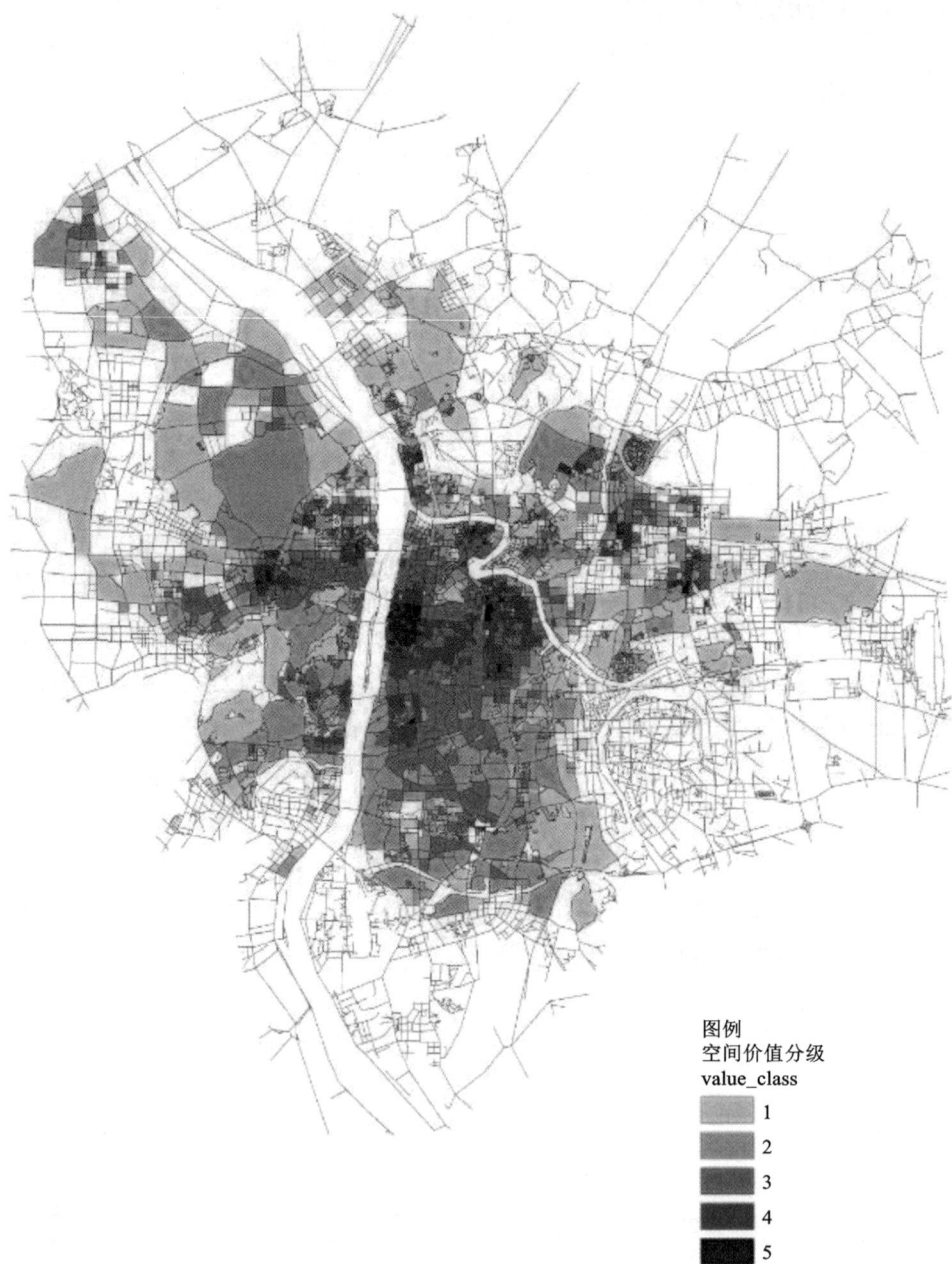

图例
空间价值分级
value_class

- 1
- 2
- 3
- 4
- 5

图 4-20　空间价值分级分布图

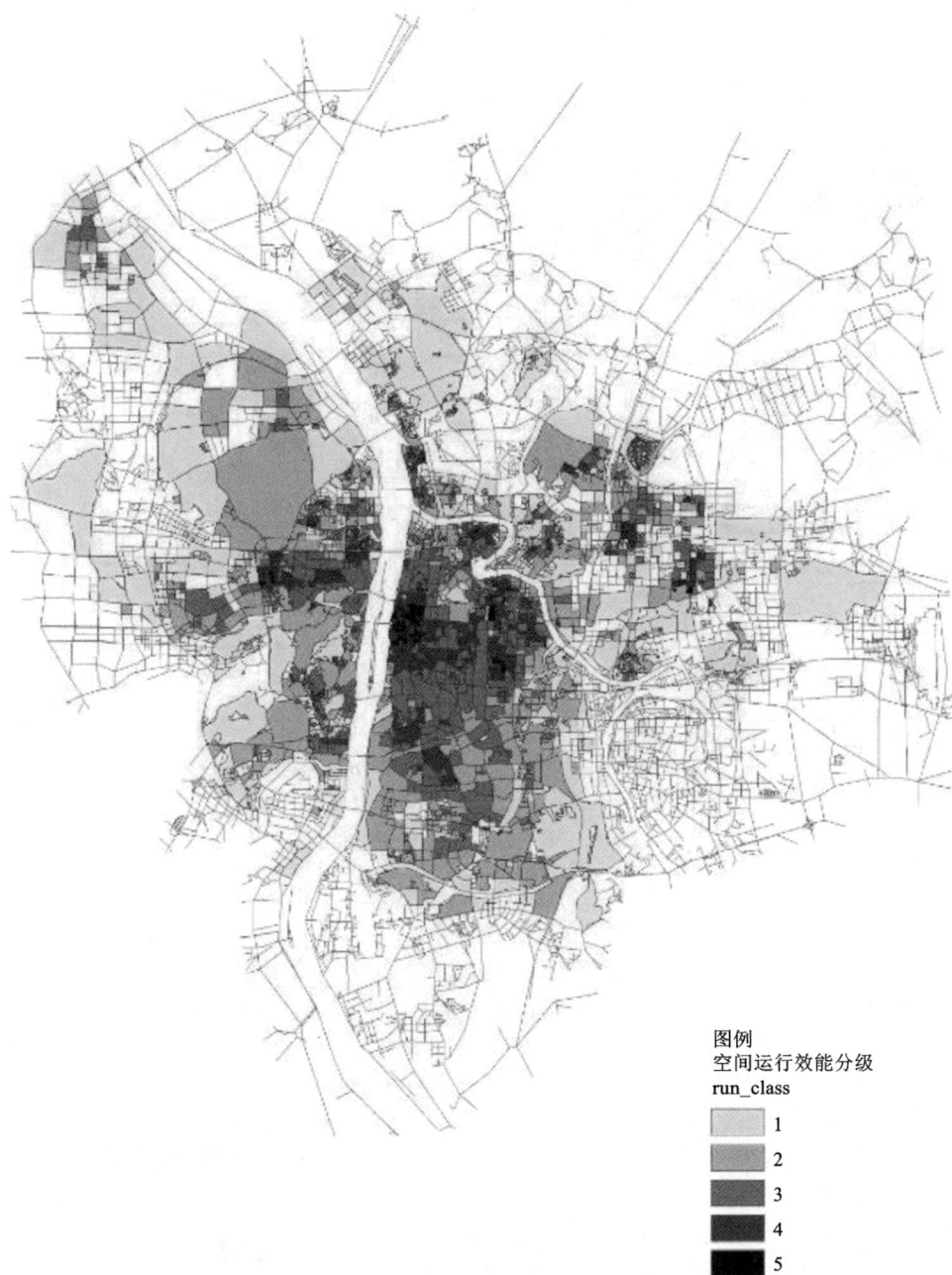

图例
空间运行效能分级
run_class

	1
	2
	3
	4
	5

图 4-21　空间运行效能分级分布图

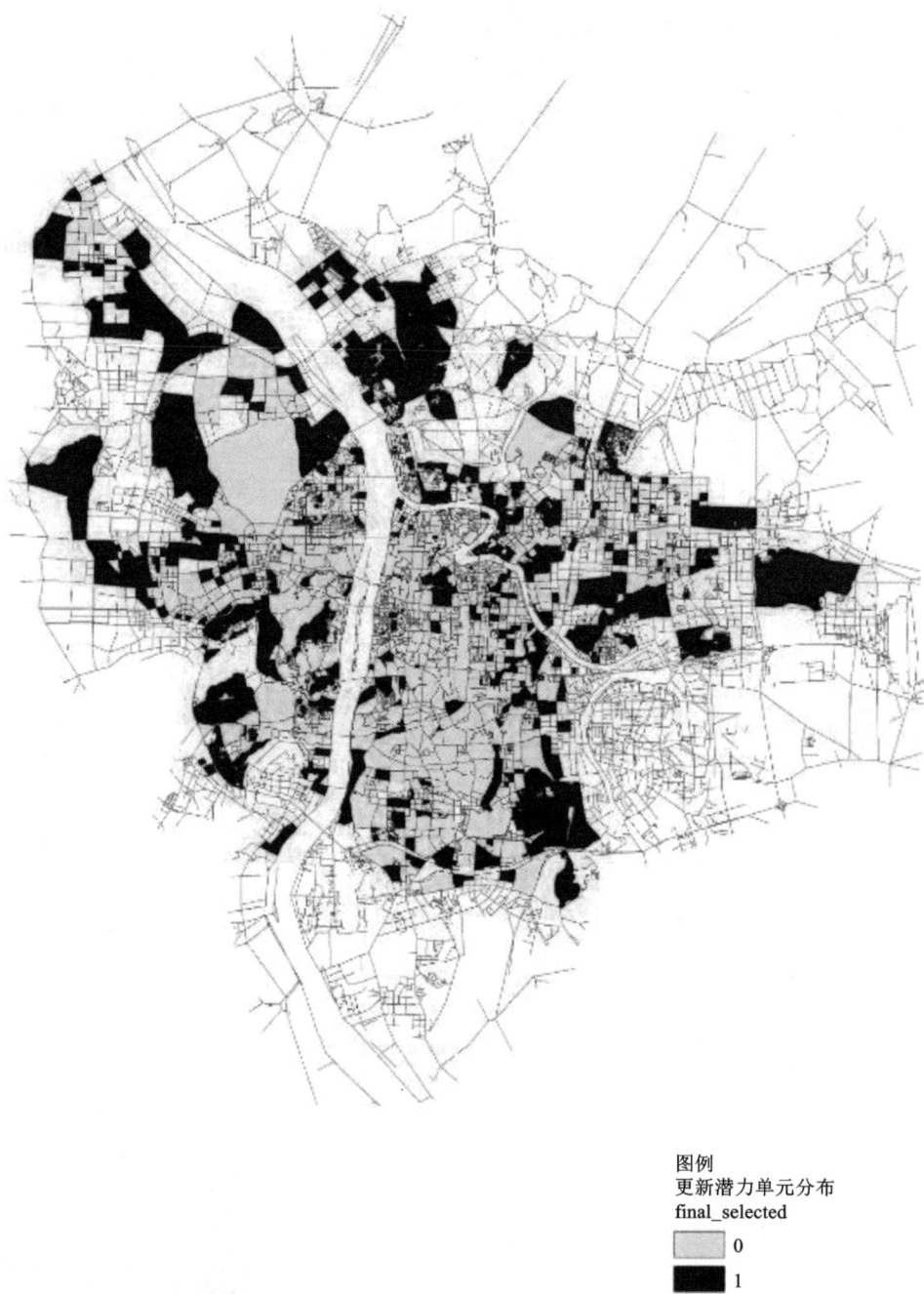

图例
更新潜力单元分布
final_selected

▢ 0

■ 1

图 4-22 更新潜力单元分布图

第 5 章

社区空间体检诊断技术方法

5.1　指标体系构建案例研究

1.厦门营平片区社区级城市体检指标体系构建探究

（1）社区级城市体检技术框架的构建逻辑。

在多层次城市体检传导体系框架下，厦门市积极探索社区级城市体检指标体系的构建路径，旨在通过科学评估指导完整社区建设、社区更新改造及社区治理实践。该技术框架核心涵盖"体系构建—指标数据收集—体检评估"三大环节，紧密围绕住房城乡建设部的城市级体检指标指导原则，明确以构建完整社区及推动社区更新为目标导向。

具体而言，该技术框架聚焦于社区尺度的特色问题与典型特征，系统性梳理社区现有配套设施，通过数量、规模、服务范围等多维度比对，揭示设施缺口、规模不足及服务覆盖不均等问题，并有针对性地提出补齐短板、扩大规模、优化服务半径等策略，以完善社区服务设施体系，为后续规划提供精准指引。同时，深入剖析社区公共空间、风貌特色、创新活力等方面的问题，评估文化特质与场所品质，识别存在的短板。

（2）社区级城市体检指标体系的详细内容。

社区级城市体检指标体系，紧密围绕社区尺度特性与具体问题，对标完整社区建设目标与要求，基于住房城乡建设部八大评价板块，精心构建包含17项一级评价指标与54项二级评价指标的综合性体系（表5-1）。

生态宜居板块：作为完整社区建设的关键目标，此板块重点评估街区公园绿地、采光、排水、噪声等环境要素及人居环卫设施的数量与覆盖率，旨在促进社区生态环境的持续优化。

健康舒适板块：鉴于健康舒适是城市发展的高级目标，此板块聚焦老年保障、健康医疗、教育配套三大领域，旨在构建便民服务网络，弥补公共卫生服务短板，提升全龄人群的生活质量。

安全韧性板块：在设施安全方面，评估重要城市管网完好率、街区内涝点密度、人均避难场所面积、消防服务点覆盖率及街区年安全事故数量；在居住安全方面，全面摸查老旧建筑的安全性，通过评估危房数量与面积占比两项指标，确保居住环境的稳固可靠。

交通便捷板块：系统评估社区交通系统的通达性与便利性，涵盖动态交通与静态交通两大维度，以促进社区交通体系的优化升级。

风貌特色板块：强调骑楼建筑风貌特色与传统文化的保护与传承，从文化特色、历史建筑保护及街区风貌三方面进行综合评估，旨在彰显社区独特魅力与精神文化内涵。

整洁有序板块：通过评估街道立杆与空中线路规整率、建筑立面整洁率、街道车辆停放有序率三项指标，直观反映社区物质空间环境的管理效能与秩序水平。

多元包容板块：重点关注社区对不同人群的包容性，尤其是老年人、残疾人、低收入人群及外来务工人员，评估住房保障水平，促进社会融合与公平。

创新活力板块：在原有产业状况评估中，关注街区主要的店铺类型；在新兴产业发展评估中，强化创新型产业扶持与引导，设置7项指标，旨在激发社区经济活力与创新潜力。

表 5-1　社区级城市体检指标体系一览表

评价板块	一级评价指标	二级评价指标
生态宜居	生态环境	街区公园绿地服务覆盖率
		采光较差的巷道长度比例
		地面潮湿的巷道比例
		环境噪声达标的巷道比例
	人居环卫	垃圾收集点的数量与覆盖率
		环卫设施的数量与覆盖率
健康舒适	老年保障	社区便民商业服务设施的数量与覆盖率
		社区老年服务站的数量与覆盖率
		社区老年服务站的床位数与老年人口数量比例
	健康医疗	社区医疗服务站的数量与覆盖率
		社区医疗服务站的床位数
		人均社区体育场地面积
	教育配套	普惠性幼儿园覆盖率
		幼儿园每千人学位数
		小学覆盖率
		小学每千人学位数
安全韧性	设施安全	重要城市管网完好率
		街区内涝点密度
		人均避难场所面积
		消防服务点覆盖率
		街区年安全事故数量
	居住安全	街区内的危房数量
		街区内的危房面积占街区总建筑面积的比例
交通便捷	交通出行便捷	公共交通站点覆盖率
		连续步行道路设施占整体道路数量比例
		断头路占整体道路数量比例
	停车设施配置	人均停车面积
		住宅停车位数量与街区总户数比例
		商办及公共停车位配比

续表 5-1

评价板块	一级评价指标	二级评价指标
风貌特色	文化特色	万人文化建筑面积
	历史建筑保护	街区历史建筑挂牌率
		街区历史建筑空置率
		街区历史建筑保护修缮率
	街区风貌	街区内具有特色风貌的街道长度比例
		特色风貌立面质量较差的立面面积
		历史风貌保存完好的街区面积
		历史风貌保存完好的单一成片的最大街区面积
整洁有序	街面整洁	街道立杆与空中线路规整率
		建筑立面整洁率
		街道车辆停放有序率
多元包容	群体包容	道路无障碍设施设置率
		街区低保人数比例
		街区流动租住人数比例
		街区老龄化比例
	住房保障	街区公房中人均住房面积低于国家标准的比例
		街区成套住房占总住房数量比例
创新活力	原有产业状况	街区主要的店铺类型
	新兴产业发展	重点街道的特色店铺数量比例
		重点街道的创新店铺数量比例
		重点街道的流动性店铺数量比例
		片区重点购物场所客流量
		品牌档次比例
		业态数量
		购物环境体验

2.北京清河街道社区体检指标体系构建探究

（1）体系构建的综合性与功能性。

北京清河街道在构建社区体检指标体系时，首要关注的是其综合性。这一综合性不仅体现在指标构成以空间要素为核心，还广泛涵盖了社会、文化、经济及治理等多个维度，如收入阶层融合度、弱势群体保障状况、社区文化活力指数、街区商业繁荣程度以及基层治理效能等，相关依据包括《完整居住社区建设指南》《社区生活圈规划技术指南》《关于全面开展城市体检工作的指导意见》和相关行业规范及北京市"七有""五性"首善标准等的要求，并在此基础上进行系统梳理与整合。同时，社区体检指标体系注重主客观指标的有机结合，其中主观指标进一步细分为问题类（如市民服务热线投诉率，映射资源短缺或管理缺陷）与感受类（如居民社区归属感，综合体现服务与治理效能）。

指标的功能性则是另一重要考量维度，强调指标评估结果应直接服务于基层规划、建设与治理的实践需求，并确保与城市体检工作的无缝对接。一级指标的选定与评估范畴遵循住房城乡建设部的城市体检指标框架，而二级指标则根据社区体检的特定需求灵活调整。指标的具体选取遵循基层事权原则，即所反映问题或成效须属评估对象（街道或社区）职责范畴，或至少其空间落位于评估区域内，尽管治理职责可能归属上级政府，但须在指标效果与对策建议上作出相应区分。

（2）指标构成的多维导向与多元评价体系。

社区体检指标体系的构建还需紧密对接上位政策导向与规划理念，同时积极响应自下而上的社区规划与更新需求，因此在指标设计上强调多维导向，支持对发展水平、效率、公平性等多方面的综合评价。二级指标被细致划分为目标型、发展型、问题型、底线型和特色型五大类别：

目标型指标：依据上位规划目标及相关规范设定目标值，如社区文化设施覆盖率、社区养老服务设施覆盖率等，达标即满分，分数越高表示绩效越佳。

发展型指标：评估社区各领域的发展水平，涵盖重要街道风貌品质、社区居民参与程度等，既支持社区间的横向对比，也便于社区自身的纵向进步评估，分数提升意味着发展水平上升。

问题型指标：聚焦基层规划、建设与管理中的普遍性问题，如城市道路断头路占比、社区治理投诉率等，分数越低则问题越显著。

底线型指标：为一些基础保障项目设定底线警示值，如人均居住建筑面积、卫生服务中心（站）覆盖率等，低于警示值即需重点关注并采取改进措施。

特色型指标：考虑社区在地理位置、自然资源、人文历史等方面的独特性，帮助社区明确并彰显自身特色，如自然景观丰富度、内部通勤率等，分数越高显示特色越鲜明，但低分不影响整体评估结果的有效性。

北京清河街道社区体检指标体系是一个包含7项一级指标、55项二级指标的综合性框架，旨在通过多维导向与多元评价体系，为社区规划与更新提供科学、全面的指导依据（见表5-2）。

表 5-2　城市社区体检指标体系

一级指标	二级指标	数据来源
生态宜居	居住区公园服务半径覆盖率	网络地图，街道资料，现场踏勘
	城市道路行道树覆盖率	全景地图，现场踏勘
	社区绿化投诉率	市民服务热线
健康舒适	人均居住建筑面积	网络地图，房地产交易平台，街道资料
	社区更新整治需求	市民服务热线，街道资料，现场踏勘
	社区文化设施覆盖率	网络地图，街道资料，现场踏勘
	运动健身场地（馆）覆盖率	网络地图，街道资料，现场踏勘
	卫生服务中心（站）覆盖率	网络地图，街道资料，现场踏勘
	社区养老服务设施覆盖率	网络地图，街道资料，现场踏勘
	幼儿园覆盖率	网络地图，街道资料，现场踏勘
	小学覆盖率	网络地图，街道资料，现场踏勘
	初中覆盖率	网络地图，街道资料，现场踏勘
	便民商业设施覆盖率	网络地图
	快递服务点覆盖率	网络地图
	住宅品质投诉率	市民服务热线

续表 5-2

一级指标	二级指标	数据来源
安全韧性	派出所覆盖率	网络地图，街道资料，现场踏勘
	消防站覆盖率	网络地图，街道资料，现场踏勘
	应急避难场所覆盖率	网络地图，现场踏勘
	道路积水结冰投诉率	市民服务热线
	社区安全投诉率	市民服务热线
交通便捷	内部通勤率	手机信令，街道资料
	城市道路断头路占比	网络地图，现场踏勘
	城市道路非机动车道连续性	全景地图，现场踏勘
	城市道路人行道连续性	全景地图，现场踏勘
	地铁站覆盖率	网络地图，现场踏勘
	公交车站覆盖率	网络地图，现场踏勘
	公共充电站（桩）覆盖率	网络地图，现场踏勘
	车辆停放投诉率	市民服务热线
	车位规划投诉率	市民服务热线
	电动车充电桩投诉率	市民服务热线
	重要街道风貌品质	全景地图，现场踏勘
	自然景观丰富度	网络地图，街道资料，现场踏勘
	不可移动文物丰富度	街道资料，现场踏勘
	社区特色文化建设程度	社区调查
	违法建设投诉率	市民服务热线
整洁有序	街道立杆、空中线路规整性	全景地图，现场踏勘
	物业管理覆盖率	社区调查，街道资料
	市政设施投诉率	市民服务热线
	环境卫生投诉率	市民服务热线
	物业管理投诉率	市民服务热线

续表 5-2

一级指标	二级指标	数据来源
多元包容	住宅租金混合度	房地产交易平台
	公共厕所覆盖率	网络地图，现场踏勘
	重要公共场所无障碍设施和母婴室覆盖率	全景地图，网络地图，现场踏勘
	残疾人服务设施覆盖率	网络地图，街道资料，现场踏勘
	社区两委中专业社工占比	社区调查
	社区共建共治程度	社区调查
	社区居民参与程度	居民问卷
	千人均社区社会组织数量	社区调查
	千人均社区志愿者数量	社区调查
	居民社区归属感	居民问卷
	社区治理投诉率	市民服务热线
创新活力	千人均小微企业数量	网络地图，街道资料，企业认证信息查询系统
	休闲餐饮设施密度	网络地图
	阅读文化设施密度	网络地图，街道资料
	社区文化类活动数量	社区调查，公众号

5.2 评价方法构建："1+8+1"评价体系

更新规划需要对片区的基本情况和现状进行全面了解，有针对性地提出改进建议，为后续实施和评估工作提供科学数据支持。因此，在城镇社区基本概况调查的基础上，构建了"居住品质、片区设施、开放空间、绿色节能、文化风貌、安全韧性、产业活力、多元包容"这8大维度的城镇社区体检评估指标体系。

8大维度的设立旨在全面评估片区的城市发展水平和居民生活质量。其中，"居住品质"评估片区中的房屋质量、社区绿化、容积率、建筑类型等基本情况；"片区设施"则涵盖片区中的社区服务设施、社区管理、社区建设的基本情况，城市住房、教育、医疗、养老、公共文化、体育等公共服务设施的充足、均等、便利程度，居民生活的住房、教育、医疗、养老、公共文化等用地供给和设施建设管理利用情况，便民服务网络的完善程度、各业态质量；"开放空间"主要关注片区中的公园、绿地、广场、滨水空间等相关情况；"绿色节能"则侧重片区的大气、水、绿地等各类生态环境要素保护情况，片区开发强度和空间协调发展状况，城市绿色建设和居民综合服务便利水平，片区资源节约循环利用情况；"文化风貌"考察片区风貌塑造、城市历史文化传承与创新情况，以衡量片区历史文化遗产保护工作的落实效果；"安全韧性"则聚焦片区应对公共卫生事件、自然灾害、安全事故等的防御水平和灾后快速恢复能力，衡量片区居住环境的安全性和生态韧性，片区对极端天气与可能发生的自然灾害的抵抗能力，片区交通安全情况和社会治安情况；"产业活力"涵盖片区中与老旧商业、老旧工业相关的情况，并评估片区内的产业结构、企业数量、就业机会等相关情况；"多元包容"则评估片区对老年人、残疾人、低收入人群、外来务工人员等不同人群的包容度，衡量城市不同年龄阶段、不同社会阶层人群享有社会公共服务设施的公平性。

为了进一步了解片区居民对片区发展的真实需求和反馈，为城市更新规划提供科学依据，同时还开展了片区居民问卷调查。结合问卷调查，本章研究基本形成了由"1 个基本概况调查""8 项维度体检评估指标""1 套居民满意度调查问卷"共同构成的"1+8+1"的面向片区城市体检的综合评价框架，可更加全面地评估片区城市更新的实际情况和居民的生活质量，同时也可为城镇社区（片区）的更新规划研究者和规划管理者提供有效的数据支持。

5.2.1　1 个基本概况调查

1. 基本概况调查的必要性

基本概况调查是城镇社区空间体检评估的重要前提，它能够整合和了解片区的整体情况，确定其发展方向和改善重点，并为后续规划和改善工作提供科学依据。通过调查工作，可以初步评估片区发展潜力和可行性，提高城市更新效率，避免重复劳动和资源浪费。

因此，本章研究建议在开展城镇社区空间体检评估工作前，从研究范围、上位规划、用地现状、地形地貌、人口结构这 5 个方面对更新片区进行基本概况调查,获取基础评价指标,使规划研究者和管理者对该更新片区有更为直观、更为基础的认识。

2.基本概况调查的内容

(1)研究范围。

①了解研究边界:首先需要明确该城镇社区的研究范围,并进行边界勾画和划分,以便后续能更加精准地开展调查工作。

②收集历史数据:需要收集历史数据和文献资料,了解该片区的历史演变、发展历程、人文风情、主导产业、权属变更等情况,这样有助于更好地理解其现状和规划未来发展路径。

③实地考察记录:通过实地考察和记录,了解该更新片区内的具体情况,如建筑物类型、公共设施、道路通达性等基本信息。

(2)上位规划。

①查阅规划文件:需要查阅与该社区空间相关的上位规划文件,如在编的国土空间规划、原有的城市总体规划、土地利用总体规划和其他类型的专项规划与专题研究等,了解该片区在整个城市发展中的定位和计划。

②分析规划适应性:分析上位规划的适应性,通过比对规划和现状,了解该城镇社区空间范围内的规划落实情况和正面临的问题等,此阶段可适当针对片区未来发展重点与方向展开头脑风暴式讨论。

③评估规划影响力:通过上位规划对该片区的影响进行评估,包括对其经济、文化、社会、环境等方面的影响,以及相关利益关系和区域竞争合作博弈等。

(3)用地现状。

①土地利用类型:了解该片区内各类土地利用类型和用途分布情况,包括居住用地、商业用地、工业用地、公共设施用地、道路用地、绿化用地等,以便评估土地利用效率和整体空间性能。

②地块空间结构:通过对用地单位及其组织形式进行考察,理解各用地单位之间的关联性和空间结构;还应考虑地块大小、形状、位置及相邻地块的联系,以便后续规划更好地进行。

③现状功能布局:通过调查各种设施的分布情况,比如学校、医院、商业

设施、公共服务设施等，了解社区设施和住宅建筑等的分布情况，可以初步评估片区配套设施的合理性和完备性，为后续规划和改善工作提供指导意见。

（4）地形地貌。

①地形高程分析：通过测量和分析地面高程的变化情况，了解片区的地势和地貌特征，包括陆地和水域部分。根据高程数据，可以绘制高程图、等高线图等，以更加直观地呈现地形和地貌的分布状况。

②坡度坡向分析：通过对地表坡度和坡向进行调查，了解片区内的地形起伏情况和地势变化规律。坡度和坡向数据可以用来评估地质灾害风险、选择适宜的土地利用方式，并且对城市基础设施的建设和道路网格的布局也具有重要的意义。

③土壤类型分析：通过对片区的土壤类型进行采样和分析，了解土壤的物理和化学性质，为城市更新规划工作提供土地利用、环境改造和基础设施建设等多个方面的依据，此外根据土壤条件还可进一步评估该片区的生态效益和环境承载力。

④自然资源分析：通过对水资源、矿产资源、植被覆盖等自然资源分布情况的分析，可以了解片区内自然环境的特征和资源优劣状况，并结合城市更新需求评估各种自然资源的利用、保护和完善情况。

（5）人口结构。

①常住人口：常住人口是指在该片区内居住满六个月及以上的人口总数。通过对常住人口的基本情况进行统计和分析，可以了解片区的人口数量、年龄结构、性别比例、文化水平等基本特征。

②户籍人口：户籍人口是指在该片区内具有本地户籍且实际长期居住的人口。通过对户籍人口的分析，可以更加深入地了解片区居民的社会背景、生活习惯、就业状况等情况。

③流动人口：流动人口是指在该片区内居住时间少于六个月的人口。通过对流动人口的分析，可以了解片区的人口流动情况、人员来源和去向等信息，从而更好地了解该片区的社会构成和需求特点。

④总户数：总户数是指该片区内的所有住宅户数。通过对总户数的分析，可以了解该片区的住房状况、房屋类型、居住密度等信息，为后续规划和改善工作提供有力的支持。同时，还可以结合居民的家庭状况和社会关系等方面，更好地理解片区的人口结构和群体特点。

5.2.2　8 项维度体检评估指标

以住房城乡建设部 2022 年 7 月发布的《关于开展 2022 年城市体检工作的通知》[①]以及自然资源部 2021 年 6 月发布的《国土空间规划城市体检评估规程》[②]作为基础，综合各试点城市体检评估指标体系后，基于完整性、普适性和一致性考量，本章研究确定从"居住品质、片区设施、开放空间、绿色节能、文化风貌、安全韧性、产业活力、多元包容"这 8 大维度构建面向城镇社区空间评价指标集，其将作为后续评估的一级指标，后面将分别针对各个维度展开剖析二级、三级分项评估指标，包括各指标的设立考虑、数据来源、测算方法及具体测算公式，指标维度在相关规程基础上结合社区特色局部调整，但整体延续了规程指标体系的内涵要求（见表 5-3）。

表 5-3　面向城镇社区空间的 8 大维度体检评估指标体系重点关注内容一览表

序号	评价维度	该维度重点关注内容	分项指标数量
1	居住品质（14 项）	检验片区内各居住小区的物业管理、电梯配套、建筑质量、社区绿化、容积率、建筑密度与面积等基本情况	小区管理 3 项/建筑评估 4 项 居住质量 7 项
2	片区设施（27 项）	检验片区内的停车配套、教育设施、医疗卫生设施、社会福利设施、文体设施、公共交通设施、市政配套等公共服务设施的充足、均等、便利程度，关注与居民生活联系较为密切的住房、教育、医疗、养老、公共文化等用地供给和设施建设管理利用情况，以测度各片区内便民服务网络的完善程度与设施供给情况	停车有位 6 项/幼有所育 4 项 病有所医 2 项/老有所养 1 项 练有所得 3 项/游有所乐 4 项 行有所至 5 项/供有所需 2 项

---

① 住房和城乡建设部关于开展 2022 年城市体检工作的通知_其他_中国政府网，http://www.gov.cn/zhengce/zhengceku/2022-07/09/content_5700178.htm.

② 自然资源部关于发布《国土空间规划城市体检评估规程》等两项行业标准的公告，https://biyang.gov.cn/web/front/news/detail.php? newsid=6986.

续表 5-3

序号	评价维度	该维度重点关注内容	分项指标数量
3	开放空间（9 项）	检验片区内绿地、森林、水域、湿地、绿道、岸线空间等能够提供居民公共活动的相关户外开放场所的供给与分布情况	绿色共享 2 项/蓝绿空间 3 项 慢行绿道 2 项/岸线长度 2 项
4	绿色节能（10 项）	检验片区内热岛效应、社区垃圾分类、负面巷道比例、土地开发强度以及基本农田、生态保护红线等生态底线保护情况，以测度各片区内资源节约循环利用水平	垃圾分类 1 项/热岛效应 2 项 负面巷道 3 项/开发强度 2 项 底线保护 2 项
5	文化风貌（12 项）	检验片区内景观风貌塑造、历史文化传承与创新情况，衡量片区历史文化遗产保护工作	景观风貌 4 项/街道品质 3 项 历史文化 3 项/旅游景区 2 项
6	安全韧性（17 项）	检验片区应对公共卫生事件、自然灾害、安全事故等防御水平和灾后快速恢复能力，分别衡量片区居住环境的消防安全韧性、道路交通韧性、疫情防疫韧性以及应对极端安全事故的安全韧性情况	消防韧性 4 项/交通韧性 6 项 防疫韧性 2 项/城市安全 5 项
7	产业活力（9 项）	检验片区内用地开发效能、企业活力指数以及能够反映市井文化和城市特色的地标建筑、特色街道与老旧厂房等	集约节约 2 项/业态判断 4 项 市井文化 3 项
8	多元包容（10 项）	检验片区对婴幼儿、孕妇、老年人、残疾人、低收入人群、外来务工人员等不同人群的包容度，衡量不同年龄阶段、不同社会阶层人群享有社会公共服务设施的公平性	老龄友好 3 项/居住友好 4 项 儿童友好 3 项

其中，居住品质维度聚焦片区内各居住小区与居住相关指标的评价；片区设施维度则关注片区内与居民日常生活关系紧密的指标评价；开放空间维度重点评价为居民提供公共活动的户外开放场所的供给情况；绿色节能维度主要检验片区内与绿色资源节约循环利用水平相关的评价；文化风貌维度关注片区内

历史文化与景观风貌相关指标的评价；安全韧性维度则聚焦片区对突发事件的防御与恢复能力；产业活力维度是片区企业与市井活力水平测度指向指标；多元包容维度则更多关注城市服务对弱势人群的包容性与公平性。

5.2.3　1套居民满意度调查问卷

1.问卷产生的背景

城市体检评估中的居民满意度调查问卷产生的背景，主要是城市化进程及城市规模的快速发展，城市面临着越来越多的挑战和问题。其中，与居民生活相关的基础设施、公共服务、环境质量等因素受到了广泛关注。为了更好地了解城市居民对这些方面的真实需求和评价，城市体检评估中的居民满意度调查问卷诞生了。其目的是通过收集和分析居民对城市建设的反馈和意见，从而提出改善措施，优化城市环境和服务功能。

在调查问卷制定和设计时，通常会充分考虑当前城市的特点及居民的不同需求。例如，在大城市中，交通、配套设施和工作机会等因素可能更受关注，而在小城镇则可能更加注重医疗保健、教育和社区文化等方面的需求。因此，在城市体检中进行居民满意度问卷调查，可以帮助管理者更加清楚地了解居民的实际需求，形成科学可行的城市更新规划，并带动城市的可持续发展。

2.问卷关注的重点

（1）基础设施。

①交通设施：交通设施包括道路、桥梁、隧道、交通信号、公交，以及自行车道、人行道、步行街等公共交通设施，主要考察交通容量、交通流畅度、交通设备的完善程度和便捷性。

②供电、供水、排水、垃圾处理：此类市政设施是保证城市正常运转的基本组成部分，包括供电质量和稳定性、供水水质及水压等基本条件，以及生活垃圾和污水的有效处理和污水处理厂、垃圾处理站等的建设和运营情况等内容。

（2）公共服务。

①医疗卫生：医疗卫生设施包括医院、诊所、药店、社区保健中心等，考察医疗资源的充足性、医疗设备的精良程度、医护人员的专业素质等。

②教育设施：具体包括幼儿园、小学、中学、职业技术学校、高等院校等，以教育资源的配套完善、基础设施的完备为主要关注点，关注学校数量、师资力量、校园环境、教学质量及家长评价等。

③文体设施：具体包括博物馆、图书馆、美术馆、体育场馆、公园等，考察文化和体育资源的充足程度、设施条件及服务质量等。

④社会保障：一方面指居民的社会保险、福利、养老、医疗和失业救济等方面的政策支持，另一方面包括社区卫生服务、社区公共厕所、残疾人无障碍设施的保障情况与居民日常使用的便利程度。

（3）环境质量。

①空气质量：重点关注城市大气污染问题，如PM2.5、PM10等污染指数，主要考察空气质量指数及各种污染物的含量和分布以及治理工作的效果等。

②水质环境：重点关注供水安全、水源保护、排污管道建设等情况。

③噪声污染：关注城市噪声、振动等环境因素对居民生活产生的影响。

（4）社区配套。

①购物消费：关注商业设施的数量和类型，是否能提供满足多样化需求的服务。

②餐饮娱乐：关注社区内餐饮娱乐场所的数量、品质和服务等方面的问题。

③公园绿地：关注公共绿地的面积、布局、景观等方面的问题，同时也要关注其维护管理情况。

（5）安全保障。

①治安水平：关注社区的治安情况，如盗窃、抢劫、诈骗等犯罪率和犯罪频率，以及社区警力部署情况。

②消防救援：关注社区消防设施的建设和运营情况，应急事件的处置情况，比如地震、火灾、水灾等。

③卫生防疫：关注社区疫情防控工作，如卫生防疫知识宣传、物资储备、医疗服务等工作落实情况。

3.问卷设计的原则

居民满意度问卷设计需遵循以下四个原则。①简明易懂。调查问卷应该简单易懂，让受访者能够方便快捷地回答问题。②代表性和随机性。样本组成应考虑不同人群的代表性，并采用随机抽样等方法，确保样本的可比性和代表性。③客观公正。问卷选题要客观公正，尽量避免主观臆断或引导受访者作出特定回答，以保证调查结果的准确性。④多元化和全面性。问卷应该涵盖多个方面、多种问题，从而全面了解城市居民对城市发展的评价和需求情况。

基于传统城市体检评估中的居民满意度调查问卷，本章研究认为应通过以下几个方面开展问卷的优化工作：①问卷前测试。建议在调查前进行问卷测试，在小范围内对问卷设计和提问方式进行改进和优化。②开放式和封闭式问题相结合。使用开放式问题可以使受访者自由表达意见和观点，而使用封闭式问题则可以更直接地掌握受访者的实际情况。③数字化管理。运用数字技术（如问卷星、腾讯问卷等在线平台）进行数据收集、整合和分析，以便更加科学地处理和评估数据。④及时公开调查结果。及时公开调查结果，使城市居民对更新规划和发展有更深入的了解和参与，提高居民的满意度。⑤定期更新问卷内容。由于城市发展是一个不断变化的过程，问卷也应该跟随城市发展动态，进行定期更新和完善。这样可以更好地反映城市实际情况，并保证调查结果具备一定的时效性。

总之，城市体检评估中的居民满意度调查问卷的设计原则和优化方法能够有效地保证调查结果的精准性和科学性，这有助于制定更加符合实际情况的更新规划和管理方案，提高城市居民的生活质量。

5.2.4　问卷示例

城市体检评估社区居民满意度问卷调查

您好，非常感谢您在百忙之中接受我们的访谈。本次问卷调查的主要目标是判断城市综合发展水平，查找存在的问题和短板，深入分析原因，提出有效缓解"城市病"、促进社区高质量发展的对策，促进人居环境高质量发展。诚挚邀请您参与，为长沙把脉诊断、献计献策，您的回答将对社区建设具有重要参考作用，谢谢！

一、基本情况调查

1. 您的年龄？

[　]小于 18 岁　　　　　　　　　　[　]18~35 岁

[　]36~60 岁　　　　　　　　　[　]60 岁以上

2. 您的性别?

[　]男　　　　　　　　　　　　[　]女

3. 您的学历?

[　]高中及以下　　　　　　　　[　]大专

[　]本科　　　　　　　　　　　[　]硕士

[　]硕士以上

4. 您的职业?

[　]党政机关或事业单位领导　　[　]企业员工

[　]工人　　　　　　　　　　　[　]学生

[　]兼职　　　　　　　　　　　[　]机关和事业单位职员

[　]个体经营者　　　　　　　　[　]商业、服务业员工

[　]已退休　　　　　　　　　　[　]企业高管

[　]军人　　　　　　　　　　　[　]自由职业者

[　]待业

5. 您的年收入约为(包含工资和年底奖金分红等的总收入)?

[　]20000 元以下　　　　　　　[　]20000~50000 元

[　]50000~100000 元　　　　　 [　]100000~500000 元

[　]500000 元以上

*6. 关于户籍,下面哪一项描述符合您的实际情况?

[　]本地籍贯,有本地户口　　　[　]外地籍贯,已获得本地户口

[　]外地户口　　　　　　　　　[　]外国籍

*7. 您在这个城市生活了多久?

[　]1 年内　　　　　　　　　　[　]1~5 年

[　]1~10 年　　　　　　　　　 [　]10 年以上

[　]短期出差旅游

8. 您居住在长沙市哪个区?

[　]天心区　　　　　　　　　　[　]开福区

[　]雨花区　　　　　　　　　　[　]芙蓉区

[　]岳麓区　　　　　　　　　　[　]望城区

[　]长沙县

9.您居住在长沙市哪个街道(选填,不清楚可以跳过)

_____

二、您对社区生态宜居方面的评价

注:非常满意、满意、一般、不满意、非常不满意,分别表示污染程度很轻、轻、一般、严重、很严重。

类别	非常满意	满意	一般	不满意	非常不满意	不了解
雾霾等空气污染						
水体污染和雨污水排放						
噪声污染						
街道、巷道清洁度						
垃圾堆弃物污染						
生活垃圾分类及回收利用						
空间开敞性(山、林、河、水等自然空间)						
公园和绿化建设水平						
自然湿地保护						
慢行绿道建设						
绿色出行便捷度(步行、骑行、公共交通工具)						
生态宜居总体评价						

三、您对社区城市特色与风貌方面的评价

类别	非常满意	满意	一般	不满意	非常不满意	不了解
路面停车有序性						
街道立杆、空中线路规整性						
城市井盖完好度						
街巷植被覆盖度(林荫路)						
历史建筑与传统民居的保护						

续上表

类别	非常满意	满意	一般	不满意	非常不满意	不了解
文化氛围与特色彰显						
标志性建筑的可辨识性						
优质游览路线的营建						
特色街道的打造						
乡村特色与美丽乡村建设						
城市特色与风貌总体评价						

四、您对社区交通出行方面的评价

1. 您上班/上学的出行方式是什么?

[　]步行　　　　　　　　　　[　]出租车(网约车)

[　]自行车　　　　　　　　　[　]电瓶车

[　]公交车　　　　　　　　　[　]私家车

其他(请填写) _____

2. 相关指标评价

类别	非常满意	满意	一般	不满意	非常不满意	不了解
步行环境的友好程度						
骑行环境的友好程度						
公共交通的乘坐与换乘的便利程度						
道路通畅程度						
停车的便利程度						
交通保障设施配置(交通标志/护栏/信号灯/人行天桥/地下通道/照明设备等)						
出行服务设施分布(停车场/充电桩/加油站/汽修厂等)						
上班通勤时间						
交通出行总体评价						

五、您对社区生活舒适方面的评价

1. 相关指标评价

类别	非常满意	满意	一般	不满意	非常不满意	不了解
居住小区物业管理水平						
周边消防安全及保障措施						
居住小区环境						
城市人口密度						
住房可负担性(房租或房价是否可承受)						
日常购物设施配置满意度(便利店/超市/菜市场等)						
大型购物设施配置满意度(百货商店或购物中心等)						
休闲娱乐设施配置满意度(咖啡馆/茶舍/电影院/KTV 等)						
文化设施配置满意度(图书馆/博物馆/文化馆/美术馆/剧院等)						
教育设施配置满意度(幼托机构/小学中学等)						
医疗设施配置满意度						
养老设施配置满意度						
餐饮设施配置满意度						
运动设施配置满意度(游泳馆/羽毛球馆场/足球场等)						
公共设施配置满意度(公共厕所/垃圾站等)						
老旧小区整治情况						
生活舒适总体评价						

2.您对设施不满意的原因包括(多选)

[　]设施数量少　　　　　　　[　]距离远

[　]服务质量差　　　　　　　[　]使用成本高

[　]户籍障碍

其他(请填写)＿＿＿＿＿＿＿＿＿＿＿＿＿＿＿＿＿＿

六、您对社区多元包容方面的评价

类别	非常满意	满意	一般	不满意	非常不满意	不了解
对外来人口的包容性						
对国际人士的包容性						
对弱势群体的包容性						
对不同文化的包容性						
公租房建设						
残疾人无障碍设施建设						
城市公共建筑中的无障碍通道、电梯、扶手、路边坡道、爱心斑马线等设置						
多元包容总体评价						

七、您对社区安全韧性方面的评价

类别	非常满意	满意	一般	不满意	非常不满意	不了解
社会治安						
道路交通安全						
疫情防控						
紧急避难场所设置						
电子眼覆盖						
防灾应急组织能力						
安全基础设施数量分布(窨井盖/消防栓/盲道等)						

续上表

类别	非常满意	满意	一般	不满意	非常不满意	不了解
基础设施抗风险能力（如内涝积水排放能力/消防救援能力）						
安全韧性总体评价						

八、您对社区活力方面(产业活力)的评价

类别	非常满意	满意	一般	不满意	非常不满意	不了解
受义务教育机会						
受高等教育机会						
城市工作机会						
城市创业氛围						
城市营商环境						
人才引进政策						
科技创新环境						
市场开放程度						
城市夜生活活力						
产业活力总体评价						

九、结合上述 7 个方面的总体评价(包括生态宜居、社区城市特色与风貌、交通出行、生活舒适、多元包容、安全韧性和产业活力)，请您对长沙市现有状况进行整体评价

_____

_____

_____

_____

_____

_____

5.3　多尺度指标赋权方法研究

各分项指标权重值采用层次分析法（AHP）获取。AHP 是美国运筹学家萨蒂提出的权重决策分析方法，也是基于定性分析而使用定量计算的方法，主要有建立层次结构模型、构建判断对比矩阵、计算各指标的权重及权重一致性检验等步骤，如图 5-1 所示。

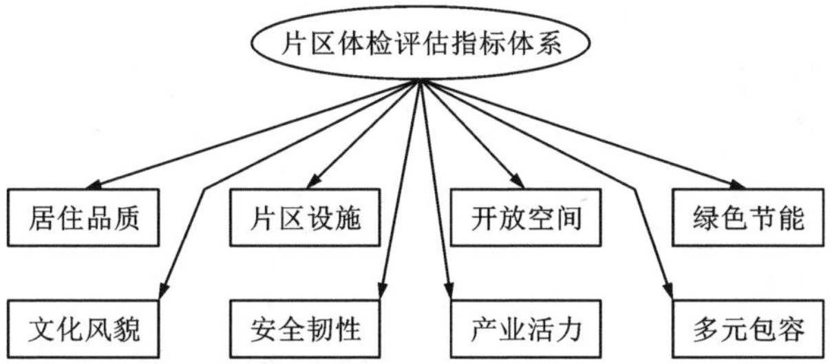

	居住品质	开放空间	文化风貌	产业活力	片区设施	绿色节能	安全韧性	多元包容
居住品质		1/2	3	2	1/5	4	1/4	4
开放空间			4	1	1/6	5	1/4	2
文化风貌				1/3	1/4	3	1/3	2
产业活力					1/4	4	1/4	3
片区设施						4	3	5
绿色节能							1/4	2
安全韧性								5
多元包容								

图 5-1　基于层次分析法的指标体系判断矩阵示意图

本章研究构建的片区体检评估指标体系为三级普适性评估指标，其中一级、二级指标权重通过层次分析法确定，三级指标则分为基本指标与推荐指标两类，考虑到评估方法的通用性，应用于具体城市时可根据自身数据质量稳定性、统计口径一致性、数据获取难易度等情况予以调整，因此三级指标权重须根据调整后的分项数量进行分配，具体分项权重见表 5-4。

表5-4 片区体检评估指标体系权重与类型一览表

序号	一级指标	二级指标	原始权重	分解权重	三级指标	指标类型
1	居住品质（0.118）	小区管理	0.232	0.027	物业管理住宅小区比例/%	基本
					小区楼栋安装电梯比例/%	基本
					小区管理投诉案卷件数/件	推荐▲
		建筑评估	0.226	0.027	建筑质量	推荐▲
					建筑结构	推荐▲
					建成年代	推荐▲
					建筑层数	基本
		居住质量	0.542	0.064	小区绿化率/%	基本
					小区容积率（FAR）/%	基本
					小区建筑密度/%	基本
					小区建筑面积/ha	基本
					片区烂尾楼分布情况	推荐▲
					小区管网堵塞/处	推荐▲
					小区屋顶漏水/处	推荐▲
2	片区设施（0.216）	停车有位	0.125	0.027	人均停车面积/m²	推荐▲
					小区户均停车位配比/%	推荐▲
					公共建筑停车位配比/%	推荐▲
					早高峰道路拥堵情况（0~17）	基本
					午高峰道路拥堵情况（0~17）	基本
					晚高峰道路拥堵情况（0~17）	基本
		幼有所育	0.169	0.037	社区幼儿园步行5 min覆盖率/%	基本
					社区小学步行10 min覆盖率/%	基本
					社区中学步行15 min覆盖率/%	基本
					每千人拥有幼儿园学位数/‰	基本
		病有所医	0.124	0.027	社区卫生服务设施步行15 min覆盖率/%	基本
					市区级医院车行15 min覆盖率/%	基本

续表 5-4

序号	一级指标	二级指标	原始权重	分解权重	三级指标	指标类型
2	片区设施（0.216）	老有所养	0.015	0.003	社区养老设施步行 15 min 覆盖率/%	基本
		练有所得	0.103	0.022	社区文化活动设施步行 15 min 覆盖率/%	基本
					社区体育设施步行 15 min 覆盖率/%	基本
					足球场地设施步行 15 min 覆盖率/%	基本
		游有所乐	0.157	0.034	每 10 万人拥有的文化艺术场馆数量/处	推荐▲
					每万人拥有咖啡馆、茶舍等数量/个	推荐▲
					大型商业设施车行 15 min 覆盖率/%	基本
					社区便民商业服务设施步行 15 min 覆盖率/%	基本
		行有所至	0.216	0.047	道路网密度/（km/km²）	基本
					轨道站点 15 min 步行覆盖率/%	基本
					公交站点 10 min 步行覆盖率/%	基本
					轨道线路 800 m 半径服务覆盖率/%	基本
					公交线路 500 m 半径服务覆盖率/%	基本
		供有所需	0.091	0.020	邻避设施 500 m 半径覆盖率/%	推荐▲
					社区公共厕所覆盖密度/（座/km²）	推荐▲
3	开放空间（0.088）	绿色共享	0.342	0.030	城市绿地覆盖率/%	基本
					城市森林覆盖率/%	基本
		蓝绿空间	0.324	0.029	城市水域面积比例/%	基本
					城市污染水体比例/%	基本
					人均湿地面积/（m²/人）	推荐▲
		慢行绿道	0.213	0.019	人均绿道长度/（m/人）	推荐▲
					绿道 1 km 半径服务覆盖率/%	推荐▲
		岸线长度	0.121	0.011	人均生活岸线长度/（m/人）	推荐▲
					人均生态岸线长度/（m/人）	推荐▲

续表 5-4

序号	一级指标	二级指标	原始权重	分解权重	三级指标	指标类型
4	绿色节能（0.035）	垃圾分类	0.157	0.005	社区垃圾分类比例/%	基本
		热岛效应	0.324	0.011	城市地表温度/℃	基本
					城市热岛强度/℃	基本
		负面巷道	0.148	0.005	采光较差的巷道比例/%	推荐▲
					地面潮湿的巷道比例/%	推荐▲
					环境噪声未达标的巷道比例/%	推荐▲
		开发强度	0.190	0.007	城市不透水面比例/%	基本
					城市再生水利用率/%	推荐▲
		底线保护	0.181	0.006	耕地面积/km²	基本
					生态保护红线面积/km²	基本
5	文化风貌（0.190）	景观风貌	0.132	0.025	建筑风貌评价	推荐▲
					建筑立面整洁率/%	推荐▲
					空中线路规整率/%	推荐▲
					晾晒混乱点数量/个	推荐▲
		街道品质	0.215	0.041	街道绿视率/%	推荐▲
					城市窨井盖完好率/%	推荐▲
					共享单车停放有序性	推荐▲
		历史文化	0.349	0.066	历史建筑数量/处	基本
					每千人平均历史步道长度/（m/千人）	基本
					历史步道 500 m 半径服务覆盖率/%	推荐▲
		旅游景区	0.304	0.058	人均旅游景区面积/（m²/人）	基本
					网红打卡点热度	基本

续表 5-4

序号	一级指标	二级指标	原始权重	分解权重	三级指标	指标类型
6	安全韧性（0.208）	消防韧性	0.351	0.073	消防隐患识别	推荐▲
					内涝滞水点数量/处	基本
					市政消防栓完好率/%	推荐▲
					消防救援 5 min 可达范围覆盖率/%	基本
		交通韧性	0.342	0.071	危房违建数量/栋	推荐▲
					干道交通安全岛设置率/%	基本
					干道丁字路口比例/%	基本
					安全事故数量/件	基本
					电子眼违章平均指数	基本
					电子眼违章记录总数/件	基本
		防疫韧性	0.157	0.033	人均集中隔离场所房间数/间	基本
					15 min 核酸采样圈覆盖率/%	基本
		城市安全	0.150	0.031	电线混乱点数量/处	推荐▲
					应急避难场所面积/ha	推荐▲
					防洪堤防达标率/%	推荐▲
					超高层建筑数量/栋	基本
					危化品仓库数量/处	基本
7	产业活力（0.069）	集约节约	0.371	0.026	低效用地识别	推荐▲
					商务楼宇空置率/%	基本
		业态判断	0.267	0.018	功能业态识别	推荐▲
					用地功能识别	推荐▲
					企业活力指数/（家/ha）	基本
					就近就业识别	基本
		市井文化	0.362	0.025	地标建筑数量/处	基本
					特色街道长度/km	基本
					老旧厂房面积/ha	基本

续表 5-4

序号	一级指标	二级指标	原始权重	分解权重	三级指标	指标类型
8	多元包容 (0.076)	老龄友好	0.375	0.029	无障碍设施数量/处	推荐▲
					65 岁以上老龄人口比例/%	基本
					低保人数比例/%	基本
		居住友好	0.287	0.022	人均住房面积/（m²/人）	基本
					流动租住人数比例/%	推荐▲
					男女性别比/%	基本
					人口抚养比/%	基本
		儿童友好	0.338	0.026	14 岁以下少儿人口比例/%	基本
					母婴室数量/处	基本
					校均爱心斑马线长度/m	基本

各社区（片区）空间体检评估的最终得分可通过加权方式汇总为片区综合体检得分，见式（5-1）。

$$V = \sum_{i=1}^{n} w_i \times v_i \qquad 式（5-1）$$

式中：w_i 为第 i 个指标的权重；v_i 为第 i 个指标标准化后的测量值；V 为该片区加权后的标准化综合体检评估指数见

5.4 指标体系风险评估与问题识别方法

风险评估是风险事件发生之前或之后（但尚未结束），对该事件给人们的生活、生命、财产等造成的影响和损失的可能性进行量化评估，这与城市体检通过系统的分析和评估，发现潜在的问题和隐患，为后续的决策和行动提供依据的行动，本质上高度相似。因此，本书积极倡导将城市体检与风险评估紧密结合的工作模式。在城市更新行动中，首先通过城市体检发现城市发展中的短板和"城市病"，然后针对这些问题进行风险评估，确定风险事件的可能性和影响程度，最后制定有针对性的更新策略和行动计划。这样不仅可以提高城市更新决策的针对性和有效性，还可以大大降低决策在实施过程中的潜在风险和损失。

（1）体检指标的分类。

基于多年（两年及以上）的指标体系，根据多种因素的时间变化趋势，继而识别潜在风险并及时作出干预，为促进更新（社区）片区健康发展决策提供依据。按照本章评价指标体系及体检诊断指标体系的分类，相关指标可以分为目标型、发展型、问题型、底线型和特色型五种类型。

（2）风险评估指标的判断。

一般认为风险的含义包括两层，一是收益方面，二是成本损失或代价。城市体检作为国家所倡导的一种公共政策，其评估的重点在于非经营性的公众利益，因此将"造成公共利益受损的可能性增强"作为风险评估指标的判断依据。

各指标因类型不同在风险评估方面的影响存在较大差异，因此在按照时间维度的指标对比中，评价标准并不一致，不能以简单增减论断。其中，基础型不具备比较意义，因此不纳入风险评估；问题型指标反映当前问题状态，一旦出现即表明风险形成，应及时出台相关措施，消除风险可能带来的损失；目标型和发展型指标的发展趋势能够反映出社区发展的潜在风险，当该类指标长期呈现负面增长趋势时，表明风险形成的可能性增强，政府将有义务进行干预，抑制风险的发展势头，维护公众利益；特色型指标地区差异较大，不易做统一规定，各地应将涉及公共安全、生态环境等底线管控要求的内容，纳入风险评估指标范围。

（3）风险评估及量化方法。

按照风险指标体系的分析结果，以"潜在风险"和"风险形成"作为风险状态的基本判断，再通过数学、统计和概率理论等工具，将风险从定性描述转化为定量指标，更直观地评估风险的严重程度和发生概率，进而依据风险评估结果科学合理地做出风险决策。

1）风险状态。

风险状态包括"潜在风险"和"风险形成"两类状态，代表了风险从萌芽到显现的不同阶段，对于风险应对和管理策略具有重要的指导意义。基于城市体检结果，在风险评估中需要密切关注潜在风险的发展动态，及时采取措施加以应对。

潜在风险是指那些尚未发生但有可能在未来成为现实的风险。这些风险通常隐藏在某种条件、事物或事件之中，具有不确定性，但一旦条件成熟或触发因素出现，就有可能转化为实际的风险事件。潜在风险的存在要求我们在风险评估和管理中保持警惕，通过识别、分析和监控等手段，及时发现并采取措施加以应对，以防止其转化为实际的风险损失。

风险形成，是指那些已经发生并造成了一定影响的风险事件。这些风险事件可能已经导致了实际的损失或损害，如财产损失、人员伤亡、环境破坏等。与潜在风险相比，已形成的风险更加具体和明确，其影响也更加直接和显著。应密切关注风险形成的指标，及时采取应对措施，以减小其影响范围和程度。

2）风险程度。

风险程度是指某一风险事件或情况发生的可能性和该事件或情况发生后可能造成的后果的严重程度的综合衡量。它反映了风险对现实的影响程度，是风险评估中的核心概念之一。风险程度通常通过两个维度来评估。一是风险发生的可能性（probability）：这是指某一风险事件或情况在特定条件下发生的概率。可能性的评估基于历史数据、专家判断、统计分析等方法。通常，风险发生的可能性被划分为不同的等级，如非常高、高、中等、低、非常低等。二是风险影响的严重程度（impact）：这是指如果风险事件发生，它将如何影响目标或项目的实现。影响的严重程度可能涉及财务损失、人员伤亡、环境破坏、声誉损害等多个方面。同样，影响的严重程度也被划分为不同的等级，以便进行量化评估。

按照指标类型，对各类型指标的风险程度进行量化，测算方法如下：

①目标型：结合目标的预期值对多年指标数据发展趋势进行判断，指标持续偏离目标视为"潜在风险"。采用达成率公式评估，即实际值与目标值的比例，反映达成目标的程度，计算公式为：

$$达成率 = （实际值/目标值）\times 100\%$$

若该指标的达成率逐年递减，需结合目标周期以计划增加程度为参照，作为低、中、高等级的划分依据，例如，计划5年目标每年达成率增长10%（即现状达成率50%），按照每年增减幅度不足计划年度增长的80%的为低级潜在风险，不足计划年度增长的60%的为中级潜在风险，不足计划年度增长的50%或更低的为高级潜在风险。

②发展型或特色型（底线管控）：结合指标算法对多年指标数据发展趋势进行判断，正向指标持续降低视为"潜在风险"，负向指标持续升高视为"潜在风

险"，可采用趋势分析法作为风险程度的量化值，计算公式为：

$$增长率 = [（本年度值-上一年度值）/上一年度值] \times 100\%$$

若该指标为正向指标且增长率多年均为负或该指标为负向指标且增长率多年均为正，需结合其他区域、城市、社区（片区）的平均水平作为参照，例如，其他参照城市年度增长率为 10%，按照每年增长率不足参照城市的 80% 的为低级潜在风险，不足参照城市的 60% 的为中级潜在风险，不足参照城市的 50% 或更低的为高级潜在风险。

③问题型：以是否存在问题作为评判标准，判断为"有"时认为"风险形成"，对于该类指标应建立问题预警系统，一旦触发立即启动应急预案，减少损失，计算公式为：

$$问题指数 = （问题数量/总样本量） \times 100\%$$

也可通过专家评审的方式对问题严重程度进行分级。问题指数所反映的是问题出现的概率情况，需结合其他区域、城市、社区（片区）的平均水平作为参照，按照指数所在区间划分低、中、高等级，例如在 0%~5% 区间为低级潜在风险，5%~10% 区间为中级潜在风险，10% 以上为高级潜在风险。

5.5　典型指标模型技术方法

5.5.1　基于 WorldPop 人口网格的常住人口扩样

目前，常住人口统计数据以 2020 年 11 月 1 日零时为标准时点开展的第七次全国人口普查（以下称"七普"）为官方统计口径，但已公开的七普数据多以行政区为基本统计单元进行逐级统计汇总，在中微观尺度研究中较难体现人口空间分布特征，基于行政区的平均人口密度也存在精度不足与适用性差的问题，导致较难与其他空间数据进行叠加分析。

WorldPop 人口网格①是由英国南安普顿大学（University of Southampton）下属一个致力于人口数据开放获取与应用的组织更新的人口空间分布栅格数据，是目前精度最高、最可靠的长时间序列数据，主要通过随机森林的动态分布模型将导入的多项基础变量②数据进行估算得到。其中，中国人口网格数据最新为 2020 年，与七普数据的统计时点一致。

因此，本研究提出基于 WorldPop 人口网格的七普常住人口空间扩样方法：以该城市七普常住人口总数作为总量约束上限，以 2020 年中国 WorldPop 人口网格（空间粒度为 100 m×100 m）的空间分布栅格作为常住人口分布的划分参考，将人口总量分摊到各个空间网格单元，并将像元矢量化为点要素，得到该城市 100 m×100 m 空间粒度的常住人口空间分布点数据，完成七普人口的空间扩样工作，作为后续研究中所有涉及常住人口测算的基准数据。具体测算公式如下：

$$POP_{adjusted} = \sum_{i=0}^{n} POP_{census} \times \frac{POP_i}{POP_{sum}} \qquad 式（5-2）$$

式中：$POP_{adjusted}$ 为扩样后的人口总数；POP_{census} 为第七次普查常住人口总数；POP_i 为 WorldPop 人口网格中第 i 个像元的原始人口数；POP_{sum} 为 WorldPop 人口网格中该城市所有像元加权得到的原始人口总数。

5.5.2 基于百度实时路况的早、午、晚高峰道路拥堵情况

百度实时路况数据是百度开放平台提供的 WebAPI 接口服务③，个人成为认证开发者后可通过获取 AK 授权方式得到相关查询接口的权限，但主要受限于两点，一是该接口每日配额较低（个人认证开发者 2000 次/d，企业认证开发者 5000 次/d），二是该接口虽支持单条道路路况查询、矩形区域路况查询、多

---

① WorldPop（www. worldpop. org-School of Geography and Environmental Science, University of Southampton; Department of Geography and Geosciences, University of Louisville; Departementde Geographie, Universitede Namur）and Center for International Earth ScienceIn for mation Network（CIESIN）, Columbia University（2018）. Global High Resolution Population Denominators Project - Funded by The Bill and Melinda Gates Foundation（OPP1134076）. https://dx. doi. org/10. 5258/SOTON/WP00645.

② 主要变量分别为国家或地区（countryor territory）、行政级别（administrative levels）、人口总量（total population）、边界（boundaries）、增长速度（growth rate）。

③ WebAPI丨百度地图 APISDK, https://lbsyun. baidu. com/index. php? title＝webapi/traffic.

边形区域路况查询、周边路况查询四种查询方式,但或限制道路数量、或限制查询面积、或限制查询半径,导致较难应用于城市大尺度、长时序的道路拥堵研究(表 5-5)。

表 5-5　百度实时路况查询 WebAPI 接口查询服务类型及限制表

序号	搜索类型	请求参数限制	适用场景
1	单条道路路况查询	道路名称 road_name 为必选参数,如:"北五环""信息路",支持同一道路的多方向路况查询	单条道路路况查询
2	矩形区域路况查询	矩形区域 bounds 为必选参数,坐标点顺序为"左下;右上",坐标对间使用";"分隔,格式为:纬度,经度;纬度,经度。但其对角线距离不能超过 2 km	对角线距离小于 2 km 的小尺度区域路况查询
3	多边形区域路况查询	多边形边界顶点 vertexes 为必选参数,顶点规则如下。经纬度顺序为:纬度,经度。顶点顺序须按逆时针排列,但多边形外接矩形对角线距离不能超过 2 km	对角线距离小于 2 km 的小尺度区域路况查询
4	周边路况查询	查询半径 radius 为必选参数,单位为米,取值范围[1, 1000],最多支持返回坐标点周边 1 km 半径路况	单个坐标点周边 1 km 内的路况查询

因此,本研究提出基于百度地图前端实时路况矢量瓦片的数据获取方式,可不受 AK 限制获取城市尺度逐小时序列的实时路况数据,其原理为解析浏览器端百度地图路况查询返回的 JS 接口①文件,必选参数为 z(zoomlevel 地图缩放参数)、(tile$X$, tile$Y$)(瓦片坐标②),udt(查询日期),即可返回该时刻下特定瓦片的 JSON 格式矢量路况数据,基本单元为["", [229806, 135300, -216,

① 百度实时路况查询接口格式,https://traffic.map.baidu.com/traffic/? qt=vtraffic&z=14&x=3070&y=794&udt=20230119.

② 其中地图缩放参数 z 与矢量瓦片坐标 x, y 存在精度匹配关系,需要通过调参寻找两者对应规律,否则无法返回数据。

−1710]，−1，0，−1]，其中[229806，135300，−216，−1710]为该瓦片内某段道路的起终点像素坐标（pixelX，pixelY），0 为该段道路的路况分级。需注意像素坐标与瓦片坐标（tileX，tileY）存在算术对应关系[①]，在缩放参数 zoomlevel 为 18 的时候，其像素分辨率是 1 m/pixel，存在坐标换算公式 resolution = 2^(18−z) m/pixel，由于百度瓦片平面投影坐标（x，y）起点为（0，0），当瓦片尺寸为 256×256 时，瓦片坐标计算公式为：

$$
tileX = x \times \frac{2^{z-18}}{256}
$$
$$
tileY = y \times \frac{2^{z-18}}{256}
$$

式（5-3）

式中：x，y 为矢量瓦片坐标值。由此，可推出平面投影坐标（x，y）转为瓦片像素坐标（pixelX，pixelY）的公式为：

$$
pixelX = x \times 2^{z-18} - int\left(x \times \frac{2^{z-18}}{256}\right) \times 256
$$
$$
pixelY = y \times 2^{z-18} - int\left(y \times \frac{2^{z-18}}{256}\right) \times 256
$$

式（5-4）

因此瓦片坐标（tileX，tileY）与像素坐标（pixelX，pixelY）共同转换为平面投影坐标（x，y）的公式如下：

$$
x = (tileX \times 256 + pixelX) \times 2^{18-z}
$$
$$
y = (tileY \times 256 + pixelY) \times 2^{18-z}
$$

式（5-5）

结合上述三组公式即可实现瓦片坐标（tileX，tileY）、像素坐标（pixelX，pixelY）与平面投影坐标（x，y）之间的算术转换，本研究基于 FME 平台编写数据处理的标准化模板，实现了百度实时路况数据"抓取−清洗−转换−入库"的全流程自动化（图5-2）。

路况数据解析入库后的分级范围数值是 0~17，数值越大代表该路段越拥堵。本研究获取长沙市逐小时路况切片数据后，分别按片区以长度加权后求出路况均值，即可得到该片区一天内早、午、晚高峰时段内道路拥堵均值。其中，早高峰取 7 点至 9 点时段的上班通勤群体，午高峰取 11 点至 13 点时段的午间

[①] 参考百度地图瓦片切片规则−知乎（https://zhuanlan.zhihu.com/p/364044076）内百度瓦片切片规则的原理解析与代码实现。

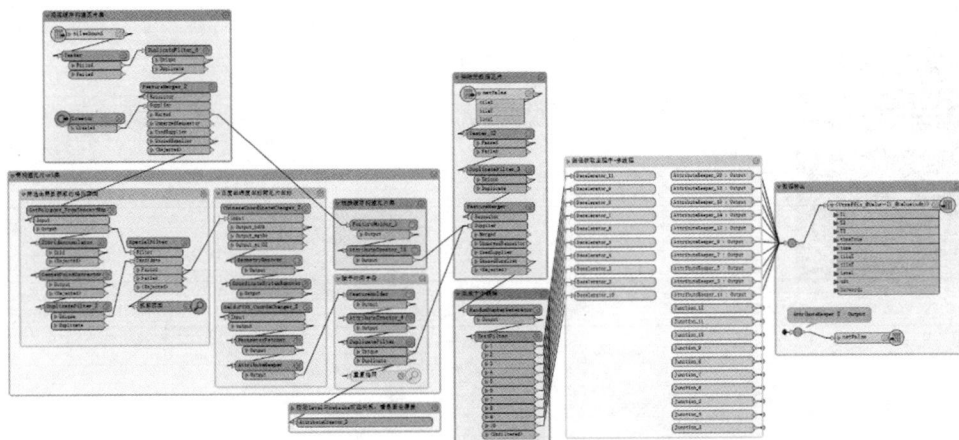

图 5-2　基于 FME 的百度地图实时路况数据获取解析流程示意图

就餐群体，晚高峰取 17 点至 19 点时段的下班通勤群体。具体计算方法如下：

$$\mathrm{JAM_{avg}} = \frac{1}{n} \sum_{i=0}^{n} \mathrm{JAM}_i \times \mathrm{Length}_i \qquad \text{式（5-6）}$$

式中：$\mathrm{JAM_{avg}}$ 为该片区某一高峰时段的平均拥堵路况；JAM_i 为某一路段的路况数据；Length_i 为该路段的长度。以早高峰为例，需按长度加权该片区内所有路段 7 点、8 点、9 点的路况后求取均值，即为该片区早高峰时段的平均拥堵路况得分。

5.5.3　基于 Mapbox 等时圈的各类公共服务设施步行可达覆盖率

传统城市尺度下的公共服务设施覆盖率测算多采用缓冲区分析（buffer）、两步移动搜索法（2SFCA）、潜能模型等方法，存在或建模过理想化而偏离实际、或模型构建过程较为复杂、或数据处理流程冗长耗时、或分析结果不直观等问题，导致在多城市、多尺度、长时序、大数据量的快速化分析场景中适用性较差，因此，本研究在测算多类型公共服务设施覆盖率中采用 Mapbox 地图的等时圈（Isochrone[①]）API 接口服务，该服务可计算在指定时间内从某个位置可到达的区域，并将可到达的区域作为多边形或线的轮廓数据以 JSON 文本

---

① Isochrone｜API｜Mapbox，https://docs.mapbox.com/api/navigation/isochrone/.

返回，得到优于缓冲区分析生成的标准圆形范围（图5-3）。

图5-3　基于 **Mapbox** 地图 **API** 接口的等时圈范围示意图

相较于传统设施覆盖范围测算方法，Mapbox 地图等时圈接口服务的优势在于仅需提供出发点坐标经纬度、路径方式（步行 walking／自行车 cycling／驾驶 driving）、等时圈时间设置（最长时间为 60 min），即可生成基于出发点坐标的给定时间段的等时圈轮廓，其原理是通过点对点路径规划后基于所有点的路径耗时构建等值线，更贴近现实世界的日常出行结果，也更适用于大数据量、多类型设施的覆盖度测算场景。

5.5.4　基于 Landsat8 遥感影像的地表温度反演与热岛强度测算

地表温度是研究大尺度陆地表面物理过程的关键参数之一，通过携带热红外传感器的遥感影像数据快速反演大面积地表温度，能够支撑城市尺度下的热岛效应分析。目前，地表温度反演应用较多的遥感数据有 NOAA／AVHRR、Landsat TM／ETM+、ASTER 及 MODIS 影像等，考虑到获取难度、分辨率、在轨时间、波段数量等因素，此处选取 Landsat8OLI_TIRS 遥感数据作为地表温度反演与热岛强度测算的基础数据。

地表温度反演主要是利用大气校正法测算遥感数据一天内的大范围地表温

度。具体操作上，在完成辐射定标、大气校正、图像融合、图像拼接、图像裁剪等预处理工作后，首先通过计算归一化植被指数 NDVI 和植被覆盖度 PV 来获得地表比辐射率 ε，再结合 TIRS 传感器接收到的热红外辐射亮度值 L_λ 求得同温度下黑体热辐射亮度 $B(T_s)$，最后再解出地表温度 T_s。核心计算公式如下：

$$T_s = \frac{K_2}{\ln\left(\dfrac{K_1}{B(T_s)} + 1\right)} \qquad 式（5-7）$$

式中：K_1、K_2 为不同传感器常数[①]，对于 TIRS 传感器，K_1 取 774.89 W/(m²·μm·sr)，K_2 取 1321.08 K。黑体热辐射亮度 $B(T_s)$ 可通过传感器接收到的热红外辐射亮度值 L_λ 的表达式（辐射传输方程）转换得到：

$$L_\lambda = \left[\varepsilon B(T_s) + (1 - \varepsilon)L_\downarrow\right]\tau + L_\uparrow \qquad 式（5-8）$$

式中：ε 为地表比辐射率；T_s 为地表真实温度；τ 为大气在热红外波段的透过率；$L_\uparrow$ 为有效带通上升流辐射率；$L_\downarrow$ 为有效带通下行辐射亮度。则温度为 T_s 的黑体在热红外波段的辐射亮度 $B(T_s)$ 为：

$$B(T_s) = \frac{L_\lambda - L_\uparrow - \tau(1 - \varepsilon)L_\downarrow}{\tau\varepsilon} \qquad 式（5-9）$$

式中：τ、$L_\uparrow$、$L_\downarrow$ 三个大气剖面参数可以通过 USGS 大气校正参数查询网站[②]查询获得；L_λ 在此处为 Landsat8 中波段 10 的热红外辐射亮度值；ε 为地表比辐射率，采用通用比辐射率计算公式 $\varepsilon = 0.004 \times PV + 0.986$，其中，$PV = (NDVI - NDVI_S)/(NDVI_V - NDVI_S)$，$NDVI_S$ 为完全是裸土或无植被覆盖区域的 NDVI 值，$NDVI_V$ 则代表完全被植被覆盖的像元的 NDVI 值，即纯植被像元的 NDVI 值。

　　由于不同下垫面的比热容存在差异，而这种差异能够反映到实际温差上[③]，这使得研究者可通过地表温度反演结果进一步测算特定空间范围内的城市热岛强度。具体操作如下：首先分别裁剪出各片区范围内的地表温度栅格；其次通

---

① 不同传感器常数 K_1，K_2 也不相同，对于传感器 TM，$K_1 = 607.76$ W/(m²·μm·sr)，$K_2 = 1260.56$ K；对于传感器 ETM+，$K_1 = 666.09$ W/(m²·μm·sr)，$K_2 = 1282.71$ K；对于传感器 TIRS，$K_1 = 774.89$ W/(m²·μm·sr)，$K_2 = 1321.08$ K。

② 通过 USGS 大气校正参数查询网站 https://atmcorr.gsfc.nasa.gov/，输入成影时间以及中心经纬度可以获取大气剖面参数。

③ 比热容-知乎，https://zhuanlan.zhihu.com/p/540911033.

过遥感地物识别提取出片区内的建成区与郊区的矢量边界，其中建成区指地表覆盖中的不透水面，郊区指地表覆盖中的水体、森林、绿地与裸地；最后分别求出片区内建成区、郊区的平均地表温度，将两者相减即可得到城市热岛强度。计算公式如下：

$$UHI = \frac{1}{n}\sum_{i=0}^{n} TEM_i - \frac{1}{n}\sum_{j=0}^{n} TEM_j \qquad \text{式（5-10）}$$

式中：UHI 为该片区城市热岛强度得分；TEM_i 与 TEM_j 分别为片区内建成区与郊区的平均地表温度。

基于 Landsat8 遥感影像反演的地表温度图如图 5-4 所示。

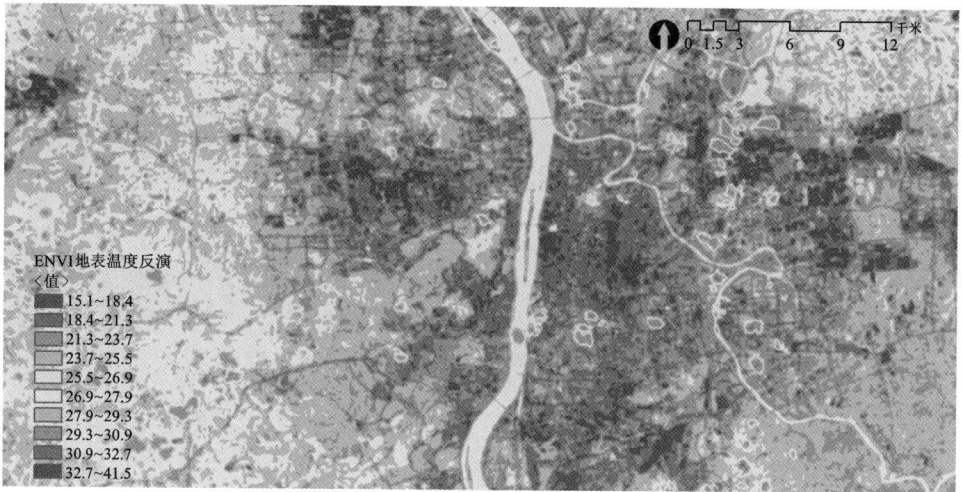

图 5-4　基于 Landsat8 遥感影像反演的地表温度图

第 6 章

城镇社区空间再生策略与应用

6.1　空间综合再生策略研究——以长沙市为例

6.1.1　研究概况与研究方法

1.研究范围

　　长沙市城市人居环境局于 2021 年 11 月发布《长沙市城市更新专项规划（2021—2035）》（以下称《专项规划》）批前公示，对长沙市中心城区（即"六区一县"①）范围内的城市更新作出了具体的改造引导，基于历史保护、区位特点、建成年代、片区综合承载能力等要求，以单个片区规模控制在 4~6 km² 的标准划定了 32 个城市更新片区，总面积约为 129.6 km²（图 6-1），其中深色覆盖片区为核心区域，其余为外围区域。

　　考虑到《专项规划》划定的 32 个城市更新片区中西北侧的望城片区偏离长沙市中心城区较远，为保证数据获取范围的一致性和空间统计的便利度，本研究重点研究对象为集中于湘江两岸的 31 个城市更新片区，总面积 127.06 km²（图 6-2）。该范围包含了长沙市中心城区 17 个核心片区和 14 个外围片区，覆

---

①　长沙市包括芙蓉区、天心区、岳麓区、开福区、雨花区、望城区及长沙县。

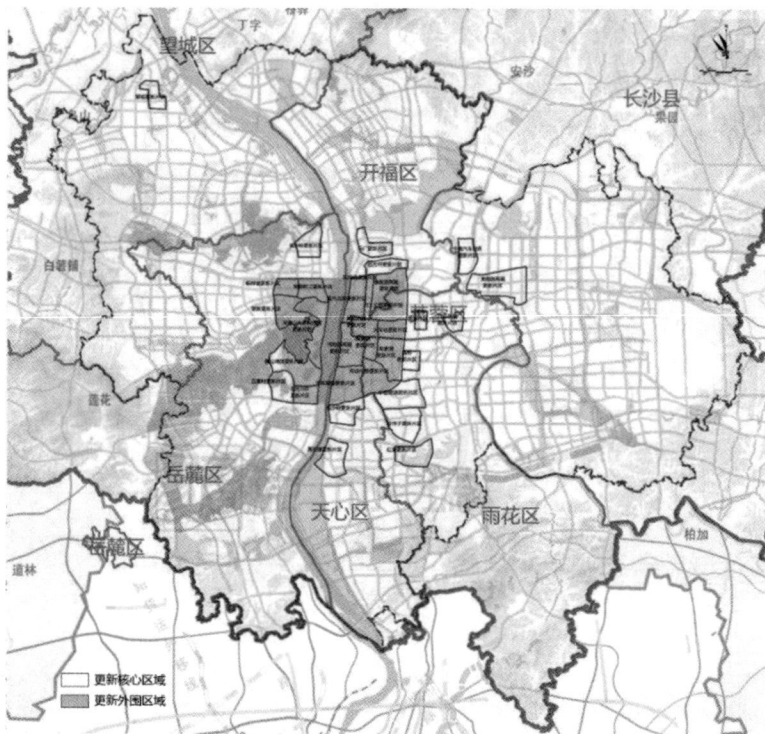

图 6-1　《长沙市城市更新专项规划（2021—2035）》更新片区空间分布示意图

盖约 269.7 万人、102.9 万户常住人口①，其中 65 岁以上老龄人口占比 9.32%、60 岁以上人口占比 13.42%，按主流判断标准已属于老龄化社会地区②。

2. 研究方法与技术路线

本研究按照"研究背景梳理、多源数据集获取、评价指标体系构建、片区城市体检实践、结论与不足"的框架进行（图 6-3）。首先通过研究背景梳理完成

---

① 通过 WorldPop 人口网格数据与第七次全国人口普查数据校正扩样后 100 m×100 m 网格的常住人口矢量点数据统计得出。

② 根据 1956 年联合国《人口老龄化及其社会经济后果》确定的划分标准，当一个国家或地区 60 岁以上老年人口占人口总数的 10%，或 65 岁以上老年人口占人口总数的 7%，即意味着这个国家或地区的人口处于老龄化社会。

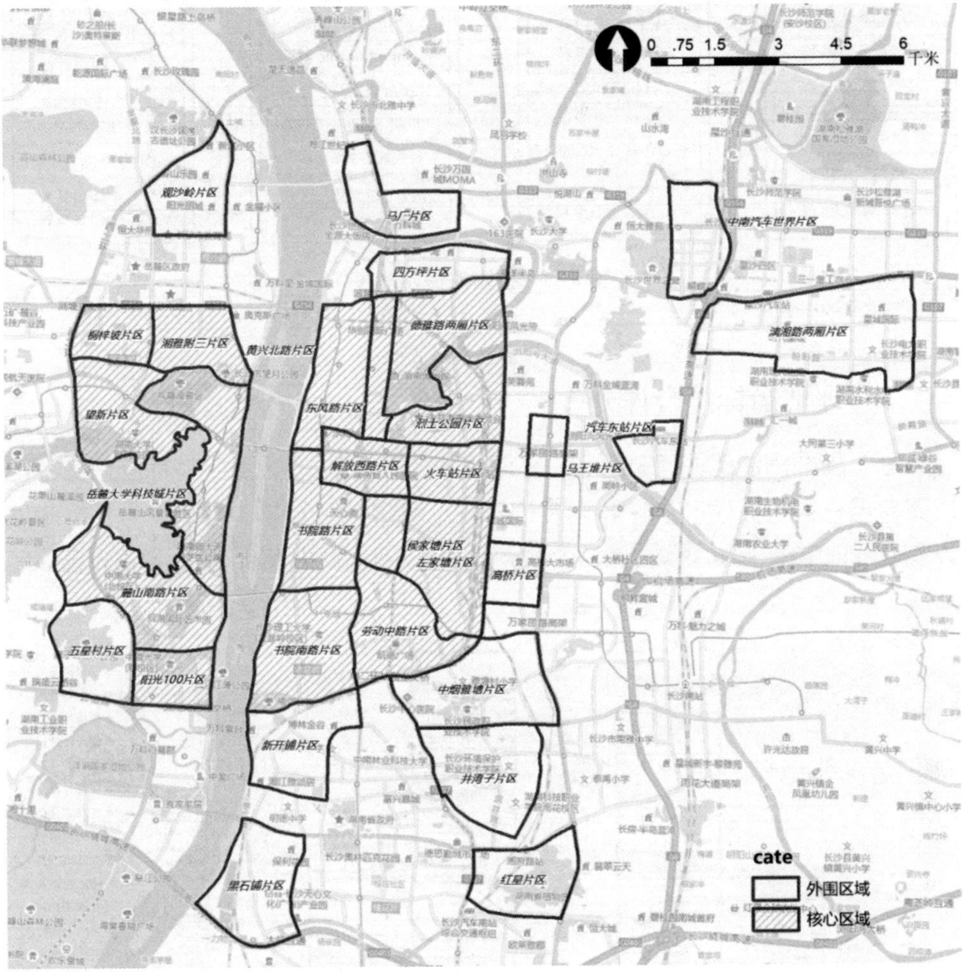

图 6-2　研究区范围示意图

方法与对象的选取；其次通过多渠道获取并搭建城市多源数据集，作为片区体检的数据支撑；然后构建面向片区体检的多级评价指标体系，并通过 AHP 层次分析法确定分级指标权重；随后将评价体系作为研究对象，并将评估结果通过 K-Means 特征聚类与 Radar 图特征分析进行类型划分，针对不同类型更新片区的体检结果提出不同导向的改造策略；最后总结。

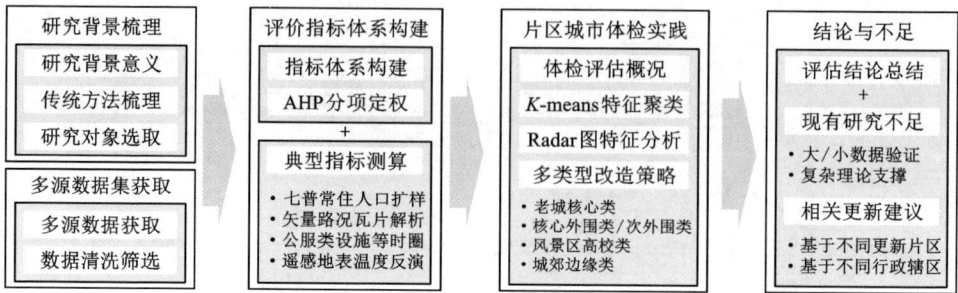

图 6-3　技术路线示意图

6.1.2　评估指标综合评分

　　基于前面构建的面向社区(片区)空间体检评估模型框架,将标准化得分加权聚合至一级指标后(图 6-4)可发现,多元包容、安全韧性维度的得分集中度较高,分别集中于 0.38~0.67、0.37~0.78 区间;文化风貌维度得分较低,所

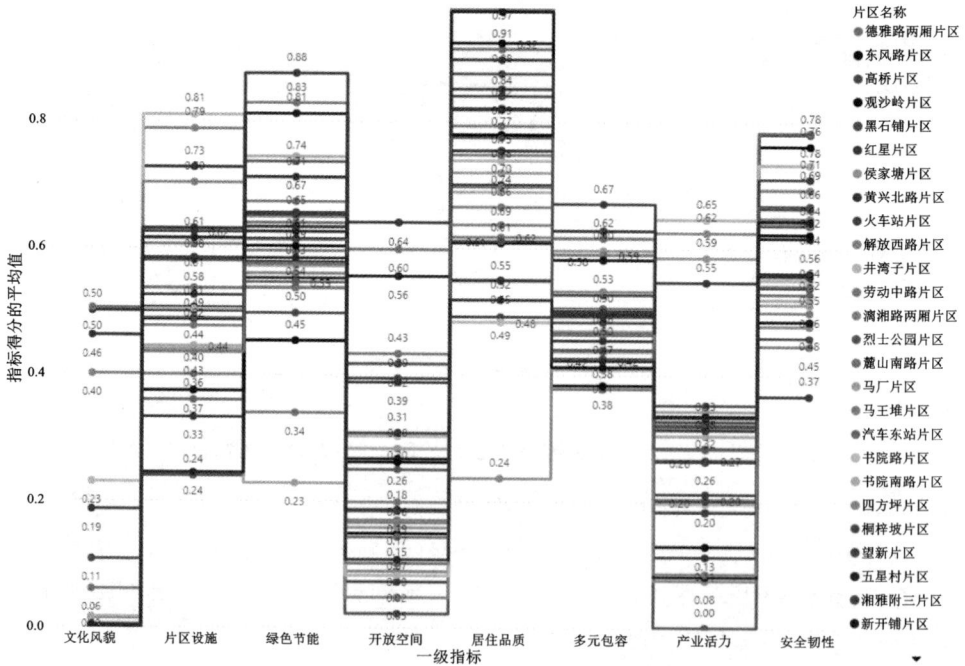

图 6-4　基于体检评估均值的所有片区一级指标得分均值折线图

有片区得分在 0.5 以下且整体呈均匀分布；部分维度得分呈大分散小集聚分布，如产业活力维度得分虽整体涵盖 0 ~ 0.65 区间，但高度集中于 0.20 ~ 0.35 区间，片区设施维度局部集中于 0.33~0.61 区间，绿色节能维度局部集中于 0.45~0.74 区间；居住品质维度与开放空间维度则呈相反分布，前者集中于 0.50 以上的高得分区间，后者集中于 0.40 以下的低得分区间。

向下逐层钻取后可进一步得到二级指标、三级指标的得分均值折线图，但由于因子过多已很难直接分析总结各片区与各维度间的特征规律，下一步需要通过 K-Means 等特征聚类方法提取特征。

6.1.3　基于评估得分的特征聚类

聚类分析的目的是将片区对象按照相似程度进行类别划分，将具有较大依赖关系的特征聚集为一类，使同一类内的对象间特征相似性强于其他类内的对象间特征，以挖掘类别内、类别间潜藏的信息，进而针对不同类别的片区对象提出更有指向性和建设性的改造策略与建议。

但由于各片区具备一级、二级、三级的多维指标特征，维度间、维度内的性质、量纲、数量级等特征存在差异性，无法直接进行比较，因此需要对数据进行标准化处理以消除前述差异引起的数据尺度不一致的影响。

1.矩阵数据标准化处理

标准化处理主要包括无量纲化和逆指标一致化处理。

无量纲化处理旨在解决数据之间可比性的问题，常用的方法有极差标准化法、Z-score 标准化法、线性比例标准化法、log 函数标准化法、反正切函数标准化法等，本研究采用最常用的极差标准化法：首先找出该分项指标中的最大值和最小值并计算极差，利用该指标的每一个观察值减去最小值后再除以极差，处理后数值范围缩放至 $0 \leqslant X_i \leqslant 1$。具体公式如下：

$$X' = \frac{X_i - X_{\min}}{X_{\max} - X_{\min}} \qquad 式（6-1）$$

式中：X' 为极差标准化后的无量纲指标值；$X_{\max}$ 为观察值中的最大值；$X_{\min}$ 为观察值中的最小值；X_i 为每一个观察值。若有新数据加入则可能会导致最大值和最小值发生变化，则需要重新计算极差，但本研究中片区数量固定为 31 个，所以不受此影响。

逆指标一致化处理旨在改变其性质和作用方向，使所有指标的作用方向一致。多指标评价中经常出现指标作用方向不一致的情况，正向指标体现为结果越大越好，如小区绿化率、社区小学步行 10 min 覆盖率、历史建筑数量等；逆向指标则体现为结果越小越好，如小区建筑密度、早高峰道路拥堵情况、内涝滞水点数量等，这导致两类指标不能直接相加减，须预先对逆指标进行一致化处理。处理的方法主要有两种：倒数一致化，即对原始数据取倒数，$X' = 1/X$（$X>0$）；减法一致化，即利用该指标允许范围的一个上界值 M，依次减去每一个原始数据，$X' = M - X_i$。

考虑到倒数一致化处理往往会改变原始数据的分散程度，可能导致缩小或夸大原始数据间的差异，因此本研究采用更为稳定的减法一致化处理，取区间上限 1 作为上界值 M，用 M 依次减去每个原始数据，即能改变逆指标作用方向，将所有指标统一为正方向。

2. 基于 K-Means 的特征聚类分析

K-Means 聚类算法是经典和主流的聚类方法之一，其原理是基于点与点之间的距离的相似度来计算最佳类别归属，具有数据扩展性强、可操作性强的特点，常用于客户分群、用户画像、精确营销、基于聚类的推荐系统等场景。

其核心算法为：首先从数据集中随机选取 k 个初始聚类中心 $C_i (1 \leqslant i \leqslant k)$，计算其余数据对象与聚类中心 C_i 的欧氏距离，找出离目标数据对象最近的聚类中心 C_i，并将数据对象分配到聚类中心 C_i 所对应的簇中；然后计算每个簇中数据对象的平均值并将其作为新的聚类中心，进行下一次迭代，直到聚类中心不再变化或达到最大的迭代次数时停止。

具体操作：基于 PyCharm 2021.3.3 集成开发环境，通过 Pandas 库和 Numpy 库进行数据预处理后，利用 Scikit-learn 库中的 K-Means 聚类模块，采用肘部法则确定最佳 K 值为 5 后，进一步通过特征聚类得到最终聚类结果，并通过聚类效果的评价指标分别评估各簇群的聚类效果。常用评价指标有簇内误方差(sumofthe squared errors, SSE)、轮廓系数(silhouette coefficient)，轮廓系数 S 的取值范围为$[-1, 1]$，轮廓系数越大，聚类效果越好。

"簇内误方差"在 Scikit-learn 库中为 inertia 指标，表示的是每个样本点到其所在簇质心的平方距离之和。按照其定义来说，inertia 越小越好，但是实际上当分簇的数量越来越多时，inertia 的值自然越来越小，甚至在簇群数量等于样本数的极端情况下，inertia 的值为 0。所以说 inertia 虽是评判聚类结果好坏的标准之一，却很难界定好坏的界限。

"轮廓系数"在 Scikit-learn 库中即 Silhoutte_score 指标，表示的是样本的簇内差异和簇间差异大小，由聚类的定义得知，理想聚类结果是样本簇内差异很小且簇间差异很大，其计算公式如下：

$$Silhoutte\_score_i = Avg\_distance_{ai} - Avg\_distance_{bi} /$$
$$Max\{Avg\_distance_{ai}, Avg\_distance_{bi}\} \qquad 式（6-2）$$

式中：$Silhoutte\_score_i$ 为每一个样本点的轮廓系数指标值；$Avg\_distance_{ai}$ 表示该样本与其他簇的相似性，数值上表现为该样本与离其最近的簇的所有样本的平均距离；$Avg\_distance_{bi}$ 表示该样本与它所在的簇内样本的相似性，数值上表现为该样本与同一簇内其他样本的平均距离。因此，轮廓系数的取值区间为 [-1, 1]，值越接近 1，则聚类效果越好。

结合轮廓系数得分和聚类结果的空间分布（表 6-1）来看，聚类效果最好的是类别四（G4），得分超过 0.35，包含的黄兴北路片区、解放西路片区和书院路片区均属于长沙市河东老城核心片区；其次为类别五（G5），得分约 0.19，包含的黑石铺片区、红星片区、五星村片区均属于城郊边缘片区，与类别四（G4）区位相对；随后是得分约 0.12 的类别一（G1），包含了 13 个片区，区位上基本为围绕类别四（G4）表征的河东核心外围圈层片区。

表 6-1　基于聚类结果的轮廓系数评估效果统计表

聚类类别	轮廓系数均值	所属区县	所属区域	片区名称	样本轮廓系数
类别一（G1）（包含 13 个片区）	0.122512909	开福区	核心区域	东风路片区	0.10346400
		雨花区	核心区域	侯家塘片区	0.12474545
		芙蓉区	核心区域	火车站片区	0.17541876
		雨花区	外围区域	井湾子片区	0.06638174
		雨花区	核心区域	劳动中路片区	0.18115702
		芙蓉区	核心区域	烈士公园片区	0.21219874
		天心区	核心区域	书院南路片区	0.23336946
		开福区	外围区域	四方坪片区	-0.04319043
		岳麓区	核心区域	桐梓坡片区	-0.01456008

续表 6-1

聚类类别	轮廓系数均值	所属区县	所属区域	片区名称	样本轮廓系数
类别一(G1)(包含 13 个片区)	0.122512909	岳麓区	核心区域	湘雅附三片区	0.06722333
		天心区	外围区域	新开铺片区	0.11813101
		雨花区	外围区域	中烟雅塘片区	0.20885605
		雨花区	核心区域	左家塘片区	0.15947277
类别二(G2)(包含 8 个片区)	0.092195328	雨花区	外围区域	高桥片区	0.09127470
		岳麓区	外围区域	观沙岭片区	0.10234300
		长沙县	外围区域	漓湘路两厢片区	0.17807134
		开福区	外围区域	马厂片区	0.00195789
		芙蓉区	外围区域	马王堆片区	0.09308963
		芙蓉区	外围区域	汽车东站片区	0.07694727
		岳麓区	核心区域	阳光 100 片区	0.02897686
		长沙县	外围区域	中南汽车世界片区	0.16490193
类别三(G3)(包含 4 个片区)	0.08694447	开福区	核心区域	德雅路两厢片区	0.18733256
		岳麓区	核心区域	麓山南路片区	−0.00414383
		岳麓区	核心区域	望新片区	0.10708665
		岳麓区	核心区域	岳麓大学科技城片区	0.05750250
类别四(G4)(包含 3 个片区)	0.354345347	开福区	核心区域	黄兴北路片区	0.30936800
		芙蓉区	核心区域	解放西路片区	0.41246408
		天心区	核心区域	书院路片区	0.34120396
类别五(G5)(包含 3 个片区)	0.186781007	天心区	外围区域	黑石铺片区	0.20177015
		雨花区	外围区域	红星片区	0.13581651
		岳麓区	外围区域	五星村片区	0.22275636

基于片区体检结果的 K-Means 特征聚类类型划分图如图 6-5 所示。

3. Radar 图分层挖掘片区特征

选取具有可比性特征的二级指标进行横向对比，由图 6-6 的 G4、G1、G2 类别雷达特征图和图 6-7 的 G3、G5 类别雷达特征图可知：G4 老城核心类

图 6-5　基于片区体检结果的 K-Means 特征聚类类型划分图

片区产业活力最高、片区设施最好、文化风貌最好、安全韧性最好、开放空间最少、居住品质最低；G1 核心外围类片区产业活力次高、片区设施次高、绿色节能中等、文化风貌极低，其余维度均衡；G2 核心次外围类片区多元包容度最高、安全韧性次高、文化风貌极低，其余维度均衡；G3 风景区高校类片区开放空间最高、居住品质最高、绿色节能最优、文化风貌中等，其余维度均衡；G5 城郊边缘类片区开放空间次高、绿色节能次高、居住品质次高、文化风貌次高、产业活力最低。

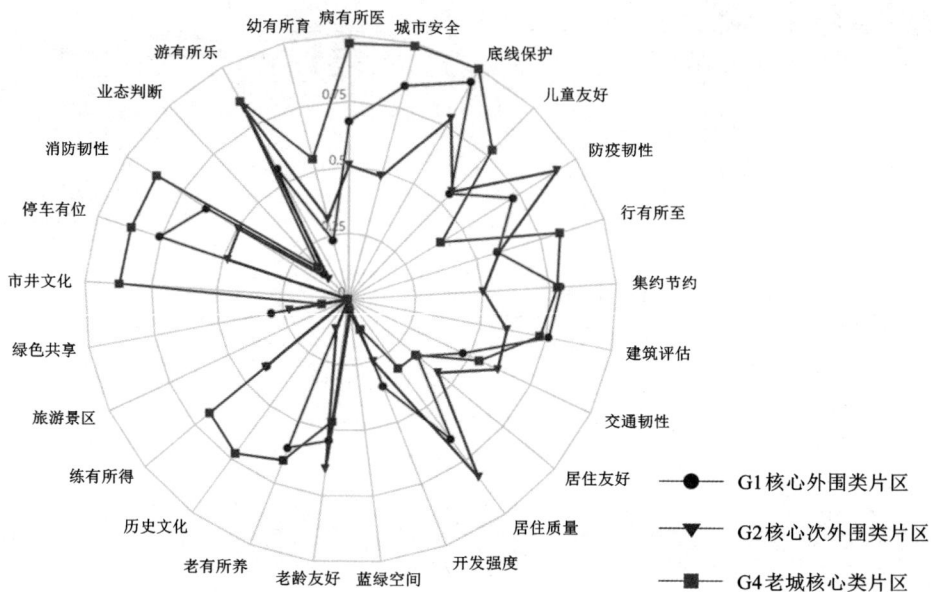

图 6-6　G4、G1、G2 类别雷达特征图

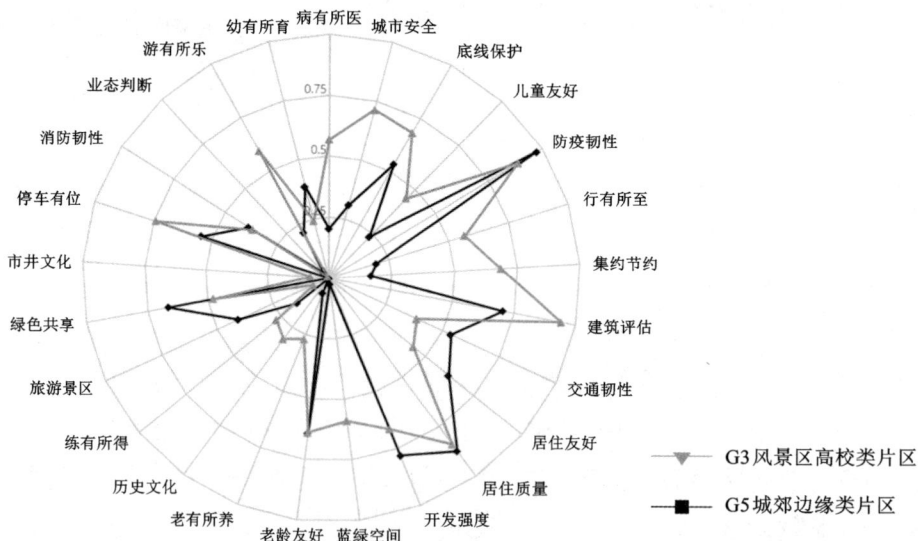

图 6-7　G3、G5 类别雷达特征图

　　进一步观察发现，G4 老城核心类片区、G1 核心外围类片区、G2 核心次外围类片区这三类片区在指标特征上具有明显的相似性和规律性。三者在片区设施、文化风貌、安全韧性、产业活力、多元包容这五个维度与片区所处区位、片区核心程度呈正相关，即数据指标随着片区核心程度的降低而降低。这三类片区在片区设施、安全韧性、多元包容这三个维度都表现优异：一是城市核心地区及核心外围地区在片区设施、产业活力维度上都优于城市非核心地区，二是产业活力、设施建设、文化风貌等维度随着核心程度的下降呈现梯度递减趋势，体现了公共服务设施与企业活力逐步外溢的过程。而这三类片区在绿色节能、开放空间和居住品质这三个维度与片区所处区位、片区核心程度呈负相关，即数据指标随着片区核心程度的降低而升高，不难理解片区核心程度越高，其城市建设程度越高，能开发利用的土地越少。容积率高、蓝绿空间少导致片区在绿色节能、开放空间和居住品质等维度上表现不佳，这种劣势随着核心程度的降低而逐渐被弥补。

　　G3 风景区高校类片区和 G5 城郊边缘类片区的雷达特征图在指标特征上也具有相似性。与上述三类片区完全相反，这两类片区在绿色节能、开放空间和居住品质这三个维度都表现良好且指标得分大体相同，显示出这两类片区在自然资源方面更加绿色环保，在人居体验方面更偏休闲康养。这两类片区优势突出，但缺点也十分明显，核心外围片区和核心次外围片区对核心片区产业外溢的承接，导致这两类片区在文化风貌、片区设施、产业活力等方面表现不佳。

4. 基于分级指标的多因子相关性矩阵分析

　　通过多因子相关性矩阵分析可进一步研究一级、二级、三级指标内的因子关联性，结果发现，在一级指标维度下，开放空间（C）、绿色节能（D）和居住品质（A）维度间相关性较强，符合日常感知的"开放空间越多、居住品质越高"的观点，片区设施（B）、产业活力（G）、文化风貌（E）、多元包容（H）维度也存在较强相关性，尤其是产业活力与片区设施的相关系数达到 0.7，说明产业发展也需要较为完善的设施配套。

　　进一步聚焦至二级指标，通过结果聚类可发现相关性较强的因子集中于两个区域，首先是数据最多的片区设施（B）和产业活力（G）维度因子群，包括 B1、B3、B4、B5、G1、G3、D3、E1、F1 等，其次为以开放空间（C）、绿色节能（D）维度因子群为主的区域，包括 C1、C2、D1、D2、E2 等，与一级指标多因子相关性分析结论相符，分析结果如图 6-8 所示。

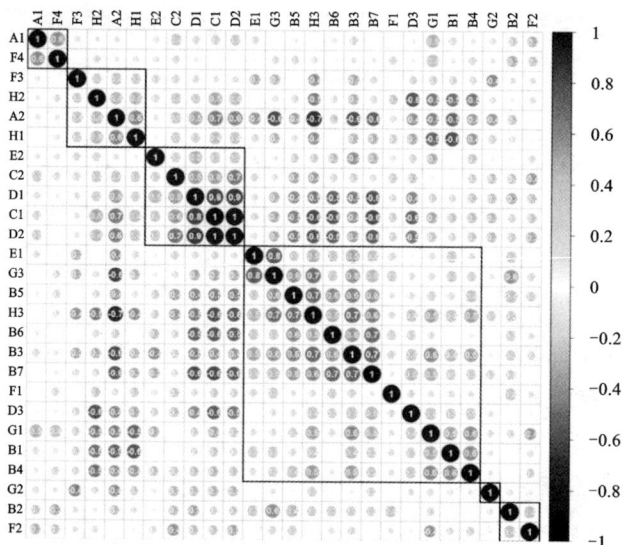

图 6-8　多因子相关性矩阵分析图

6.1.4　社区空间改造策略与建议

通过前述特征分析可将聚类结果划分为两种社区（片区）空间类型：一类为空间格局呈现出公共服务设施逐步外溢过程的 G4、G1、G2 片区，其设施水平自核心向外围呈梯度下降趋势，满足"核心—边缘理论"体现的核心区逐步外扩影响边缘区的过程；另一类为单维度优势突出类片区，如 G3 片区紧邻岳麓山和湖南大学等高等院校，可承接高校科研创新能力予以转化，G5 片区虽远离老城核心地区，但或具备市政服务优势（如黑石铺片区邻近北侧湖南省政府）、或紧邻郊区大型生态板块（如湖南省植物园、寨子岭森林公园等），均具备明显的单维度资源优势，需在后续更新改造中予以考虑。

1. 核心及外围圈层类片区改造策略

G4 老城核心类片区得益于开发时间最早带来的设施配套优势，其片区设施、产业活力、文化风貌等维度优势明显，但由于老旧城区高开发强度的现状制约，其居住品质、开放空间维度短板明显，建议：①逐步往河东核心外围圈层或河西地区释放产业活力，以释放更多的用地空间潜力；②重点针对居住品质、开放空间维度提升片区综合环境，建议适时推动条件成熟地区的棚户区改造工作，一是通过增加社区公园数量、提升小区绿化率等手段提升存量地区的居住品质，二是通过综合环境整治、查违拆危等方式降低老旧小区的居住隐患；③片区设施维度得分虽最高，但需在后续改造中进一步论证片区内公共服务类设施的承载能力，建议综合设施自身用地拓展需求与片区服务人口规模上限，酌情推动部分公共服务设施外溢，以带动外围圈层发展。

G1 核心外围类片区在产业活力、片区设施维度均次高，体现出其借助区位邻近优势承接了来自核心地区的设施与人口外溢，加之其用地空间与开发强度相对老城核心类片区更具优势，体现在居住品质、开放空间维度得分逐步上升。因此，在后续更新改造中建议：①进一步提升产业活力，承接核心地区产业外溢需求，通过区域性商贸市场改造等手段挖潜用地空间，引入片区发展动力；②挖掘片区内文化底蕴，通过主题性策划活动推动文化风貌维度提升，增加基于历史主题的特色街道、打造网红打卡地、提升建筑景观风貌等；③通过老旧小区改造提升片区居住品质。

G2 核心次外围类片区相较于 G1 处于更外围圈层，其受核心地区设施外溢影响已较弱，建议结合自身实际，适当引入特色公园、综合商业、游乐场所、孵化园区等活力点，通过推动老旧小区、旧厂房、棚户区改造等方式为活力设施置入释放更多的用地空间，保障未来发展的弹性空间。

2. 单维度优势突出类片区改造策略

针对 G3 风景区高校类片区的建议：①围绕现有自然资源打造以中高端群体为主的居住产品，以贴合片区定位；②结合片区内现有高校教育资源，适时孵化科研创新类企业，推动产学研一体化，打通科研、教育、生产不同社会分工的功能协同与高效集成。

针对 G5 城郊边缘类片区的建议：①依托湖南省植物园、寨子岭森林公园的生态优势与湖南省政府市政服务优势，通过更新打造以市政服务和生态休闲为主的一体化生态居住社区；②通过用地挖潜推动片区设施配套改善，以满足居民 15 min 生活圈内的日常生活需求。

6.2　专项再生策略研究一：绿色低碳专项评估及应用

6.2.1　研究概况与研究方法

1.概念解析

"低碳"概念聚焦于减少温室气体（尤指二氧化碳）的排放，在城市转型策略的语境下，其应用被深化为：推动城市低碳经济的繁荣，采纳低碳技术革新生活方式，旨在大幅度削减城市温室气体排放量，最小化对自然环境的侵扰，从而摒弃传统的高能耗、高污染、高消费的社会运行模式。此过程致力于构建一个能源供应低碳化、能源使用高效化的循环经济体系，并倡导一种崇尚健康、节俭、适度消费的生活哲学与消费模式，最终达成以低碳经济为驱动、市民生活秉持低碳理念、政府管理规划以低碳愿景为核心的综合发展目标。

"绿色"，是自然界中普遍存在的色彩，其色调深于嫩草或位于光谱蓝黄之间，在中国文化中寓意生命与春天的生机。在性格色彩理论中，绿色象征着和平、友善、倾听及避免冲突的性格特质。随着"绿色"一词在文化领域、技术实践及环境保护等多个维度的广泛应用，其内涵得以拓展，涵盖了"和平""健康""平衡""安全""自然"及"和谐"等价值观念。因此，在城市转型的框架下，"绿色"导向强调通过引导居民的日常行为模式，渐进式调整城市的生产与消费结构，提倡健康适度的消费习惯与生活理念；同时，通过公共空间与交流空间的重新塑造，增强人际互动与沟通。

评估指标体系，作为表征评估对象多维度特性及其内在联系的指标集合，是一个具有内在逻辑结构的综合系统。在此背景下，社区空间绿色低碳评估体系成为衡量社区环境性能、指导其规划设计与运营管理的科学工具，旨在促进社区环境的可持续发展。

2.国内外研究综述

绿色低碳理念可追溯至1898年英国社会学家霍华德所倡导的"花园城市"理论，该理论构想了一个理想城市模型，即在享有良好社会经济条件的同时，能坐拥优美的自然环境。至于绿色生态城市的内涵，学界尚未达成普遍共识。国际上，"生态城市"（eco-city）的概念最早见于 1971 年联合国教科文组织（UNESCO）"人与生物圈（MBA）"计划之中，该计划明确提出运用综合生态学方法，从生态学视角研究城市，旨在构建基于生态学原理的社会、经济与自然和谐共生的新型社会关系。

在绿色低碳评估领域，国外已取得显著成就，与绿色低碳评估内涵相契合的绿色生态城区评价标准业已成熟。例如，美国、英国及日本分别形成了LEEDND（社区发展）、LEED Cities and Communities、BREEAM Communities、CASBEEUD（城市发展）等评价标准和体系，而德国、澳大利亚、荷兰等国也相继出台了各自的评价标准，诸如德国的 DGNB-UD（城区）、澳大利亚的 GSC Communities、荷兰的 GPRSTEDENBOUW 等。这些评价标准虽各有侧重，但均依据地区特点构建了相应的评价架构与指标。以德国的 DGNB-UD 为例，DGNB-UD 可持续建筑评估体系由德国可持续建筑委员会与政府共同开发，自 2007 年创立以来，已成为德国最具权威性的可持续建筑评估体系。该体系旨在解决第一代绿色建筑评估体系所存在的片面强调单项技术、忽视经济性及综合使用性能等问题，基于世界先进的绿色生态理念与德国高水平的工业技术标准体系，构建了第二代绿色生态评估体系。DGNB-UD 充分利用数据库与计算机技术，其 DGNB-UD 可持续城区评估体系不仅关注城区的生态环境，还重视经济质量和社会质量的综合评价，确保了城区项目能够实现绿色生态的总体目标。然而，DGNB-UD 标准在评估领域的全面性与综合性亦带来了挑战，其评估流程覆盖绿色城区的全产业链，评估方法全面量化，计算方式严谨，技术手段先进，但对基础数据和技术手段的要求极高，难以量化评估的内容难以纳入体系，导致其可操作性相对较弱。

在国内，生态城镇是与绿色低碳评估相关的早期概念。中国的生态城镇建设实践始于 1986 年江西宜春提出的生态城市建设目标，此后，越来越多的城市开始尝试此方面的规划与建设。针对绿色生态城市定义模糊、名称多样等问题，学界仍在持续探讨之中。马世俊、王如松等学者认为，生态城市是有效运用具有生态特征的技术手段和文化模式，实现人工与自然生态复合系统的良性运转，以及人与自然、人与社会的可持续和谐发展。沈清基等则提出，低碳城市是以低碳经济为发展模式和发展方向，市民秉持低碳生活理念，政府公务管理层以低碳社会为建设标杆，城市在经济健康发展的前提下，保持能源消耗和二氧化碳排放处于低水平的城市。仇保兴等将低碳与生态概念相结合，定义了低碳生态城市，即低碳目标与生态理念相融合，实现"人-城市-自然环境"和谐共生的复合人居系统，这是生态城市实现过程中的一个阶段，是以减少碳排放为主要切入点的生态城市类型。李迅等亦尝试从广义与狭义的角度分别阐述低碳、生态、绿色城市等概念，指出狭义概念各有侧重，如降低碳排放、维护生态系统、倡导绿色价值观等。

3. 研究方法与技术路径

从国内外绿色低碳评估发展脉络来看，国外在绿色生态城区评价标准及其评价体系的构建上，已经形成了较为成熟的理论与实践体系。这些标准与体系深深根植于各自独特的历史背景，既在解决各自城镇化、工业化阶段及面临的现实问题过程中不断完善，同时也受到社会制度、经济条件、地理环境与文化传统等多重因素的影响。这些标准与体系不仅受外部压力的驱动，如环境保护法规、国际协议等，也受内部动力的影响，如可持续发展理念、居民环保意识提升等。在借鉴国外既有成果时，我国城市更新绿色低碳评估工作应深入挖掘其内在驱动机制与问题导向，以更全面地理解其背后的逻辑与原理，而非仅仅停留于表面的模仿。

相比之下，国内在绿色生态城区评价体系的构建上与国外仍存在一些差距。当前，国内对绿色生态城区的评价尺度多聚焦于宏观与微观层面，而对于中观尺度的生态城区评价体系研究尚显不足，尤其是针对城镇社区空间的绿色低碳评估体系更是匮乏。这种现状既限制了国内在绿色生态城区评价方面精准度与实用性的提升，也影响了城市更新工作的质量与效果。

然而，国内在绿色生态城市研究方面也有其独特的优势。随着我国城市建设重心正由新城扩建转向城市更新，针对片区的绿色低碳评估体系建设显得尤为重要。这为我们提供了一个新的研究方向与机遇。在此基础上，我们可以借鉴国外绿色生态城区评价标准的内在逻辑与问题导向，结合国内实际情况，构建适用于我国城市更新背景下的片区绿色低碳评估框架。通过实证研究验证评估框架的有效性与实用性，为推动我国城市更新中的绿色低碳发展提供科学依据与技术支持。这不仅有助于提升居民生活质量，实现生活更美好的目标，也有助于推动我国绿色生态城市理论与实践的进一步发展。

6.2.2　评估体系的构建与权重设置

1. 指标体系的构建原则

在构建社区空间绿色低碳评估体系时，应紧密围绕空间再生的核心理念及明确的评估目标，并遵循以下几项关键原则以确保体系的科学性、全面性和实用性：

科学性与数据可及性原则：评估体系应能够反映绿色城市的本质特征，同时精准捕捉社区空间的独特性。指标的筛选应基于科学严谨的方法论，确保能够精确衡量社区空间的绿色低碳状态。此外，指标的数据来源应依托权威统计资料，同时考虑数据的可获取性和易操作性。指标设计应力求精简高效，避免冗余，便于实际应用中的数据采集与处理。在指标计算上，应优先采用成熟且被广泛认可的公式与方法，确保参数易于获取，提升评估效率。

全面覆盖与独立性原则：评估体系应全面涵盖社会经济、生态环境、资源条件等多个维度，形成一套相对完整的指标体系，以全面展现社区空间在绿色低碳发展方面的综合面貌。同时，各指标间应保持　　　性，避免信息重叠，确保每个指标都能独立反映社区空间某一方面　　　　增强评估结果的准确性和针对性。

前瞻性与可比性原则：评估体系应具备　　　低碳发展的新趋势，借鉴最新研究成果　　　向；同时，为增强片区间的可比性，指　　　反映片区的绿色低碳质量而非总量　　　发展中的战略任务和目标，又与　　　要求，确保数据的可靠性和可　　　据支撑。

大数据融合原则：　　　遥感数据、气象站点　　　挖掘社区空间绿色　　　精度和深度，为

2. 指标体系的构成

在综合考察国内外关于绿色城市评估指标体系的研究成果后，可以发现多数机构与学者倾向于从绿色生产模式、绿色生活方式及环境质量水平这三个核心维度来构建评估框架，所选子系统全面涵盖了生产、生活与环境三大领域。鉴于此，本研究在严格遵循指标构建的科学性与实用性原则的基础上，紧密结合中国城市发展的实际情况，从生产、生活、环境三大视角出发，对这三个子系统进行了更为细致的划分，具体分解为以下 8 项二级指标：资源利用、污染物控制、绿色市政、绿色建筑、绿色交通、绿色消费、建成环境及生态环境。

在此基础上，本研究进一步细化，构建了一个包含 33 项具体指标的社区空间绿色低碳评估体系（详细指标权重参见表 6-2）。这一评估体系旨在全面、准确地反映中国城市在绿色转型过程中的实际成效与存在问题，涵盖了生产领域的资源利用效率和污染控制水平，还涉及生活领域的绿色市政服务、绿色建筑居住、绿色出行方式及绿色消费习惯，同时也不忘考察环境领域的建成环境质量和生态环境状况。

表 6-2　社区空间绿色低碳评估体系指标权重

一级指标	二级指标	三级指标
生产	资源利用	工业用地比例
		企业环境行为认证
	污染物控制	固体废弃物再利用率
		危险废物安全处置率
		工业废水排放达标率
		大气污染物排放
	绿色市政	生活污水
		供水管网漏损率
		生活垃圾处理
		生活垃圾分类设施覆盖率

续表 6-2

一级指标	二级指标	三级指标
生活	绿色建筑	绿色建筑比例
		大型公共建筑单位面积能耗
		节能住宅比例
		屋顶利用率
	绿色交通	公交通行
		高峰拥堵率
		交通设施覆盖率
		慢行交通
	绿色消费	户均居住耗水
		户均居住耗电
		户均居住耗气
		户均生活垃圾产生量
环境	建成环境	低影响开发率
		绿地率
		公园覆盖率
		违建率
	生态环境	空气质量
		水环境
		土壤
		热岛
		风环境
		光环境
		声环境

3. 指标权重的设置方法

专家咨询法。利用相关领域专家的知识、经验和分析判断能力对指标权重进行鉴证、判断的一种方法。

层次分析法。层次分析法是指将一个复杂的多目标决策问题作为一个系统，将目标分解为多个目标或准则，进而分解为多指标的若干层次，通过定性指标模糊量化方法算出层次单排序和总排序，以作为目标方案优化决策的系统方法。

首先，利用专家咨询法获取各领域之间的重要性比较情况、各领域内部各指标的重要性比较情况；然后，以层次分析法计算出所有三级指标的领域内权重、各领域权重；最后，将三级指标的领域内权重转化为总体权重，并构造评价模型，即

$$Y_k^l = \sum_{j=1}^{n} X_j C_j \qquad \text{式（6-3）}$$

式中：Y_k^l 为第 k 年第 l 项二级指标的指数值；X_j 为各三级指标因子的权重值；C_j 为第 j 个三级指标因子的得分；n 为三级指标的个数。

4. 指标的计算方法

绿色低碳指标一般有三种获取途径，一是统计口径或行政主管单位提供专业数据，二是大数据辅助计算，三是自主采集。其中第一种方式是绿色低碳指标的主要来源形式，相关数据由政府部门掌握，企业机构使用时需申请获得，如工业用地比例（规划主管部门）、户均居住耗水（水务部门）、户均居住耗电（电力主管部门）等。大数据辅助计算指标主要是利用手机信令、互联网地图等高频时空大数据，对指标进行测算，参考该值对统计结果进行校验。自主采集主要是利用测量仪器经实地测量、处理获得，如生态环境相关指标，或经实地调研、走访、调查问卷等方式获取数据，如违建率、供水管网漏损率等。结合本书内容，这三种指标获取途径在本书第3章均有涉及，相关指标计算方法如热岛、高峰拥堵率等也有详细介绍，因此不再赘述。本章主要介绍采用大数据辅助计算的方式测算绿色低碳指标所涉及的典型指标，方法如下。

①社区设施 500 m 半径覆盖率（%）。

社区设施 500 m 半径覆盖率（%）测算方法适用于生活垃圾分类设施覆盖率、交通设施覆盖率、公园覆盖率等绿色低碳指标，是一种衡量居住环境品质的重要测算方法。它反映了居民在 500 m 半径内受到社区设施服务或影响范围的比例，从而评估社区设施对居民生活的服务能力或影响程度。该指标的数据来源是互联网地图 POI、AOI、WorldPop 人口网格、七普常住人口以及实地调研

信息，即利用互联网地图提供的社区设施位置信息，AOI 提供的更新片区边界信息，WorldPop 提供的人口网格数据，七普提供的常住人口数据，以及实地调研提供的补充信息，绘制出更新片区内各个社区设施的 500 m 半径缓冲区，并将其与更新片区边界进行叠加。对设施点做 500 m 缓冲区计算，融合共面后测算该范围覆盖常住人口的占比，即将叠加后的缓冲区内的常住人口数除以社区内总常住人口数，得到覆盖率的百分比。该指标的测算公式如下：

$$\text{Cover}_{\text{facilitiesus}} = \frac{\sum_{i=1}^{n} P_i}{P_{\text{T}}} \times 100\% \qquad \text{式}(6\text{-}4)$$

式中：$\text{Cover}_{\text{facilitiesus}}$ 表示社区设施 500 m 半径覆盖率；n 为社区设施的数量；P_i 为第 i 个社区设施的 500 m 半径缓冲区内的常住人口数；P_{T} 为社区总人口数。

②绿地率（%）。

该指标主要考察社区内绿地面积占总用地面积的比例。具体操作上，使用高分辨率遥感影像数据，利用不同地物的不同光谱特征，对遥感影像进行波段的组合与计算。用综合归一化植被指数（NDVI）统计出绿地的占比情况，通常当土地栅格的 NDVI>0.2 时，该土地栅格被认为是有植被覆盖，NDVI 值越大，植被覆盖越密集。通过实际情况设定合适的阈值，最终确定城市绿地覆盖率。计算公式如下：

$$\text{NDVI} = \frac{\text{NIR} - \text{RED}}{\text{NIR} + \text{RED}} \qquad \text{式}(6\text{-}5)$$

式中：NDVI 为归一化植被指数；RED 为遥感影像红波段；NIR 为遥感影像近红外波段。

$$\text{Cover}_{\text{Greenland}} = \frac{\text{Area}_{\text{GreenLand}}}{\text{Area}_{\text{Total}}} \times 100\% \qquad \text{式}(6\text{-}6)$$

式中：$\text{Cover}_{\text{Greenland}}$ 为绿地覆盖率；$\text{Area}_{\text{GreenLand}}$ 为统计到的社区绿地面积；$\text{Area}_{\text{Total}}$ 为片区总用地面积。

6.2.3　绿色低碳评估应用案例
——以凤凰揽胜站城市交通景观改造提升项目为例

1. 概况与现状

凤凰揽胜站项目位于湖南省凤凰城金坪路，由城市出入口和景观休闲步道两个部分构成,计划通过自上而下的方式将山上磁悬浮站与山下的凤凰城连为一体。由于出入口空间位置的景观标识作用突出,以及所处山地生态环境对设计方案在绿色低碳、低开发影响方面有较高要求,因此,需要在前期开展绿色低碳评估工作,满足项目任务所要求的"为城市旅游交通提供一种兼具开放性、公平性、娱乐性的新便利通达方式"。

2. 评价分析

本次城镇社区空间绿色低碳评估指标打分值采用 10 分制,总得分按照千分制换算。各项指标的打分值、得分值见表 6-3。

表 6-3 绿色低碳专项评估体系指标分值一览表

一级指标	二级指标	二级指标权重	三级指标	三级指标权重	打分值	得分值（千分制）
生产	资源利用	0.1397	工业用地比例	0.046562010	10	46.56
			企业环境行为认证	0.093137990	3	27.94
	污染物控制	0.1397	固体废弃物再利用率	0.023287990	10	23.29
			危险废弃物安全处置率	0.069850000	10	69.85
			工业废水排放达标率	0.023287990	10	23.29
			大气污染物排放达标率	0.023287990	10	23.29
生活	绿色市政	0.0934	生活污水	0.032082900	8	25.67
			供水管网漏损率	0.022630820	10	22.63
			生活垃圾处理	0.026693720	7	18.69
			生活垃圾分类设施覆盖率	0.011992560	10	11.99
	绿色建筑	0.0934	绿色建筑比例	0.032774060	3	9.83
			大型公共建筑单位面积能耗	0.032774060	5	16.39
			节能住宅比例	0.017661940	4	7.06
			屋顶利用率	0.010189940	2	2.04

续表 6-3

一级指标	二级指标	二级指标权重	三级指标	三级指标权重	打分值	得分值（千分制）
生活	绿色交通	0.1118	公交通行	0.039226483	10	39.23
			高峰拥堵率	0.039226483	6	23.54
			充电桩覆盖率	0.012217423	5	6.11
			慢行交通	0.021153423	6	12.69
	绿色消费	0.0934	户均居住耗水	0.032774060	8	26.22
			户均居住耗电	0.032774060	5	16.39
			户均居住耗气	0.017661940	5	8.83
			户均生活垃圾产生量	0.010189940	5	5.09
环境	建成环境	0.1397	低影响开发率	0.039912290	2	7.98
			绿地率	0.019963130	6	11.98
			公园覆盖率	0.039912290	6	23.95
			违建率	0.039912290	6	23.95
	生态环境	0.1889	空气质量	0.040160140	6	24.10
			水环境	0.040160140	10	40.16
			土壤	0.040160140	10	40.16
			热岛	0.021836840	0	0.00
			风环境	0.012354060	5	6.18
			光环境	0.012354060	6	7.41
			声环境	0.021836840	0	0.00

3. 更新策略与建议

经计算可知，凤凰揽胜站之城市出入口的社区空间绿色低碳评估得分值约为 652（千分制），分值较低，说明该片区的绿色低碳水平整体较低。社区空间绿色低碳指标得分值如图 6-9 所示。

在资源利用领域，企业环境行为认证的打分较低，加之其权重较高，导致单项指标得分较低。在绿色市政领域，各指标打分值均较高，因此总体扣分不

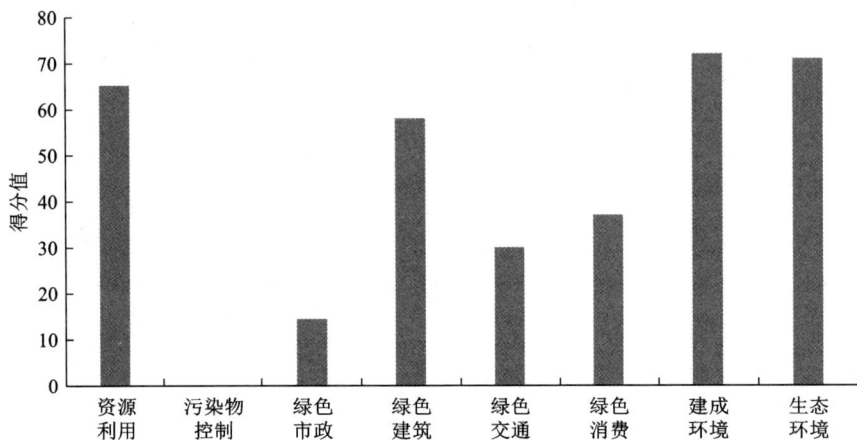

图 6-9　社区空间绿色低碳指标得分值

多。在绿色交通领域，主要扣分指标是高峰拥堵率，该指标的权重较高，但是因为受所处山区的自然条件限制，路网结构布局分散、连通性欠佳，所以打分值偏低；在绿色建筑领域，四项指标的打分值均没有超过 5 分，因此该领域总扣分值较多，其中绿色建筑比例和大型公共建筑单位面积能耗的权重较高，是需要重点关注的指标；在绿色消费领域，户均居住耗电是主要扣分指标，该指标权重偏高，且打分较低，需要重点关注；在建成环境领域，低影响开发率的权重较高，打分值低至 2 分，因此扣分值较高；在生态环境领域，空气质量指标的权重较高，打分仅有 6 分。

作为一个交通提升项目，针对在绿色市政领域的分值分析较为重要。由于项目所在地城镇建成区及常住人口规模均不大，公共交通比较容易实现基本覆盖，因此在公交通行方面得分较高，与之相对应的是交通设施覆盖率得分也相对较高；项目处于山地，市政交通道路建设相对滞后，道路体系难以达到合理结构，导致高峰拥堵率较高，形成与小城镇状况不相符的拥堵情况；小城镇规模不大，能够在有效的出行范围内的组织所需生产、生活活动，具有发展慢行交通的先决优势，但受地形影响及相对滞后的步行设施限制，项目在慢行交通方面得分较低。

经过分析，提出以下建议：在更新改造的过程中，增加绿色建筑比例、降低大型公共建筑单位面积能耗，并通过装修升级、设备升级、环保倡议等方法降低户均居住耗电；针对低影响开发率过高、空气质量不佳等问题，应通过增加城市绿化、公园等方法进行缓解；针对热岛效应问题，应通过定量实测和模拟研究辅助建筑群的设计优化来降低城市室外气温；针对声环境问题，则应通过调研定位高噪声源并进行取缔或声源控制、隔声设计；针对交通问题，亟须提升交通设施的服务能力，特别是完善城镇交通路网、加强慢行交通，提高步行出行比例，改善出行结构，缓解交通拥堵。

4. 实施效果

以评估结果为指导，凤凰揽胜站城市出入口提出以"轻介入，微改造，低损伤"为设计理念，以评估建议为指导，针对性制定设计策略，指导设计工作取得良好成效。

在绿色交通方面，利用磁悬浮站建设契机，通过修建景观休闲步道，就势而建，通过电梯、扶梯、步道、平台等进行空间组织，并分段渐进式提升高度，平衡解决磁悬浮站与城市之间约 70 m 的高差，整体上构成多方位、多角度观景和休闲空间，平台可根据季节与旅游时段变化而变换使用方式。这种景观与交通的情景交融设计方法很大程度上提升了居民及游客的使用率，在使用者获得良好的体验和愉悦感的同时，整体提高了城镇的步行交通出行比例。

在绿色市政方面，景观平台、步道以钢结构为主体，采用镂空热镀锌网格板和金属拉杆，与地面以点着力的轻介入方式进行连接，使之以高通透性的形态悬浮于山地之上。在保证安全性与稳定性的同时，亦使雨水轻松洒落地表，最大限度地增强了对生态环境。

在绿色建筑方面，凤凰揽胜站城市换乘出入口由转换大厅和管理用房组成，并由五层民居建筑微改造而成，整体上保留原有结构体系以及灰砖、灰瓦和窗棂等建筑元素，通过玻璃以橱窗化的表面处理方式修整立面，既保护了原有建筑材质肌理，又与新增钢结构玻璃电梯相融合，巧妙地平衡了地域文化与现代气质，形成了独具凤凰特色和现代感的城市新空间，并促进了城市资源的可持续再生利用，为城市更新提供了一条具有社会责任感与空间包容度的新路径。

6.3 专项再生策略研究二：风貌景观专项评估及应用

6.3.1 研究概况与研究方法

2019 年《中共中央　国务院关于建立国土空间规划体系并监督实施的若干意见》提出要延续历史文脉，加强风貌管控，突出地域特色。2020 年《关于进一步加强城市与建筑风貌管理的通知》强调需进一步加强城市与建筑风貌管理，坚定文化自信，延续城市文脉，体现城市精神，展现时代风貌，彰显中国特色。

受制于技术条件，传统的城市景观风貌评价更倾向于一种依赖受访者情感评价，通过调研打分的方式将评价分级，从而实现可用于地区之间比较的量化指标。随着人工智能、大数据技术的发展，街景数据作为一种新的信息载体，越来越受到学界的重视。基于图片识别技术，研究者能够快速提取数据的有效信息，量化视觉要素，从而揭示视觉要素与主观感知的关系，为景观风貌评估提供了一条新路径。

6.3.2 构建评估指标体系

1. 基于情感分类的多维度评价体系

本章研究内容包括街景数据采集及处理、图像分割提取环境要素、选取样本多维度打分建立分值、建立图像要素的线性回归模型、基于模型的全样本分析，简而言之，就是基于图像分割与机器学习技术，通过局部样本构建评价模型，再通过该模型计算全域样本，最终实现评估结果。在上述过程中，为客观体现评价者的心理感受，按照环境心理学情感的结构化表达方式，将情感类型划分为"美观""单调""压抑""活力""安全""富饶"六大维度，从而建立多维度评价体系。

2. 层次分析法综合得分

邀请城市规划、园林景观、建筑相关领域专家，利用专业知识、经验对六类情感指标按照层次分析法对各项指标构造判断(成对比较)矩阵,最后综合得分结果作为各类情感指标的权重。层次分析法的分析过程不再赘述,其结果见表 6-4。

表 6-4　情感指标权重一览表

	美观	单调	压抑	活力	安全	富饶	总计
权重值	0.07	0.05	0.11	0.22	0.38	0.17	1.00

6.3.3　风貌景观评估应用案例——以中南大学湘雅医学院老校区建筑风貌环境品质提升项目为例

1. 概况与现状

项目改造对象为湘雅医学院老校区的新图书馆、第二教学楼、保卫办公楼,由于毗邻湘雅医院及医学院早期建筑,因此,改造设计对历史文化景观风貌有着较高的要求。湘雅医学院早期建筑,含门诊大楼(又称病栋大楼)、小礼堂、外籍教师楼、办公楼、细菌学馆和老图书馆等,位于今中南大学湘雅医学院与湘雅一医院内,分别建于 1915 年、1935 年和 1955 年,2002 年被公布为长沙市近现代建筑,2005 年被公布为长沙市文物保护单位,2011 年被公布为湖南省文物保护单位,2019 年 10 月,湘雅医院及医学院早期建筑被国务院公布为第八批全国重点文物保护单位。在项目改造前期,对项目及其所在区域进行了风貌景观专项评估,以期对建筑改造设计策略做出指引。

2. 评价分析

按照"美观""单调""压抑""活力""安全""富饶"六大维度开展本次专项评估工作,各指标维度及评价分析结果如下。

美观维度:评估现有建筑与周边环境的协调性,包括建筑风格、色彩、材质等方面。

单调维度:观察现有环境是否存在过于单一、缺乏变化的问题。在新设计中,考虑引入新的元素或改变布局来打破单调,提升空间的多样性。

压抑维度：评估现有空间是否给人带来压抑感，如建筑高度、密度、开放度等。新设计应考虑如何通过增加绿化、开放空间等手段来减轻压抑感，提高舒适度。

活力维度：评估现有区域的活力程度，包括人流、活动多样性等方面。新设计应鼓励人际互动，增加活动空间，提高区域的活力。

安全维度：评估现有环境的安全性，包括建筑结构的稳固性、交通流线的安全性等。新设计应确保建筑和设施的安全性，并考虑紧急情况下的疏散和救援措施。

富饶维度：评估现有环境是否给人以富饶、繁荣的感觉。新设计应通过提升环境质量、增加文化元素等手段来增强富饶感，提升区域的整体价值。

3. 评价原理

本案例中的评价原理主要是人机对抗评分，基本过程可简述如下：首先基于采样点数据集构建人机对抗系统，再经多次训练、测试后形成评估模型，通过训练的模型实现对全域的感知预测，最终实现对全域风貌景观各维度的评分。

对于单点单一维度打分，搭建线性回归模型，自变量设置为各类环境要素 X_i，因变量设置为综合打分分值 Y_i，建立训练模型，通过开展人机对抗训练，动态调整各类环境要素 X_i 对综合打分分值 Y_i 的影响权重 W_i。当预测分值与人工预期分值接近且连续预测稳定时，将该模型作为评价打分模型对整体影像文件进行打分评价。对更新涉及的多个维度进行评价，得到单点综合评价指标。本案例的评价对抗过程如下：首先，对随机抽取的一组照片打分，将该组街景图像的 150 类环境要素占比与打分的关系构建为一个打分预测模型；随后，在机器打分预测与人工打分修正中不断调整该模型，当模型训练量超过全部街景影像的 1/4（人工打分超过预测值，即平均至少每点有一个方向的照片存在分值）且模型的连续 10 次预测平均误差值小于 5.0 时，将模型用于全部影像的打分预测；最终，每幅街景影像的打分（score）经四向平均后赋值于采样点。人机对抗打分过程的平均误差曲线如图 6–10 所示。按照图像打分分值，结合图像所在的经纬度，依据评估点的分值高低程度即可判断该点处相关维度的风貌情况，最后综合多个维度的权重得到该点处的风貌评估综合得分。

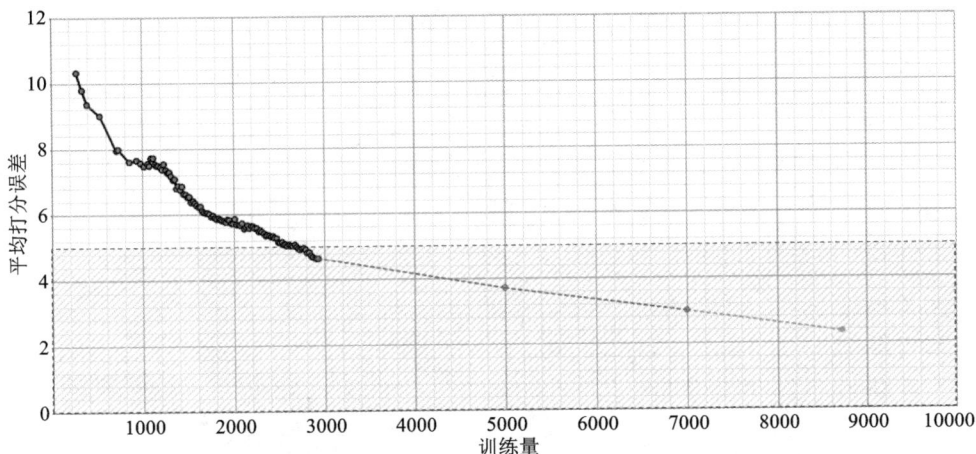

图 6-10　人机对抗打分过程平均误差曲线

4. 更新策略与建议

根据风貌评估综合得分的分布情况，可以明确风貌提升的重点区域。在聚焦空间位置后，再按各维度得分的详细情况和情感维度的评价分析，判断该维度下所关注的空间内容并寻求再生设计的着力点。

（1）美观维度：融合历史与现代。在保持历史建筑风貌的基础上，引入现代设计元素，实现历史与现代的和谐融合。通过局部改造、材质替换、色彩调整等手段实现与历史对话，如图 6-11 所示。

（2）单调维度：增加多样性。在设计中引入新的元素和布局，打破现有环境的单调性。通过增加绿化、设置景观小品、改变建筑立面等方式增强整体的多样性，如图 6-12 所示。

（3）压抑维度：提升舒适度。通过优化空间布局、增加开放空间、引入自然光等手段来减轻压抑感，提高舒适度；同时，考虑人流和活动的需求，在合适的位置设置了休息和娱乐设施，如图 6-13 所示。

（4）活力维度：鼓励人际互动。通过设计合理的交通流线、设置活动空间等手段来鼓励人际互动，提高区域的活力；设置广场、步行道、座椅、凉亭等设施来促进人与人之间的交流，如图 6-14 所示。

灰白仿石材真石漆

银灰色金属拉网板

灰色金属拉网板

红色仿劈开砖真石漆

干挂石材

图 6-11　与历史建筑相近的材质

图 6-12　局部立面变化增强多样性

图 6-13　规整楼前用地后的开放空间

图 6-14　利用屋顶露台设置凉亭等交流空间

（5）安全维度：确保安全性。在设计中充分考虑建筑结构和交通流线的安全性，确保人员和设施的安全；同时，考虑紧急情况下的疏散和救援措施，设置必要的应急设施，如图 6-15 所示。

图 6-15　增加应急安全设施

（6）富饶维度：增强活跃要素。通过提升环境质量、增加文化元素等手段来增强富饶感。在设计中融入医学院的文化特色和历史传承，设置文化墙、雕塑等景观元素来体现区域的价值和特色，如图 6-16 所示。

图 6-16　增加宣传栏等文化空间

6.4　专项再生策略研究三：基于实景三维模型的建筑质量专项评估及应用

6.4.1　研究概况与研究方法

有关数据显示，截至 2022 年底，中国城镇现状房屋超过 30 年"房龄"的接近 20%，按照我国普通房屋和构筑物计使用年限为 50 年的标准测算，大量房屋进入设计使用年限的中后期，而随着时间的推移，房屋"老龄化"问题日益凸显，正不断催生出房屋检测维护的市场需求。在城镇社区空间再生实践中，基于城市体检工作评估建筑质量，合理确定建筑拆除、改造、保留的范围，是合理制订更新方案、保障空间公共安全的重要内容。

实景三维技术在建筑改造领域的应用，能够精确捕捉建筑的三维形态和细节，通过先进的图像处理技术、算法，快速提取建筑特征和结构信息，大大降低人工调研、测绘成本，同时能够提供可靠的数据基础。在再生设计阶段，实景三维技术能够将复杂的建筑数据转化为直观的三维模型，为设计人员提供丰富的视觉和量化信息，不仅优化了改造方案的制定过程，还能够基于三维模型获取更加精确、逼真的改造效果。由此可见，以倾斜摄影、激光雷达、SLAM 等为代表的实景三维技术，为社区空间、建筑的更新、再生带来了创新的解决方案，极大地提升了改造项目的质量和效率。总体而言，实景三维技术在既有建筑的拆除、改造、再生工程建设中具备以下优势：

（1）高精度数据获取：实景三维技术能够通过高精度扫描和摄影测量手段，捕捉既有建筑的外观、结构和纹理等信息，生成逼真的三维模型。这些高精度数据为拆除、改造和再生工程建设提供了精确的基础。实景三维技术能够提供全面的空间信息，包括建筑的内部结构、管线布局、材料特性等，为拆除和改造方案的设计提供了详细的参考。同时，对于具有历史价值的建筑，实景三维技术可以记录建筑的历史信息和现状，为未来的研究和保护提供重要的数据支持。

（2）安全性能提高：在拆除和改造过程中，实景三维技术可以帮助识别建筑的结构弱点和潜在风险，提前制定应对措施，降低施工过程中的安全风险。

与传统测量方法相比，实景三维技术采用非接触式测量方式，避免了对建筑的物理接触，减少了对既有建筑的潜在损害，特别适合对历史建筑和脆弱结构的保护。

（3）促进跨学科合作：通过实景三维模型，设计人员和施工人员可以直观地了解建筑的现状和改造后的效果，有助于提高设计和施工的准确性和效率。实景三维技术为智慧城市的构建提供了重要的空间数据支持，有助于实现城市管理的数字化、智能化，提升城市的整体运行效率。实景三维技术的应用促进了建筑、工程、测绘等多个学科领域的合作，为既有建筑的拆除、改造和再生提供了更为全面和创新的解决方案。实景三维模型可以与 BIM 技术结合，提供更为灵活的设计和施工方案，设计人员可以根据实际情况调整设计方案，优化施工流程。通过实景三维技术生成的三维模型可以作为既有建筑的数字档案，便于未来的研究、教育和传承，确保建筑的历史和文化价值得以保存。

6.4.2 构建三维模型评估体系

1. 基于无人机的实景三维建模

倾斜摄影技术基于从多个角度（包括垂直和多个倾斜视角）捕捉的地面图像，利用这些重叠的影像数据，通过摄影测量和计算机视觉算法，重建出真实世界的三维模型。这种技术可以精确地反映出地形和建筑物的立体形态，为更新规划、建筑分析和地理信息系统提供高分辨率的三维视觉数据。

在飞行过程中，无人机沿着预设的航线，自动调整镜头角度，连续拍摄地面图像。这些图像具有高重叠率，可确保获取足够的信息用于后续处理。根据摄影测量学的原理，结合控制点数据，这些图像可以被精确地对齐和拼接。

2. 基于 SLAM 的实景三维建模

SLAM，即同步定位与地图构建（simultaneous localization and mapping），是一种让机器人或无人驾驶车辆在未知环境中进行自主导航的核心技术。它可同时解决两个问题：定位（localization）和地图构建（mapping）。在 SLAM 中，机器人或无人驾驶车辆利用搭载的传感器，如激光扫描仪（LIDAR）、摄像头、IMU（惯性测量单元）等，实时收集周围环境的信息。通过传感器数据，机器人或无人驾驶车辆能够感知自身在空间中的位置变化和环境特征。

SLAM 算法的核心在于融合这些传感器数据，创建环境地图，并在此过程中不断更新机器人或无人驾驶车辆的位置。它通常包括两个主要步骤：数据预处理和特征提取，基于特征的数据关联和状态估计。通过这些步骤，SLAM 能够实现对环境的精确建模和对机器人或无人驾驶车辆自身位置的实时追踪。

3. 基于拆建比、拆除率、容积率的建筑拆留建方案评估方法

基于动态规划原理，使用 Python 语言编写自动筛选算法。在拆建比、拆除率、容积率综合确定的可新建建筑面积目标上限条件下，对更新片区中现状建筑按照建筑面积进行统计分类，自动生成在用户指定的拆建比、拆除率、容积率条件下的建筑拆建方案（拆除或保留），并在该拆建方案的基础上动态调整（设定必须拆除建筑或必须保留的建筑）。最终，得到用户认可的拆建方案。同时，在新建建筑红线范围不变的情况下，可给出现有建筑方案需要增加或减少的建筑面积供用户设计决策。

通过在 Rhino/Grasshopper 中创建运算器快速识别读取用户输入的平面地形图（可由实景三维模型翻模生成）与新建方案图（由设计人员绘制初步意向方案即可）并借助算法输入拆建比、拆除率、容积率快速生成拆建方案。

通过前期的交互设计，实现了设计人员灵活控制现状建筑拆除或保留的目的；对输入的现状建筑进行面积统计，通过设计以预设拆建比、拆除率、容积率综合限制上限为最终目标的动态规划与温度下降算法，算法可恰当选中现状建筑面积之和适宜的建筑组合作为拆除建筑，进一步生成拆建方案，以实现拆建比、拆除率、容积率均逼近但不超出拆建比、拆除率、容积率共同限定的条件区间。并且，在保证拆建比、拆除率、容积率指标综合上限的基础上，搭建了设计人员可交互调整修改前置拆建条件，动态规划剩余建筑的拆建方案，实现条件调整的情况下自动联动响应的拆建方案仍可逼近预设拆建比、拆除率、容积率综合目标的上限。

4. 基于深度学习与预训练的建筑构件裂缝检测评估方法

基于深度学习与预训练的建筑构件裂缝检测评估方法通常涉及使用卷积神经网络（CNN）等深度学习模型，这些模型能够从图像中自动学习和提取裂缝特征。在实际应用中，这些方法能够显著提高裂缝检测的效率和准确性，减少人工检测的成本和时间消耗。

首先，通过收集大量的建筑构件图像数据构建数据集，这些数据可能包括裂缝和无裂缝的图像。随后，对这些图像进行预处理，以提高后续裂缝检测的准确性。预处理步骤可能包括调整图像大小、增强图像对比度、应用局部二值模式（LBP）等。

在预处理之后，深度学习模型将被训练以识别裂缝。这通常涉及使用预训练的网络，如 VGG、ResNet 或 MobileNet，这些网络已经在大型数据集（如 ImageNet）上进行了训练，并能够提取丰富的特征表示。通过迁移学习，这些预训练的模型可以适应新的裂缝检测任务，即使在可用数据较少的情况下也能有效工作。

在训练过程中，模型会学习区分裂缝和非裂缝区域。训练完成后，模型能够在新的图像上进行裂缝检测，识别出裂缝的位置、长度、宽度等特征。此外，可进一步使用机器学习算法，如支持向量机（SVM），对深度学习模型提取的特征进行分类，以提高裂缝检测的准确性。

在实际应用中，这些深度学习模型已经被证明在多种建筑构件的裂缝检测中是有效的，包括混凝土墙、梁、板和砖墙等。通过这些方法，可以及时发现结构中潜在的问题，为维护和修复提供重要信息。在实景三维领域，也发展了相应的裂缝检测技术，并出现了部分深度学习训练数据集和检测器，用于构件的缝隙检测评估。

总的来说，基于深度学习与预训练的建筑构件裂缝检测评估方法，通过自动化的特征学习和图像分析，为建筑结构的健康监测和维护提供了一种高效、准确的解决方案，也为建筑构件的拆除、改造、新建提供了高效、有力的评估方法与工具。

6.4.3 建筑质量专项应用案例——以湖南兵器工业高级技工学校厂房拆建专项评估为例

1. 片区概况与现状

湖南兵器工业高级技工学校位于益阳市赫山区会龙路 435 号。学校隶属湖南省工信厅、湖南省国防科工局，是湖南省高技能人才培训基地、湖南省国防科技工业技师培训中心、湖南省军民融合产业技能人才定点培训单位、益阳市"军地两用人才"培训单位、益阳市农村劳动力转移培训定点培训单位和益阳市电子商务定点培训机构。学校现有学生 2640 人，教职工 192 人。近期按高级技工学校设置标准，规划学生 4000 人，远期按技师学院设置标准，规划学生 8000 人，目前部分校舍建筑面积紧张。为解决学校用地面积和建筑面积不足的问题，现需扩大学校用地面积，增加校舍建筑面积，优化学校现有建筑的功能。

规划将西侧 3 栋厂房中北面厂房改造成室内体育馆，中间仓房拆除规划成兵器文化广场，南面厂房改造成实训楼；将轩源木业厂房改造成食堂，并将其北面厂房改造为实训楼；将湖南三益电器有限公司厂房和其南厂房拆除，将北侧厂房改造成实训楼；规划将北区东侧 6 栋厂房拆除，新建学生宿舍，满足近期 3000 名学生居住需求；保留北门东侧厂房，改造成室内体育馆。

2. 实景三维建模范围与结果

项目用地位于湖南省益阳市湖南兵器工业高级技工学校内，规划新增校园生活区部分。由 1 号、2 号、3 号厂房及 3 座砖构烟囱组成。1 号厂房为钢结构屋架大跨空间，南邻老食堂，拟与其连接更新为学校食堂功能；2 号、3 号厂房为混凝土屋架两层建筑，拟更新为图书馆功能。3 处砖构烟囱均位于 1 号、2 号厂房间的室外庭院中，从西至东分别编号为①～③号烟囱。项目实景三维建模范围如图 6-17 所示。

对项目范围采用无人机采集影像，并开展空三解算，实景三维建模结果及细节如图 6-18、图 6-19 所示。

3. 实景三维模型精度评估

项目实景三维建模精度评估结果如图 6-20 所示。颜色深浅表示单个点的分辨率，以 m/pixel 为单位，最小分辨率为 0.0047 m/pixel，最大分辨率为 0.075 m/pixel。

中位数分辨率等于 0.0194 m/pixel，全局置信精度正射 GSD 优于 3.0 cm/pixel。该精度已可以满足建筑更新中的拆除、更新、再生等系列设计需求。

4. 室内外实景三维模型联合建模与翻模

通过室内外轻型无人机、微型无人机、手持 SLAM 设备的联合使用，实现了室内外模型的联合建模，在导入建模软件中实现了"如临现场"的"翻模"，为拆除、更新、再生设计提供了可靠、准确的数据指导和量算参照，减少了大量

图 6-17 项目实景三维建模范围

图 6-18 项目实景三维建模结果

图 6-19　项目实景三维建模结果细节

的重复调研工作。1 号、2 号、3 号厂房室内外联合扫描重建模型剖透视图如图 6-21 所示。

5. 大中尺度的建筑评估与拆留建方案智能评估

针对大、中尺度的城市更新片区和建筑体量评估，其核心目标是得出较为合适的建筑拆除、保留、新建、改造的结论。

而在"十四五"期间的"实施城市更新行动"政策背景下，2021 年 8 月 30 日住房城乡建设部发布了《关于在实施城市更新行动中防止大拆大建问题的通知》（建科〔2021〕63 号）文件中设定城市更新的"四道红线"，被广泛称为"城市更新 2255 政策"内容。政策内容总结如下。

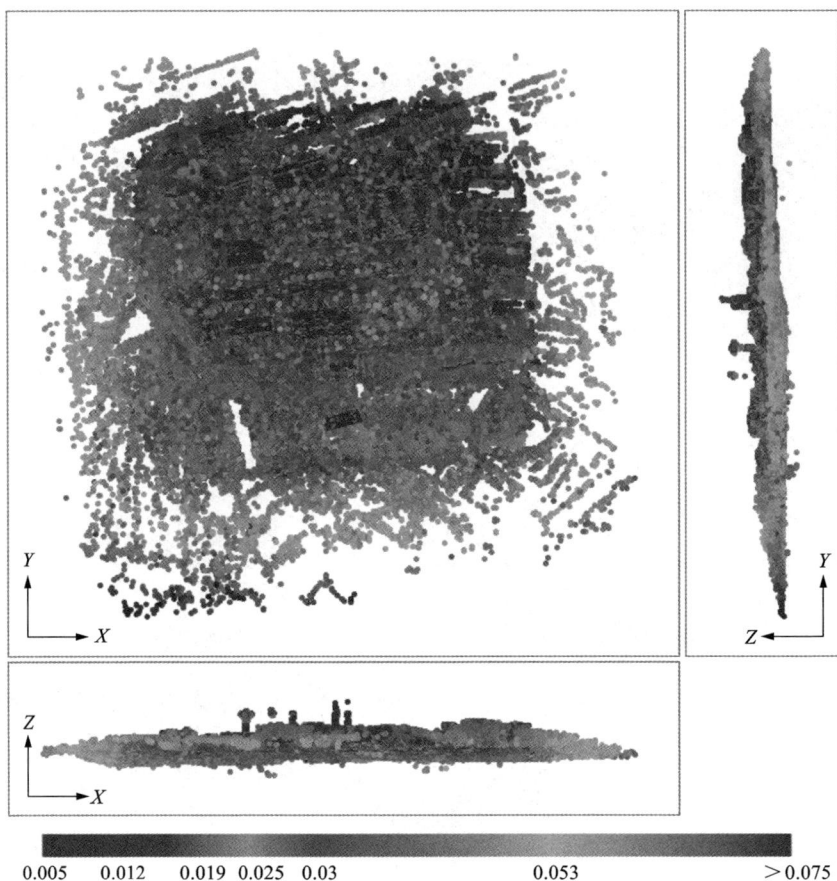

图 6-20　项目实景三维建模精度评估结果 (单位：m∕pixel)

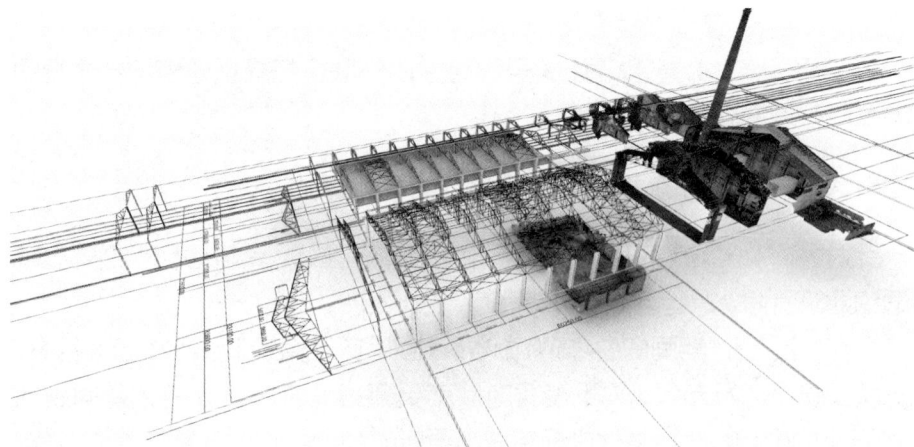

图 6-21　1 号、2 号、3 号厂房室内外联合扫描重建模型剖透视图

①原则上城市更新单元（片区）或项目内拆除建筑面积不应大于现状总建筑面积的 20%。即：拆迁率=项目拆除建筑面积/项目现状总建筑面积≤20%。

②原则上城市更新单元（片区）或项目内拆建比不应大于 2。即：拆建比=项目新建建筑面积/项目拆除建筑面积≤2。

③城市更新单元（片区）或项目居民就地、就近安置率不宜低于 50%。即：就近安置率=就地、就近安置居民户数/项目拆除总居民户数≥50%。

④城市住房租金年度涨幅不超过 5%。即：城市住房租金年度涨幅=本年度城市住房平均租金涨价幅度/上年度城市住房平均租金≤5%。

在常规的规划用地中，新建建筑面积通常也受到用地范围与容积率的共同限制，容积率上限一般由用地直接给出限定。即：容积率=项目新建建筑面积/项目用地面积。

基于动态规划与温度下降等原理，使用 Python 语言编写自动筛选算法。基于此筛分算法，可实现在拆建比、拆除率、容积率指标综合限制条件下，对拆建方案进行动态调整和规划。

例如，在某一地块内，通过测绘或者实景三维翻模建立地形图中，分别框定拟新建红线、拟新建建筑、现状红线、现状建筑、历史保护建筑（文保、历史价值建筑等）、禁止拆除建筑（近年新建筑等）、必须拆除建筑（违建、危房等）。

需要输入的建筑地形图如图 6-22 所示。

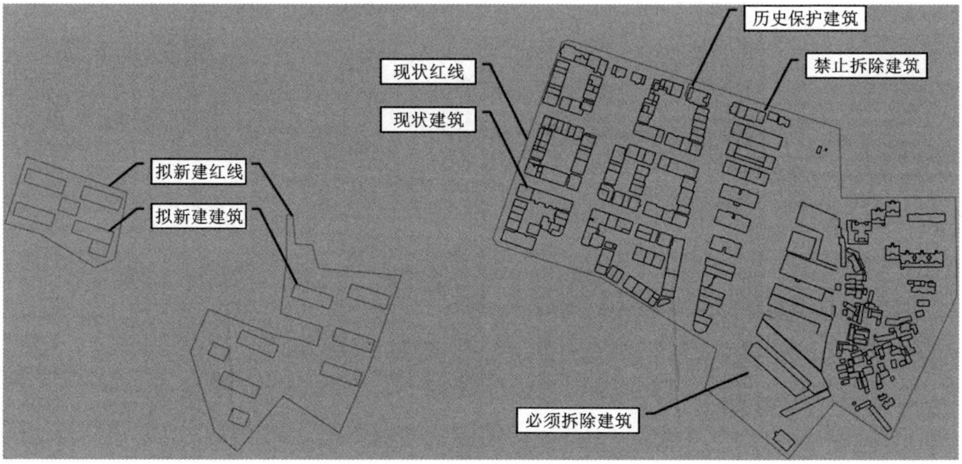

图 6-22　需要输入的建筑地形图

在自动生成同时满足拆除率、拆建比、容积率要求的拆建方案后，设计人员仍然可以根据具体建筑现场的评估结果（如现场评估危房等级、现场发现的具备历史价值的建筑等），灵活调整是否拆除建筑并强行指定，在强行指定限制的新条件下，算法同样能快速调整出满足新指定条件的拆建方案。

经算法自动生成的拆建方案如图 6-23 所示。

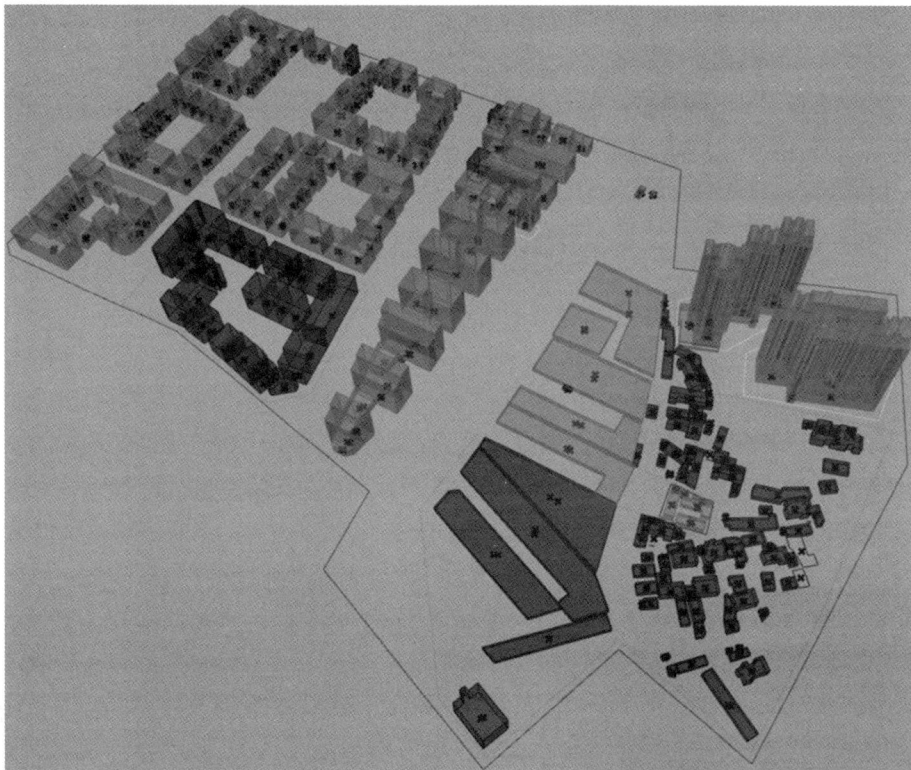

图 6-23　经算法自动生成的拆建方案（浅色为保留建筑/深色为拆除建筑）

6. 中小尺度构件的智能检测与评估

针对中小尺度的建筑体量和建筑构件评估，其核心目标是检测出不适合再服役的建筑构件或者体量。在视觉外观上，其典型表征为检测出现的裂缝、空隙。因此，在图像或者实景三维中的裂隙检测是中小尺度建筑体量和建筑构件评估的关键技术需求。

美国的 Bentley 公司在实景三维领域发展较早，其实景三维建模软件 ContextCapture（2023 年后改名为 iTwinCapture）在工程类实景三维的裂缝检测中同样存在相应需求。为此，Bentley 公司收集了大量的相关特征实景三维数据，包括航拍或地面照片、实景三维模型、激光雷达扫描点云等，并在对海量数据标签化后，预训练数据集，并生成可用于实景三维模型分析评价的检测器（detector），见表 6-5。

表 6-5　典型检测器分类对比表

名称	检测器类型	功能描述	训练数据集	分辨率/(cm·pixel^{-1})	数据集参考地域	典型应用场景
裂缝、缝隙	图像分割	检测混凝土基础设施中的裂缝，缺陷检测	无人机+手持	约 1	多地	桥梁裂缝检测、建筑构件裂缝检测等
人脸车牌	图像物体检测	检测人脸和车牌	移动测绘设备-全景	图像 N/A	西欧	自动驾驶、地图马赛克隐私保护
交通标志	图像物体检测	检测交通标志	移动测绘设备	图像 N/A	多地	交通标志检测、自动驾驶
正射裂缝	正射影像分割	检测混凝土基础设施中的裂缝，缺陷检测	无人机+手持	约 1	多地	桥梁裂缝检测、建筑构件裂缝检测等
检修孔井盖	图像物体检测	检测窨井测绘和测量	城市环境中的无人机影像	约 2	东欧	井盖检修检测
地形	点云分割	从实景三维提取地面	无人机激光/影像	70	多地	地物剥离提取地形
屋顶 A	正射影像分割	提取建筑轮廓	垂直/航空测绘相机	约 30	多地	提取建筑
屋顶 B	正射影像分割	提取建筑轮廓	垂直/航空测绘相机	约 7.5	新西兰-基督城	提取建筑

以湖南兵器工业高级技工学校更新改造为例，通过项目调研建立的实景三

维模型，调用深度学习算法，基于预训练的裂缝、缝隙图像分割检测器基准，针对湖南兵器工业高级技工学校待更新改造建筑群采集的实景三维模型开展深度学习外观裂缝检测。项目既有建筑 1 号、2 号、3 号厂房的屋顶构件外观裂缝检测结果如图 6-24 至图 6-26 所示。

图 6-24　1 号厂房构件裂缝检测结果

　　综合对比分析 1 号、2 号、3 号厂房屋顶裂缝检测结果发现，1 号厂房屋顶构件较为完好，存在 2 处裂缝漏点，2 号厂房屋顶构件存在 6 处较短裂缝，需要进一步检测，且出现了多处构件外观的直接破损，屋面整体完整性较差，3 号厂房屋顶构件存在十余处裂缝，且连续长度相对其建筑体量较长，屋面整体完整性一般，但是建筑构件裂缝严重，存在构件大面积破损风险。

图 6-25　2 号厂房构件裂缝检测结果

7. 更新策略与建议

经实景三维建模模型分析、算法综合分析拆建情况、深度学习建筑构件裂缝分析等步骤,结合现场勘察情况,为后续设计决策的拆除、保留、新建、改造等工作提供参考依据(图 6-27)。涉及建筑基本体量拆除方案的相关更新方案与策略建议如下:

拆除:拆除①号烟囱,并对②号、③号烟囱降低高度(部分拆除)。

改造:更新替换检测存在问题的建筑屋顶构件,并考虑屋顶破损导致的雨水侵蚀等负面影响,新增框架构件对内部结构强度进行加固,同时支撑原有屋

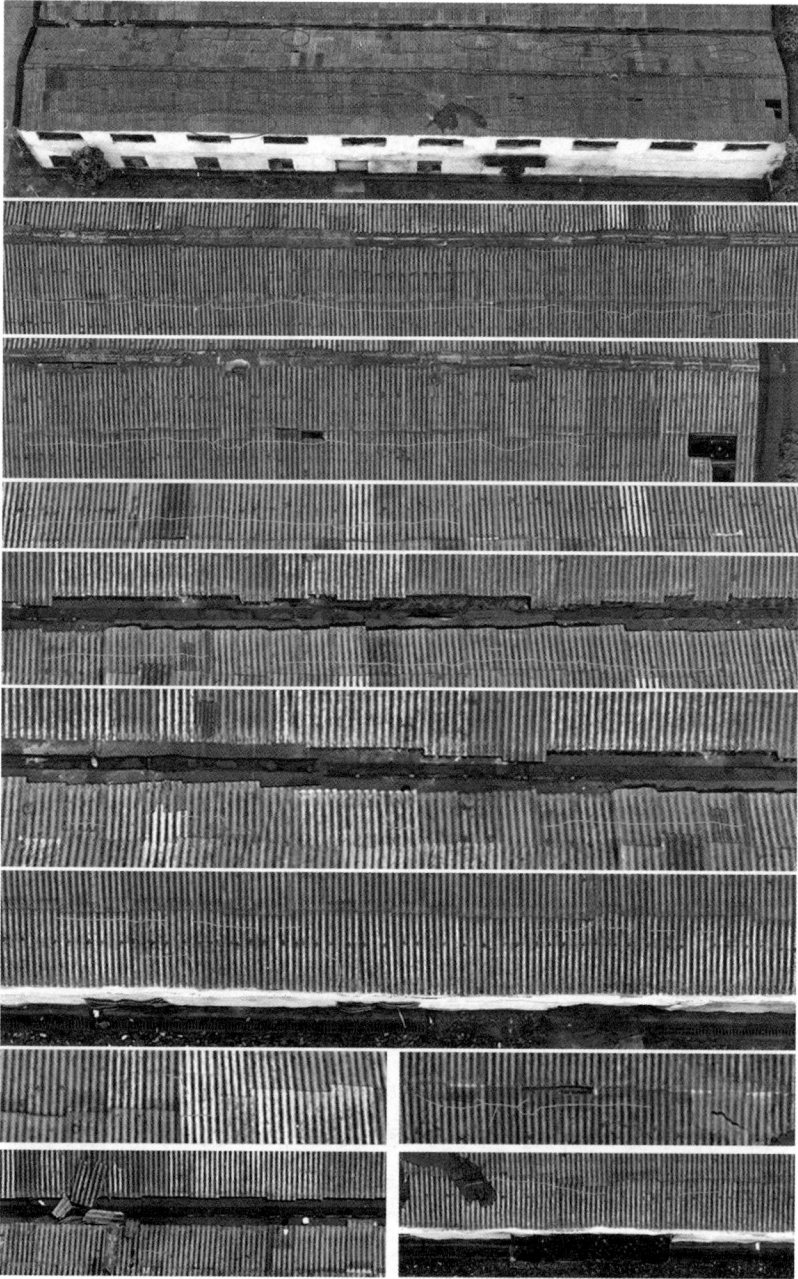

图6-26 3号厂房构件裂缝检测结果

架构件。

　　保留：保留 1 号、2 号、3 号主体厂房的主体建筑体量用于更新设计基础体量。

　　新建：新建部分建筑体量，便于设计组织建筑功能流线与功能体块。

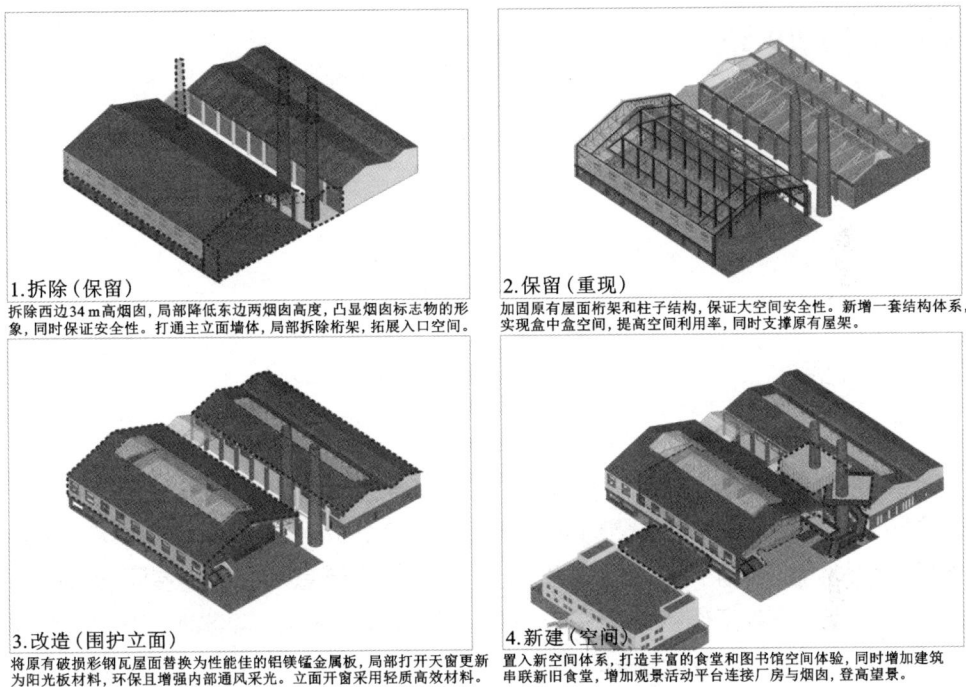

1.拆除（保留）
拆除西边 34 m 高烟囱，局部降低东边两烟囱高度，凸显烟囱标志物的形象，同时保证安全性。打通主立面墙体，局部拆除桁架，拓展入口空间。

2.保留（重现）
加固原有屋面桁架和柱子结构，保证大空间安全性。新增一套结构体系，实现盒中盒空间，提高空间利用率，同时支撑原有屋架。

3.改造（围护立面）
将原有破损彩钢瓦屋面替换为性能佳的铝镁锰金属板，局部打开天窗更新为阳光板材料，环保且增强内部通风采光。立面开窗采用轻质高效材料。

4.新建（空间）
置入新空间体系，打造丰富的食堂和图书馆空间体验，同时增加建筑串联新旧食堂，增加观景活动平台连接厂房与烟囱，登高望景。

图 6-27　基于建筑质量专项评估的再生策略中拆除、保留、新建、改造部分示意图

第 7 章

总结与展望

7.1 总结

　　本书围绕实现空间高质量发展、满足人民群众美好生活需要等重大目标，以空间再生为切入点，基于空间的提质增效、更新工作的有序开展需要，系统阐述了空间再生视角下的空间内涵。基于空间再生概念与理论发展演变、政策制度及与城市更新工作的辩证关系，阐明空间再生理论与实践研究的现实意义。在空间再生的理论内涵指导下，以数据体系为基础，构建"潜力评估−指标分析−诊断策略"的数据驱动下的研究框架，在此基础上构建评估方法、指标模型与算法体系，介绍了从评估到诊断策略制定的实践应用案例，期望解决目前我国城市发展速度与质量失衡、城市治理支撑力不足等问题。本书是兼具理论及实践意义的专著，具有较高的实用性，期待相关研究成果能够使更多从事规划建筑的同行受益，促进我国城市更新领域的深入研究和创新应用，推动城镇社区空间的可持续发展。

7.2 展望

　　在城市高质量发展中，空间再生是制定空间政策与策略的重要理论支撑和方法。在城市更新领域，国内外都有通过空间的"再生"实现土地价值与城市活力"再创造"的成功经验，但也有相当规模的城镇受到经济动能、发展水平等因素制约，陷入空间衰败的"泥潭"而难以前行。在城市更新背景下，如何高质量、健康有序地推动城市空间再生仍然是一项艰巨的工作。

1. 引入时空、多维、动态的空间再生观念

空间再生是空间伴随时间持续演变的结果，其目标导向随着时代的变迁而变化，同时，参与更新的主体所追求的价值差异也会产生新的空间内容需求的差异，这种差异在城镇社区空间中更加明显，需要在开展更新工作时秉承时空及多元平衡的观念。首先，空间再生的目标并非一成不变，而是随着时代的变迁而不断调整的。在这个动态的过程中，需要紧跟时代的步伐，不断更新观念，明确未来的发展方向。这要求在进行空间再生时，充分考虑到未来社会的需求和发展趋势，制定出符合时代要求的空间再生策略。

从空间再生演进的历史来看，由于在不同时代、不同地域的不同群体对空间发展的诉求呈现出多样化的趋势，需要在制定再生策略前开展广泛、全面的社会调研工作，这包括对社会空间结构、社会经济发展状况、居民生活需求等方面的深入分析和研究，以及对开发运营过程中的社会风险影响进行全面评估。通过这些研究，可以更加准确地把握空间再生的潜力和权衡利弊，为社区空间的再生提供有力支持。在未来的研究中，可以进一步纳入社区规划工作内容，强化对微观层面的社区生活的关注，保障居民利益。社区空间的微观层面是与空间再生有关"人"的活动基础，其更新改造对于提升居民的满意度、幸福感具有重要意义。此外，强化多元治理机制，促进政府、开发商和居民之间的交流与协作，从而更清晰地确定更新方向，确保社区相关利益群体和公众利益的最大化。

2. 适应制度化、精简化、标准化、智能化的趋势

城市体检作为住房城乡建设部连续三年推动的工作任务，与实施城市更新行动的路径一起对促进人居环境高质量发展发挥了重要作用，也越来越受到地方政府、学界的关注与重视。本书所倡导的社区空间的再生诊断评估作为城市体检在中微观层面的补充与完善。为了不断推进空间体检诊断工作的优化和完善，面向空间治理的体检诊断应当不断提高其制度化、精简化、标准化和智能

化的程度，从而全面提升工作效率，推动空间治理体系和治理能力的进一步提高。展望未来，体检诊断工作作为促进城镇可持续发展的重要工具，将在精细化管理和智能化升级上迈出更加坚实的步伐。随着大数据、云计算、人工智能等技术的深入应用，体检诊断工作将实现更加精准的数据收集、分析和预测，为城市管理者提供更为科学、高效的决策支持。本书认为，未来城市体检工作将在制度化、精简化、标准化和智能化这四个方面持续优化，推动空间治理体系和治理能力的全面提升。

首先，制度化将确保体检诊断工作的规范性和连续性。通过制定和完善相关法律法规、政策文件和操作指南，建立城市—片区（社区）多层级的体检评估体系，明确各层级目标、职责分工、实施步骤和评估标准，形成一套完整的工作体系。这将使体检诊断工作更加系统、有序，确保各项任务得到有效落实。

其次，精简化用于提高体检诊断工作的效率和效果。通过优化工作流程、简化操作程序、减少冗余环节，降低城市体检工作的复杂性和难度，同时，加强跨部门、跨领域的协作和配合，形成工作合力，提高体检诊断工作的整体效能。

再次，标准化是体检诊断工作的重要支撑。通过制定统一的数据标准、评估标准和操作规范，确保体检诊断工作的结果具有可比性和可复用性。这将有助于不同地区、不同城市、不同社区之间的交流和借鉴，推动体检诊断成果的共享。

最后，智能化是体检诊断工作未来的发展趋势。利用物联网、遥感、无人机等先进技术，实现对城市空间、社区空间的实时监测和动态评估。通过自动化设备和系统，实现数据的自动采集、处理和分析，减少人工干预和错误，保障体检诊断工作过程及结果的客观性、可靠性。

3. 应对风险，构建"体检—诊断—设计—再评估"动态工作机制

构建"体检—诊断—设计—再评估"的空间再生动态工作机制，对于推动更新规划、再生设计工作的科学化、规范化以及对保障城市更新项目实施、防范风险具有重要意义。这一机制通过循环往复的过程，确保更新工作能够持续不断地进行优化和调整，以应对复杂多变的环境和挑战。在动态工作模式下，融合多方参与和反馈调整机制，有助于增强工作的透明度和民主性，促进各方利益的协调与平衡。

　　本书所倡导的是一种空间再生动态工作机制，各阶段各有侧重、相互衔接、共同协作，以高效应对更新过程中的复杂困境与多样挑战。在体检阶段，侧重于全面而精准的数据收集与分析，以揭示空间现状的真实面貌、识别潜在问题并准确把握发展需求。这一阶段的努力为后续工作奠定了坚实的基础，明确了方向，有的放矢。进入诊断阶段，则侧重对评估结果的深度剖析，探究问题背后的根源与成因，识别风险点。通过多学科交叉的综合分析，提出具有前瞻性的见解，为后续设计方案的制订提供强有力的支撑。在设计阶段，依据评估与诊断的结论，侧重构建具有创新性和可实施性的空间再生方案。此阶段不仅关注物理空间的优化与重塑，还重视功能布局、文化传承、生态环境等多方面的和谐共生，力求实现空间价值的最大化。而再评估阶段，则是对设计实施效果的全面审视与反馈。此阶段侧重验证设计方案的可行性和有效性，及时发现并调整实施过程中出现的偏差与不足。通过持续的监测与评估，确保空间再生工作的顺利进行并不断优化提升。总之，空间再生动态工作机制在各阶段上各有侧重，但相互衔接、相互支撑，共同构成了一个高效运转的系统。

　　随着中国社会经济步入以更新模式为主的新发展阶段，发展的不确定性日益凸显，这迫切要求加强对风险的全面管控，强调对既有制度与方法的灵活且持续的动态调整。在此背景下，"评估—诊断—设计—再评估"这一循环往复的动态工作机制，将展现出其在应对复杂多变挑战时的适应性和韧性。通过调整机制，不断迭代优化更新工作，确保每一步都紧密贴合实际需求，有效识别潜在风险，精准制定解决方案，并在实施后通过再评估进行反馈调整，从而形成一个闭环的、自我完善的系统，为城镇社区空间的健康有序再生、可持续发展提供坚实保障。

参考文献

[1] 刘奕, 望开磊, 江飙. 城市更新的数字化思索[J]. 华中建筑, 2023, 41(5): 172-177.

[2] 张鹏. 南昌市农贸市场空间活力提升策略研究[D]. 南昌: 江西财经大学, 2022.

[3] 陆佳, 冯玉蓉, 张耘逸. 从年度体检到动态把脉: 城市体检评估的常态化、智能化路径[J]. 上海城市规划, 2022(1): 32-38.

[4] 董昕. 我国城市更新的现存问题与政策建议[J]. 建筑经济, 2022, 43(1): 27-31.

[5] 刘伯霞, 刘杰, 王田, 等. 国外城市更新理论与实践及其启示[J]. 中国名城, 2022, 36(1): 15-22.

[6] 袁云飞, 岳晓琴. 容积率管控思维下多元利益平衡更新策略研究——以佛山市某村更新改造为例[C]//中国城市规划学会, 成都市人民政府. 面向高质量发展的空间治理——2021中国城市规划年会论文集(02城市更新). 广州: 广州市城市规划设计有限公司, 2021: 9.

[7] 刘佳燕, 陈思羽, 李宜静. 面向可持续高质量发展的城市社区体检指标体系构建与实践[J]. 北京规划建设, 2023(2): 32-40.

[8] 刘伯霞, 刘杰, 王田, 等. 我国城市更新存在的问题与对策探析[J]. 城乡建设, 2021(15): 66-68.

[9] 马佳丽, 王汀汀, 杨翔. 城市更新概要和投融资模式探索[J]. 中国投资(中英文), 2021(Z7): 37-40.

[10] 钱固. 多元数据支持下的老旧小区更新潜力评估研究[D]. 苏州: 苏州科技大学, 2021.

[11] 尚嫣然, 赵霖, 冯雨, 等. 国土空间开发保护现状评估的方法和实践探索——以江西省景德镇市为例[J]. 城市规划学刊, 2020(6): 35-42.

[12] 石晓冬, 杨明, 金忠民, 等. 更有效的城市体检评估[J]. 城市规划, 2020, 44(3): 65-73.

[13] 褚铮. 新发展理念下雄安新区土地集约利用评价及潜力分析研究[D]. 石家庄：河北地质大学，2019.

[14] 李欣，于忠海，邵飞. 基于时空大数据的济南市城市体检初探[J]. 城市勘测，2019(5)：39-41，46.

[15] 郑晨. 基于遥感的城市人居环境适宜性综合评价研究[D]. 重庆：重庆师范大学，2019.

[16] 张莉. 不同经济发展水平地区开发区土地集约利用时空差异及其影响因素研究[D]. 福州：福建农林大学，2018.

[17] 刘飞. 上海开发区土地集约利用评价研究[D]. 上海：华东理工大学，2018.

[18] 葛爱霞. 基于大数据集成的顺德区"三旧"改造模式研究[D]. 广州：华南农业大学，2017.

[19] 王景丽. 开放大数据支持下的城市更新改造潜力评价研究[D]. 广州：华南农业大学，2017.

[20] 王彬武. 老旧小区有机更新的政策法规研究[J]. 中国房地产，2016(9)：57-66.

[21] 温宗勇. 北京"城市体检"的实践与探索[J]. 北京规划建设，2016(2)：70-73.

[22] 何靖. 城市危旧房改造中的政民互动研究[D]. 苏州：苏州大学，2016.

[23] 解瑶，张军民，单建树. 近五年我国城市总体规划实施评估研究综述[J]. 上海城市规划，2015(6)：21-26.

[24] 李迅，刘琰. 低碳、生态、绿色——中国城市转型发展的战略选择[J]. 城市规划学刊，2011(2)：1-7.

[25] 黄静，王诤诤. 上海市旧区改造的模式创新研究：来自美国城市更新三方合作伙伴关系的经验[J]. 城市发展研究，2015，22(1)：86-93.

[26] 黄小兵. 城中村可持续再生途径研究——以佛山市为例[D]. 北京：北京大学，2006.

[27] 王浩然. 基于仿生思维的城市空间形态研究[D]. 天津：河北工业大学，2015.

[28] 张乐敏，张若曦，黄宇轩，等. 面向完整社区的城市体检评估指标体系构建与实践[J]. 规划师，2022，38(3)：45-52.

[29] 韩梦. 城镇化下我国北方省份集中供热耗煤预测及节能潜力分析[D]. 徐州：中国矿业大学，2014.

[30] 宋立焘. 当前中国城市更新运行机制分析[D]. 济南：山东大学，2013.

[31] 邓堪强. 城市更新不同模式的可持续性评价[D]. 武汉：华中科技大学，2011.

[32] 中华人民共和国住房和城乡建设部，中华人民共和国国家发展和改革委员会，中华人民共和国财政部，等. 关于推进城市和国有工矿棚户区改造工作的指导意见[J]. 中国勘察设计，2010(2)：10-12.

[33] 段临湘. 长沙城市更新的时空特征及调控机理 [D]. 长沙：湖南师范大学，2009.

[34] 杜福昌. 旧区改造过程中资金运作机制研究 [D]. 上海：复旦大学，2009.

[35] 张平宇. 城市再生：我国新型城市化的理论与实践问题 [J]. 城市规划，2004（4）：25–30.

[36] 朱东恺. 水利水电工程移民制度研究 [D]. 南京：河海大学，2005.

[37] 徐可，孙伟君，李芳亚，等. 基于通用分布与经济差异性的风电场概率建模方法及设备 [P]. 湖北省：CN202311449895.2，2023–12–22.

[38] 孙颖华. 基于空间句法理论的城中村公共空间更新设计研究 [D]. 包头：内蒙古科技大学，2023.

[39] 杜海龙. 国际比较视野中我国绿色生态城区评价体系优化研究 [D]. 济南：山东建筑大学，2020.

[40] 高聚辉. 棚户区改造：助力新型城镇化提速房产去库存 [J]. 住宅与房地产，2016（20）：33–36.

[41] 黄云凤，张项童，崔胜辉，等. 绿色城市评价指标体系的构建与权重 [J]. 环境科学学报，2020，40（12）：4603–4612.

[42] 邹邦涛. 城市更新–济南花园小区一区更新改造设计研究 [D]. 济南：山东建筑大学，2023.

[43] 张更立. 走向三方合作的伙伴关系：西方城市更新政策的演变及其对中国的启示 [J]. 城市发展研究，2004（4）：26–32.

[44] 本刊记者. 发挥公共财政职能加强房地产市场调控——财政部部长助理王保安谈财政推进棚户区改造和促进房地产市场平稳健康发展有关情况 [J]. 中国财政，2010（3）：19–20.

[45] 中央地方政策密集出台，城市更新将上升为国家战略 [EB/OL].（2021–03–22）[2024–03–19]. https://www.thepaper.cn/newsDetail_forward_11827744.

[46] 何珂. 老旧小区改造提速"老居民"乐享"新生活" [N]. 安徽日报，2021–01–4（09）.

[47] 成都市规划和自然资源局. 识别发展短板，强化战略预判 [N]. 中国自然资源报，2020–04–09（03）.

[48] 夏超，刘立武，李仁旺，等. 新时期老城区"城市双修"及控规的联合编制及实施路径探索——以祁东老城区"城市双修"及控制性详细规划为例 [C]//中国城市规划学会，成都市人民政府. 面向高质量发展的空间治理——2021 中国城市规划年会论文集（02 城市更新）. 长沙：湖南省建筑设计院有限公司，2021：13.

[49] 中华人民共和国国民经济和社会发展第十四个五年规划和 2035 年远景目标纲要 [EB/OL].（2021–03–13）[2024–03–17]. https://www. gov. cn/xinwen/2021–03/

13/content_5592681. htm.

[50] 国家发展改革委关于印发《2021 年新型城镇化和城乡融合发展重点任务》的通知 [EB/OL].（2021 - 04 - 13）[2024 - 03 - 19]. https：//www. gov. cn/zhengce/zhengceku/ 2021-04/13/content_5599332. htm.

[51] 住房和城乡建设部办公厅关于印发城镇老旧小区改造可复制政策机制清单（第四 批）的通知[EB/OL].（2021 - 11 - 23）[2024 - 03 - 19]. https：//www. gov. cn/zhengce/ zhengceku/2021-11/23/content_5652952. htm.

[52] 何必, 朱江, 万继昌, 等. 一种城镇老旧小区改造用垃圾搬运装置[P]. 山东省: CN214454006U, 2021-10-22.

[53] 城乡建设杂志社. 2021 年城乡建设 Top10 热点回顾[J]. 城乡建设, 2022(4)：10-35.

[54] 住房城乡建设部：新开工改造城镇老旧小区完成全年目标任务[EB/OL].（2021 - 11 - 26）[2024 - 03 - 19]. https：//www. gov. cn/xinwen/2021 - 11/26/content_ 5653621. htm.

[55] 省部合作共同推动广东建设节约集约用地试点示范省[EB/OL].（2008 - 12 - 22）[2024-03-19]. https：//www. gd. gov. cn/gdywdt/tzdt/content/post_66494. html.

[56] 赵康琪, 曾鹏, 李晋轩. 城市更新治理中的机构设置与政府角色初探——以广州和台 北为例[C]//中国城市规划学会, 成都市人民政府. 面向高质量发展的空间治理—— 2020 中国城市规划年会论文集（02 城市更新）. 天津大学建筑学院; 天津大学城乡规 划系, 2021：10.

[57] 简敏菲, 张晨, 吴希恩, 等. 一种生态环境水质检测装置[P]. 江西省: CN202022974025. 5, 2021-11-26.

[58] 关于加快推进"三旧"改造工作的意见[EB/OL].（2010 - 01 - 15）[2024 - 03 - 19]. https：//www. gz. gov. cn/zwgk/fggw/szfwj/content/post_2833198. html.

[59]《广东省人民政府关于深化改革加快推动"三旧"改造促进高质量发展的指导意见》解 读广东省人民政府门户网站[EB/OL].（2019 - 09 - 04）[2024 - 03 - 19]. https：//www. gd. gov. cn/zwgk/gongbao/2019/25/content/post_3366456. html.

[60] 朱柯松. 城市更新背景下徐州市政道路养护市场化管理模式及效果评估研究[D]. 石 家庄：河北地质大学, 2022.

[61] 时静怡. 河南省县域土地利用效率时空演化及影响因素研究[D]. 郑州：郑州大 学, 2023.

[62] 戴运来, 董寰. 基于社区自组织机制的社区规划研究——以"高线之友"为例[C]//中 国城市规划学会, 成都市人民政府. 面向高质量发展的空间治理——2021 中国城市规 划年会论文集（19 住房与社区规划）. 长沙：中南大学, 2021：7.

［63］ 广东省住房和城乡建设厅关于申报广东省人居环境建设研究中心的通知［EB/OL］.（2021－06－22）［2024－03－19］. https：//zfcxjst. gd. gov. cn/gkmlpt/content/3/3326/post_3326848. html#3846.

［64］ 汪霏霏. 人民城市理念下文旅产业赋能城市更新的机理和路径研究［J］. 东岳论丛，2023，44（5）：174－181.

［65］ 李雨维. 设区的市立法"城区"化现象成因及规制探析［J］. 中国法治，2023（9）：52－57.

［66］ 广东省自然资源厅关于开展国土空间规划城市体检评估有关工作的通知［EB/OL］.（2021－06－15）［2024－03－19］. http：//nr. gd. gov. cn/zwgknew/tzgg/tz/content/post_3319665. html.

［67］ 王铭君. 城市土地扩张形态、扩张质量及协调性研究［D］. 武汉：华中科技大学，2022.

［68］ 范逢春，周淼然. 撤县设市政策的变迁：历程、逻辑与展望——基于历史制度主义的分析［J］. 北京行政学院学报，2021（5）：64－71.

［69］ 杜丽娟. 城市更新有望成为建筑业未来蓝海［EB/OL］.（2023－06－27）［2024－03－19］. https：//baijiahao. baidu. com/s？id＝1769856031466300755&wfr＝spider&for＝pc.

［70］ 徐佩玉. 什么是城市更新？包含老旧小区改造等一系列惠民工程［EB/OL］.（2021－04－14）［2024－03－19］. https：//m. gmw. cn/baijia/2021－04/14/34762628. html.

［71］ 秦玉欢，刘伟，叶胜军. 一种基于城市老旧小区改造的违建采集分类方法［P］. 安徽省：CN115796550A，2023－03－14.

［72］ 市政府办公室关于印发泰州市区停车设施规划建设管理实施方案的通知［EB/OL］.（2023－09－19）［2024－03－19］. https：//www. taizhou. gov. cn/zfxxgk/fdzdgknr/zcwj/qtwj/szfbwj/art/2022/art_15a162f01020474daea4ce906157fcae. html.

［73］ "十四五"规划《纲要》名词解释之138｜城市更新行动［EB/OL］.（2021－12－24）［2024－03－19］. https：//www. ndrc. gov. cn/fggz/fzzlgh/gjfzgh/202112/t20211224_1309402. html.

［74］ 国家发展改革委住房和城乡建设部关于：加强城镇老旧小区改造配套设施建设［EB/OL］.（2021－09－07）［2024－03－19］. https：//m. gmw. cn/baijia/2021－09/07/1302559502. html.

［75］ 高磊. 兰州玉特公司商业地产业务竞争战略研究［D］. 兰州：兰州大学，2023.

［76］ 蒋萍浪. 低碳理念下现代物流园区规划设计研究［D］. 西安：西安建筑科技大学，2014.

［77］ 梁少洁. 西安市高新区商品住区建成环境调查研究（2000—2010）［D］. 西安：西安建筑科技大学，2015.

[78] 国家发展改革委办公厅关于总结推广加强城镇老旧小区改造资金保障典型经验的通知[EB/OL].（2021-10-24）[2024-03-19]. https：//www. gov. cn/zhengce/zhengceku/2021-10/24/content_5644576. htm.

[79] 住房和城乡建设部办公厅关于印发城镇老旧小区改造可复制政策机制清单（第二批）的通知[EB/OL].（2021-02-08）[2024-03-19]. https：//www. mohurd. gov. cn/gongkai/zhengce/zhengcefilelib/202102/20210208_249113. html.

[80] 秦虹. 科学改造让小区旧貌换新颜（观点）[EB/OL].（2022-06-15）[2024-03-19]. http：//world. people. com. cn/n1/2022/0615/c1002-32446456. html.

[81] 王青青. "精明增长"视野下的城市废旧铁路更新改造设计策略研究[D]. 青岛：青岛理工大学，2022.

[82] 刘红伟. 城市更新，永远在路上——住建部副部长黄艳谈城市更新热点问题[J]. 中国勘察设计，2021（10）：8-9.

[83] 住房和城乡建设部关于在实施城市更新行动中防止大拆大建问题的通知[EB/OL].（2021-08-31）[2024-03-19]. https：//www. gov. cn/zhengce/zhengceku/2021-08/31/content_5634560. htm？eqid=bb4b4f80001508e7000000026476d0ce.

[84] 积极引导社会资本参与城镇老旧小区改造[EB/OL].（2020-12-31）[2024-03-19]. https：//www. sohu. com/a/431220825_115495.

[85] 刘红伟，张颖. 城乡建设中亟待加强历史文化保护传承——住房和城乡建设部相关负责人回应社会关注热点问题[J]. 中国勘察设计，2021（11）：10-14.

[86] 王怡纯. 无锡市城市慢行系统设计研究[D]. 杨凌：西北农林科技大学，2020.

[87] 谭琳越. 城市更新改造融资模式研究——以 B 区 M 项目为例[D]. 武汉：湖北工业大学，2024.

[88] 李佳慧. 西安老旧街区街巷空间气候设计研究[D]. 西安：西安建筑科技大学，2022.

[89] 陈琳童，黄铎. 完整社区理念下的老旧小区改造理论框架研究[C]//中国城市规划学会，成都市人民政府. 面向高质量发展的空间治理——2021 中国城市规划年会论文集（19 住房与社区规划）. 华南理工大学，2021：9.

[90] 住房和城乡建设部办公厅关于开展第一批城市更新试点工作的通知[EB/OL].（2021-11-06）[2024-03-19]. https：//www. gov. cn/zhengce/zhengceku/2021-11/06/content_5649443. htm？eqid=9a23cfc4002e4171000000046464859a.

[91] 于天奇. 基于 ANP-FCE 模型的老旧小区改造项目风险评价研究[D]. 济南：山东建筑大学，2022.

[92] 王登海，夏晨翔. 城市更新行动再提速[N]. 中国经营报，2022-11-14（B15）.

[93] 张恒. 城市更新项目投资决策综合性咨询业务流程再造研究[D]. 天津：天津理工大

学，2023.

[94] 住房和城乡建设部办公厅关于印发实施城市更新行动可复制经验做法清单（第一批）的通知[EB/OL].（2022-12-03）[2024-03-19]. https://www.gov.cn/zhengce/zhengceku/2022/12/03/content_5730064.htm.

[95] 黄永旭.有序推进城市更新坚持"留改拆"并举[N].中国经营报，2023-07-17（B10）.

[96] 王丽.黄河流域陕西段典型煤矿区生态环境承载力分析[J].能源与环保，2023，45（9）：44-49.

[97] 夏晨翔.城市更新跑出"加速度"[N].中国经营报，2022-06-06（B11）.

[98] 市政府办公厅关于加快推进棚户区（危旧房）改造货币化安置的意见[EB/OL].（2016-09-13）[2024-03-20]. https://www.nanjing.gov.cn/zxfwn/ztfw/zf/zcxx_74507/201810/t20181022_573213.html.

[99] 王婷君.如何平衡风貌保护、有机更新和民生改善三者关系？徐汇这样做~[EB/OL].（2020-10-09）[2024-03-20]. https://sghexport.shobserver.com/html/baijiahao/2020/10/08/274795.html.

[100] 上海市人民政府印发《关于坚持留改拆并举深化城市有机更新进一步改善市民群众居住条件的若干意见》的通知[EB/OL].（2017-11-28）[2024-03-21]. https://www.shanghai.gov.cn/nw41430/20200823/0001-41430_54258.html.

[101] 河南省人民政府办公厅关于推进城镇老旧小区改造提质的指导意见[EB/OL].（2020-01-13）[2024-03-21]. https://www.henan.gov.cn/2020/01-13/1245710.html.

[102] 四川省人民政府办公厅关于全面推进城镇老旧小区改造工作的实施意见[EB/OL].（2022-10-31）[2024-03-21]. https://www.sc.gov.cn/10462/c103046/2020/9/28/4ef2baa39aa8448d986d0b59fa30d2f5.shtml.

[103] 李吉墉，杨智怡，陈威.城镇低效用地概念框架及评价方法探析——国土空间背景下的地方实践[C]//中国城市规划学会，成都市人民政府.面向高质量发展的空间治理——2021中国城市规划年会论文集（02城市更新）.珠海市规划设计研究院城市设计所；珠海市规划设计研究院，2021：10.

[104] 黄梅.基于建筑材料本土化的甘南低碳生态小城镇规划研究[D].西安：西安建筑科技大学，2014.

[105] 徐卓，刘果.我国既有居住建筑节能改造研究演化——基于CiteSpace的可视化分析[J].项目管理技术，2023，21（6）：96-100.

[106] 朱秀，黄宇，黎云飞，等.基于规划信息平台的城市体检评估系统构建[C]//中国城市规划学会城市规划新技术应用学术委员会.创新技术·赋能规划·慧享未来——2021年中国城市规划信息化年会论文集.武大吉奥信息技术有限公司，2021：8.

[107]国务院办公厅印发《关于全面推进城镇老旧小区改造工作的指导意见》[EB/OL].
 （2020 - 07 - 21）[2024 - 03 - 21]. https：//www. mohurd. gov. cn/xinwen/gzdt/202007/
 20200721_246424. html.

[108]刘思羽. 韧性城市视角下老旧小区外部空间改造设计——以大连市为例[D]. 大连：大
 连理工大学，2023.

[109]陈云天. 基于时空立方体的南昌市房价时空分布特征分析[J]. 江西科学，2019，
 37（3）：371-377.

[110]李世昌. 一种适用于旧楼改造的楼外电梯系统[P]. 黑龙江省：CN218024846U，
 2022-12-13.

[111]云南省人民政府办公厅关于印发云南省高质量推进城镇老旧小区和城中村改造升级
 若干政策措施的通知[EB/OL].（2022 - 02 - 14）[2024 - 03 - 21]. https：//www. yn.
 gov. cn/zzms/zxwj/202202/t20220214_236238. html.

[112]李露霖，郭小东. 面向治理现代化的老旧住区防灾减灾策略[C]//中国城市规划学会，
 成都市人民政府. 面向高质量发展的空间治理——2021 中国城市规划年会论文集
 （01 城市安全与防灾规划）. 北京：北京工业大学城市建设学部，2021：13.

[113]陈铮一. 老旧小区环境综合整治网络的可持续性评估研究[D]. 南京：东南大
 学，2020.

[114]杭州市人民政府办公厅关于印发杭州市老旧小区综合改造提升工作实施方案的通知
 [EB/OL].（2019 - 08 - 28）[2024 - 03 - 21]. https：//www. hangzhou. gov. cn/art/2019/8/
 28/art_1684095_6637. html.

[115]程鹏宇，杭建宣，田兰芳. 老旧小区换新颜杭州全面启动老旧小区综合改造提升
 2022 年底计划改造约 950 个[EB/OL].（2019 - 08 - 17）[2024 - 03 - 21]. https：//
 appm. hangzhou. com. cn/article_pc. php？id＝280806.

[116]台州市人民政府办公室关于推进全市城镇老旧小区改造工作的实施意见[EB/OL].
 （2020 - 05 - 26）[2024 - 03 - 21]. https：//www. zjtz. gov. cn/art/2020/5/26/art_
 1229564401_1107206. html.

[117]郑州市人民政府关于印发郑州市老旧小区整治提升工作实施方案的通知[EB/OL].
 （2019-04-03）[2024-03-21]. https：//public. zhengzhou. gov. cn/10BCZ/294345. jhtml.

[118]张陆阳. 上海旧城工人社区居住空间非正规加建模式研究[D]. 上海：上海交通大
 学，2016.

[119]宋关福，陈勇，罗强，等. GIS 基础软件技术体系发展及展望[J]. 地球信息科学学报，
 2021，23（1）：2-15.

[120]廖雪梅，肖福燕. 重庆将从 5 个方面推进城市更新[EB/OL].（2020-09-10）[2024-

03-21]. https://www. cqrb. cn/content/2020-09/10/content_272082. htm.

[121]重庆城市更新资源信息平台[EB/OL]. (1995-02-02)[2024-03-22]. https://cqchengshigengxin. com/csgx/zcyw/zcxq/11aec6ff506a4862983cf5b4120b7a68.

[122]胡荣煌, 孙晶. 城市更新片区 POR 更新模式探索——以长沙为例[C]//中国城市规划学会, 成都市人民政府. 面向高质量发展的空间治理——2021 中国城市规划年会论文集(02 城市更新). 长沙: 长沙市规划勘测设计研究院, 2021: 9.

[123]2021 上半年城市更新发展政策篇总结与展望[EB/OL]. (2021-07-26)[2024-03-22]. https://www. sohu. com/a/479562412_120653504.

[124]李娟, 张晓蕾. 城镇低效用地再开发的土地市场调控建议初探[J]. 上海房地, 2014(7): 34-35.

[125]关于印发汕头市节约集约用地试点示范工作实施方案的通知[EB/OL]. (2009-05-14)[2024-03-22]. https://www. shantou. gov. cn/gkmlpt/content/0/826/post_826410. html#59.

[126]住房和城乡建设部[EB/OL]. (2021-04-30)[2024-03-22]. https://www. mohurd. gov. cn/gongkai/zhengce/zhengcefilelib/202104/20210430_250011. html.

[127]赵剑影, 施歌. 城市体检, 推动城市高质量发展[EB/OL]. (2020-07-07)[2024-03-22]. http://www. xinhuanet. com/politics/2020-07/07/c_1126203925. htm.

[128]周燕娜, 李明超, 陈俊男. 建没有"城市病"的城市: "城市体检"推动城市高质量发展[EB/OL]. (2021-02-08)[2024-03-22]. http://www. urbanchina. org/content/content_7908791. html.

[129]徐钰清, 罗佳, 刘世晖, 等. 特色中小城市体检与更新联动工作探索——以景德镇市为例[J]. 城市发展研究, 2023, 30(5): 34-38.

[130]杨婕, 柴彦威. 城市体检的理论思考与实践探索[J]. 上海城市规划, 2022(1): 1-7.

[131]陈萍萍. 上海城市功能提升与城市更新[D]. 上海: 华东师范大学, 2006.

[132]连玮. 国土空间规划的城市体检评估机制探索——基于广州的实践探索[C]//中国城市规划学会, 重庆市人民政府. 活力城乡美好人居——2019 中国城市规划年会论文集(14 规划实施与管理). 广州: 广州市城市规划编制研究中心, 2019: 9.

[133]杨梦琪. 青海省黑马河镇城镇体检研究[D]. 西安: 西安建筑科技大学, 2022.

[134]赵民, 张栩晨. 城市体检评估的发展历程与高效运作的若干探讨——基于公共政策过程视角[J]. 城市规划, 2022, 46(8): 65-74.

[135]刘倩. 住建部: 我国基本建立城市体检制度今年样本城市数扩大至 59 个[EB/OL]. (2021-04-30)[2024-03-22]. https://3w. huanqiu. com/a/24d596/42vzXBYXuei.

[136]王建明. 西安市暴雨内涝灾害风险评估及韧性策略研究[D]. 西安: 西北大学, 2021.

［137］龚璇.探究绿色建筑工程体系中已有建筑物保健与诊治［J］.民营科技,2012
（11）：312.

［138］习近平论社会主义生态文明建设（2020 年）［EB/OL］.（2020－12－22）［2024－03－
22］.https：//www.eco.gov.cn/news_info/41930.html.

［139］同济大学建筑与城市规划学院论坛,CAUP.NET.关于城市体检评估-规划热点与新知
［EB/OL］.（2020－12－31）［2024－03－01］.http：//bbs.caup.net/read－htm－tid－
171609－page-1.html.

［140］一文读懂棚改、旧改、城市更新全系列［EB/OL］.（2020－12－31）［2024－03－01］.
https：//www.sohu.com/a/412810556_100117214.

［141］杜栋.城市"病"、城市"体检"与城市更新的逻辑［J］.城市开发,2021（20）：18－19.

［142］李慧娴.进一步激活房地产市场让不动产合理"动起来"［J］.中国商人,2023（7）：
132－133.

［143］城市体检评估成果交流：北京篇［EB/OL］.（2020－06－25）［2024－03－22］.https：//
www.163.com/dy/article/FFU93QUR0521C7DD.html.

［144］伍毅敏,杨明,彭珂,等.北京城市体检评估机制的若干创新探索与总结思考［J］.城
市与区域规划研究,2020,12（1）：193－205.

［145］廖开怀,蔡云楠.近十年来国外城市更新研究进展［J］.城市发展研究,2017,
24（10）：8.

［146］芸小乎.城市体检评估成果大汇集——上篇［EB/OL］.（2020－12－11）［2024－03－
22］.https：//zhuanlan.zhihu.com/p/333241965.

［147］张萌.县级国土空间规划实施评估实证与评估体系构建研究［D］.杭州：浙江大
学,2020.

［148］石晓冬,杨明,金忠民,等.专家观点讨论：关于城市体检评估［EB/OL］.（2020－
07－11）［2024－03－22］.http：//bbs.caup.net/read-htm-tid-171609-page-1.html.

［149］建没有"城市病"的城市："城市体检"推动城市高质量发展［EB/OL］.（2022－01－
01）［2024－03－22］.http：//www.urbanchina.org/content/content_7908791.html.

［150］周元,袁源琳,杜勇,等.一种国土空间规划城市体检评估指标计算模块构建方法
［P］.广东省：CN116090890A,2023－05－09.

［151］刘炎杰.北京城市空间形态的"对立"问题及修复策略研究［D］.北京：北京工业大
学,2010.

［152］王凯,徐辉,耿艳妍,等.一种基于可持续发展理念的城市体检评估系统及方法
［P］.北京市：CN114399128B,2023－08－18.

［153］于海,张刚.沈阳连续 4 年入选城市体检样本名单［EB/OL］.（2022－09－03）［2024－

03 - 22]. http://liaoning. nen. com. cn/network/liaoningnews/lnnewsjingji/2022/09/03/420457175782004484. shtml.

[154]陈贺."搬"出产业优化新空间"腾"出环境优良新城区[N].黑龙江日报,2017 - 02 - 10(6).

[155]唐坚,方小桃,刘江,等.城市更新管理政策的探讨——以重庆市为例[J].城乡规划,2022(6):125-132.

[156]黄浩然.景德镇陶溪川:老瓷厂焕发年轻态[N].国际商报,2022 - 04 - 19(6).

[157]耿国彪.江西景德镇千年瓷都的绿色蝶变[N].绿色中国,2022 - 12 - 01.

[158]国内城市更新案例研究——天津中原研究院_改造[EB/OL].(2022 - 01 - 01)[2024 - 03 - 22]. https://www.sohu.com/a/485630890_99986045.

[159]颜开开.一种用于城镇老旧小区改造的厨房油污简易收集装置[P].重庆市:CN202223525709.2,2023 - 06 - 06.

[160]王嘉,白韵溪,宋聚生.我国城市更新演进历程、挑战与建议[J].规划师,2021,37(24):21-27.

[161]郭韦.城市绿色社区评价指标体系的构建与应用——以郑州"中国公园"社区为例[D].成都:成都理工大学,2015.

[162]刘琰.中国现代理想城市的构建与探索[J].城市发展研究,2013,20(11):41-48.

[163]王林.基于城市更新行动的城市更新类型体系研究与策略思考——以上海市为例[J].上海城市规划,2023(4):8-14.

[164]陈群弟.国土空间规划体系下城市更新规划编制探讨[J].中国国土资源经济,2022,35(5):55-62,69.

[165]刘昭,黄曦宇,李青香,等.面向过程治理的城市体检评估框架与协同研究[J].规划师,2022,38(3):20-27.

[166]王璐,翁湉源,李家志.空间规划改革背景下的烟台市专项规划编制体系构建[J].规划师,2021,37(14):61-66.

[167]程又新.城市更新办法:"更新"可持续发展[J].上海人大月刊,2015(6):40-41.

[168]宋浩.重庆市:城市更新精准发力古老山城蝶变焕新[N].中国城市报,2022 - 04 - 25(A08).

[169]徐凤.绿色发展下的山地城市设计策略研究[C]//中国城市科学研究会,郑州市人民政府,河南省自然资源厅,河南省住房和城乡建设厅.2019城市发展与规划论文集.重庆大学,2019:6.

[170]赵民.论新时代城市总体规划的创新实践与政策导向[J].城乡规划,2018(2):8-18.

[171]邓神志,叶昌东,劳海宾.基于更新改造潜力评价的城市更新模式及实施机制研究

[J]. 城市, 2016(5): 7-12.

[172] 陈科. 一种城市评估方法及系统[P]. 江苏省: CN202210058664.8, 2022-04-26.

[173] 李子静. 基于潜力评价的城市更新方法研究[D]. 南京: 东南大学, 2019.

[174] 汪洋, 唐华, 潘进, 等. 不动产大数据在城市更新潜力空间评估中的应用[J]. 测绘通报, 2020(12): 71-74, 82.

[175] 王景丽, 刘轶伦, 马昊翔, 等. 开放大数据支持下的深圳市城市更新改造潜力评价[J]. 地域研究与开发, 2019, 38(3): 72-77.

[176] 蒋波. 治理"城市病"重在建立长效机制[N]. 经济日报, 2023-12-20(008).

[177] 于凯, 陈敬敏, 郤雨菲. 一种城市体检评估方法、系统、存储介质及电子设备[P]. 北京市: CN116128378B, 2023-06-27.

[178] 自然资源部办公厅关于认真抓好《国土空间规划城市体检评估规程》贯彻落实工作的通知[EB/OL]. (2021-08-05)[2024-03-05]. https://www.gov.cn/zhengce/zhengceku/2021-08/05/content_5629563.htm.

[179] 姜波. 城市修补背景下老城区公共建筑改造探究[J]. 智能城市, 2021, 7(20): 22-23.

[180] 辽宁省自然资源厅关于开展国土空间规划城市体检评估工作的通知[EB/OL]. (2021-09-01)[2024-03-05]. https://zrzy.ln.gov.cn/zrzy/zfxxgk/fdzdgknr/zdmsxx/zcjc/CCB22B1F612041AFB7EFAF5A81F58F5B/index.shtml.

[181] 国家市场监督管理总局, 国家标准化管理委员会. 新型智慧城市评价指标(GB/T 33356—2022)[S]. 北京: 中国标准出版社, 2022.

[182] 张婷. 黄姚历史文化名镇保护规划实施体检评估及对策研究[D]. 南宁: 广西大学, 2022.

[183] 曾珏霞. 自行实施"工改商住"项目的利益驱动分析[J]. 广东土木与建筑, 2023, 30(5): 87-90, 108.

[184] 王劲峰, 葛咏, 李连发, 等. 地理学时空数据分析方法[J]. 地理学报, 2014, 69(9): 1326-1345.

[185] 王慧芹, 王建军, 詹美旭, 等. 融贯发展状况和功能定位的区级城市体检研究——以广州天河区为例[C]//中国城市规划学会, 成都市人民政府. 面向高质量发展的空间治理——2021中国城市规划年会论文集(13 规划实施与管理). 广州: 广州市城市规划勘测设计研究院, 2021: 9.

[186] 程光权, 黄魁华, 刘忠, 等. 一种通用化及自动化的无人机任务效能评估指标构建方法[P]. 湖南省: CN202311226528.6, 2023-12-12.

[187] 贡艺丹. 健康城市导向下兰州市安宁区社区宜居性评价及规划策略研究[D]. 兰州: 兰州交通大学, 2022.

[188] 孙天智，陈欣，王晓俊. 城市微更新视角下的景观改造策略——以阜阳市为例[J]. 现代城市研究，2022（4）：7-14.

[189] 中华人民共和国自然资源部. 城区范围确定规程（TD/T 1064—2021）[S]. 北京：地质出版社，2023.

[190] 肖扬谋，谢波，陈宇杰. "以人为本"视角下的城市体检逻辑与优化策略[J]. 规划师，2022，38（3）：28-34.

[191] 徐辉，骆芊伊. 通过城市体检评估制度全面系统评价我国城市人居环境建设[J]. 上海城市规划，2022（1）：47-51.

[192] 张也. 乡村振兴背景下县域政府空间规划职责研究[D]. 郑州：郑州大学，2020.

[193] 杨明，王吉力，谷月昆. 改革背景下城市体检评估的运行机制、体系和方法[J]. 上海城市规划，2022（1）：16-24.

[194] 陈小龙. 东莞 A 厂房改造项目经济评价研究[D]. 广州：广东工业大学，2017.

[195] 修佳鹏. 海量卫星遥感数据参量产品自动化生产系统中关键问题的研究[D]. 北京：北京邮电大学，2014.

[196] 毛羽. 城市更新规划中的体检评估创新与实践——以北京城市副中心老城区更新与双修为例[J]. 规划师，2022，38（2）：114-120.

[197] 王凯. 实施城市更新行动营造高品质空间[J]. 中国名城，2023，37（1）：3-9.

[198] 张明昭. 国土资源工作中数据成果保密工作研究[J]. 中国管理信息化，2016，19（24）：164-165.

[199] 潘灼坤，胡月明，王广兴，等. 对遥感在城市更新监测应用中的认知和思考[J]. 遥感技术与应用，2020，35（4）：911-923.

[200] 潘国鹏. 基于"城市双修"理念探讨兰州伏龙坪地区改造规划路径[D]. 兰州：兰州交通大学，2021.

[201] 城市更新（城市更新）[DB/OL].（2022-06-26）[2024-03-05]. http://baike.baidu.com/view/1337069.html.

[202] 新浪博客[EB/OL]. http://blog.sina.com.cn/s/blog_3fdb01d90100dy19.html.

[203] 国务院关于长沙市城市总体规划的批复[DB/OL].（2022-04-13）[2024-03-05]. http://baike.baidu.com/view/9430689.html.

[204] 薛寒飞. 景德镇工业遗产的价值评估与价值实现研究[D]. 景德镇：景德镇陶瓷大学，2021.

[205] 李双贵. 山西省城镇新区绿色市政规划研究[J]. 山西建筑，2013，39（1）：9-11.

[206] 刘爽，贾佳. 景德镇陶瓷文化创意产业转型升级的优势及问题——基于创意城市更新的视角[J]. 中国陶瓷工业，2022，29（1）：61-67.

[207] 李海东, 刘波. 城市更新视域下景德镇陶瓷工业遗产保护利用研究——以陶溪川为例 [J]. 中国陶瓷工业, 2023, 30(1): 57-62.

[208] 林金枫. 哈尔滨会展经济发展研究[D]. 哈尔滨: 哈尔滨工程大学, 2024.

[209] 陈烨. 树立现代城市规划理念推进哈尔滨传统工业城市的更新与复兴[C]//振兴东北地区等老工业基地专家论坛. 中国科学技术协会, 2006.

[210] 成祖德. 促进安徽区域城镇化集约发展的若干对策[J]. 北京: 工程建设与档案, 2005(4): 309-311.

[211] 廖颖华. 城市环境再生空间的初步研究[D]. 广州: 华南理工大学, 2005.

[212] 徐钰清, 刘世晖, 于良森, 等. 现代化治理下城市体检及技术应用探索与实践——以景德镇城市体检为例[J]. 智能建筑与智慧城市, 2022(4): 74-78.

[213] 陈烨, 宋雁. 哈尔滨传统工业城市的更新与复兴策略[J]. 城市规划, 2004(4): 81-83.

[214] 李巍. 大连湾渔港地区城市更新的问题与策略研究[D]. 大连: 大连理工大学, 2013.

[215] 腾冲市_百度百科[DB/OL]. (2023-12-25)[2024-03-05]. http://baike.baidu.com/view/17498509.htm.

[216] 高霜, 王治, 吉晨. 时空视角下城市单元更新方法的探索与实践——以昆明市实践为例[C]//中国城市规划学会, 成都市人民政府. 面向高质量发展的空间治理——2020中国城市规划年会论文集(02城市更新). 昆明: 昆明市规划设计研究院; 昆明市盘龙区建设投资有限公司, 2021: 9.

[217] 李晓燕. 我国公共投资项目的评价方法研究[D]. 西安: 西安石油大学, 2012.

[218] 潘东燕. 基于城市更新的旅游休闲公共空间演变研究[D]. 上海: 上海师范大学, 2016.

[219] 白敏. 黄河"几"字弯都市圈积蓄发展新势能[J]. 内蒙古统计, 2023(2): 10-13.

[220] 中华人民共和国国土资源部. 土地整治术语(TD/T 1054—2018)[S]. 北京: 中国标准出版社, 2018.

[221] 杨艺, 李国平, 孙瑀, 等. 国内外大城市体检与规划实施评估的比较研究[J]. 地理科学, 2022, 42(2): 198-207.

[222] 柯善北. 低效用地将成整治重点《关于深入推进城镇低效用地再开发的指导意见(试行)》[J]. 中华建设, 2017(4): 36-39.

[223] 焦莉莉, 马静. 绿色消费蔚然成风[N]. 石家庄日报, 2023-09-25(006).

[224] 林伟鹏, 付安琪. 国土空间规划背景下低效用地评估价值与内容再思考[J]. 经济研究导刊, 2023(4): 62-67.

[225] 谈立峰. 一种水站选址方法[P]. 江苏省: CN110378527A, 2019-10-25.

[226] 李德林. 城市阴影区的空间韧性评估与提升策略[J]. 山西建筑, 2023, 49(10):

50-54.

[227] 邹滨, 郑忠. 一种城市空气质量浓度监测缺失数据的修复方法 [P]. 湖南省: CN103514366B, 2017-02-08.

[228] 王凯. 开展城市体检评估工作建设没有"城市病"的城市 [J]. 城乡建设, 2021(21): 22-25.

[229] 杜海龙, 李迅, 李冰. 中外绿色生态城区评价标准比较研究 [J]. 城市发展研究, 2018, 25(6): 156-160.

[230] 沈茜, 柳军, 季通. 基于层次分析法的城市体检定量评价——以南京市为例 [C]//中国城市规划学会, 成都市人民政府. 面向高质量发展的空间治理——2021 中国城市规划年会论文集(05 城市规划新技术应用). 南京: 南京市规划设计研究院有限责任公司; 南京市城乡建设委员会, 2021: 10.

[231] 遥感技术专题——热红外遥感 [EB/OL]. (2024-03-05)[2024-03-05]. http://blog. sciencenet. cn/blog-678953-540298. html.

[232] 田磊. "城市双修"视角下的咸阳市彩虹老厂区更新策略 [J]. 规划师, 2017, 33(S2): 36-40.

[233] 丁海勇, 史恒畅. 基于 Landsat 数据的城市热岛变化分析——以南京市为例 [J]. 安全与环境学报, 2018, 18(5): 2033-2044.

[234] 任刚, 朱玉霖, 宋建华. 一种基于地铁依赖度的出行行为时空分析方法及装置 [P]. 江苏省: CN111833229A, 2020-10-27.

[235] 刘旭明, 孙维, 陈浩. 加装电梯在老旧小区更新中的应用研究 [J]. 建筑技术开发, 2023, 50(10): 115-119.

[236] 高瑞敏, 李智伟, 王雪. 生活圈视角下老旧小区公共服务设施配置优化策略研究——以昆山市枫景苑 A 区为例 [C]//中国城市规划学会, 成都市人民政府. 面向高质量发展的空间治理——2021 中国城市规划年会论文集(02 城市更新). 昆山市规划设计有限公司, 2021: 11.

[237] 王吉力, 吴明柏. 多城可比的城市体检评估时空覆盖型指标高精度实时监测优化策略与应用 [J]. 规划师, 2022, 38(8): 115-120.

[238] 常献伟. 市级国土空间开发保护现状评估探索——以洛阳市为例 [J]. 中国土地, 2021(9): 25-27.

[239] 肖映泽. 佛山市禅城区"三旧"改造问题研究 [D]. 广州: 华南理工大学, 2017.

[240] 常莹莹. 郑州市城市棚户区改造研究 [D]. 太原: 山西财经大学, 2015.

[241] 白雪, 刘春. 以人为本, 建设有温度的品质城市 [N]. 新华日报, 2023-03-08(003).

[242] 杨俊杰. 精准把脉历史文化名城的保护与发展 [J]. 今古文创, 2020(10): 53-54.

[243]李浩然，崔素萍，户振亚，等.拉萨潮汐车道应用方案研究[J].时代汽车，2023（7）：10-13.

[244]殷合山.一种工业废气处理方法和装置[P].山东省：CN202210024413.8，2022-04-19.

[245]朱群羊.土钉墙支护在深基坑围护中的受力研究[J].低温建筑技术，2020，42（11）：115-119.

[246]石晓冬，杨明，王吉力.城市体检：空间治理机制、方法、技术的新响应[J].地理科学，2021，41（10）：1697-1705.

[247]王登海.旧厂房变身"新地标"西安城市更新进行时[N].中国经营报，2022-08-08（B10）.